3D 打印技术与创新应用

蒋友宝　付　果　文　俊　蔡建国　编著

科学出版社

北　京

内 容 简 介

本书系统地阐述了3D打印技术的基本原理、设计建模、工艺和设备、成形技术和创新应用案例等。全书分两篇，共7章。第一篇为基础篇，阐述了3D打印技术基本概念、数字化建模、结构优化设计及各类3D打印设备；第二篇为应用篇，重点介绍了金属3D打印制造和混凝土3D打印建造技术，以及土木、机械、航空航天等领域的创新应用实例。

本书可作为3D打印技术领域的通识课程和专业课程选修教材，也可作为3D打印技术工作者的学习参考书。

图书在版编目(CIP)数据

3D打印技术与创新应用/蒋友宝等编著. —北京：科学出版社，2023.8
ISBN 978-7-03-075938-2

Ⅰ. ①3… Ⅱ. ①蒋… Ⅲ. ①快速成型技术 Ⅳ.①TB4

中国国家版本馆CIP数据核字（2023）第120625号

责任编辑：任加林　吴超莉 / 责任校对：赵丽杰
责任印制：吕春珉 / 封面设计：东方人华平面设计部

科学出版社 出版
北京东黄城根北街16号
邮政编码：100717
http://www.sciencep.com
三河市中晟雅豪印务有限公司印刷
科学出版社发行　各地新华书店经销
*
2023年8月第 一 版　开本：787×1092　1/16
2023年8月第一次印刷　印张：12 1/4
字数：290 000

定价：48.00元
（如有印装质量问题，我社负责调换〈中晟雅豪〉）
销售部电话 010-62136230　编辑部电话 010-62135763-2038

前　言

教育是国之大计、党之大计。培养什么人、怎样培养人、为谁培养人是教育的根本问题。育人的根本在于立德。本书全面贯彻党的教育方针，落实立德树人根本任务，坚持为党育人、为国育才的原则，全面提高人才培养质量，培养德智体美劳全面发展的社会主义建设者和接班人。

教育、科技、人才是全面建设社会主义现代化国家的基础性、战略性支撑。3D 打印技术是当前工程科技领域的前沿高新技术之一。按新工科理念，亟须将 3D 打印领域的发展趋势和最新成果融入课程建设和创新教育。本书以阐述 3D 打印技术的基本原理为重点，内容涵盖土木、机械、航空航天等领域，包括数字化建模与 3D 打印切片、轻量化设计、3D 打印设备、3D 打印制造和建造技术、3D 打印创新应用案例等。同时还介绍了 3D 打印混凝土模壳建造技术、面向太空基地建设的 3D 打印挑战技术等内容。全书共 7 章。第 1 章由长沙理工大学蒋友宝、东南大学蔡建国编写；第 2 章由长沙理工大学蒋友宝、付果编写；第 3 章和第 4 章由长沙理工大学蒋友宝编写；第 5 章和第 6 章由长沙理工大学蒋友宝、湖南工业大学文俊编写；第 7 章由湖南工业大学文俊编写。全书由蒋友宝统稿，文俊协助第一作者整理了全部书稿。

本书在编写过程中得到了长沙理工大学校级优秀教材建设项目资助，还引用了其他有关资料，对此一并致谢。

由于作者水平有限，书中不妥之处在所难免，敬请广大读者批评指正。

目　　录

第一篇　基　础　篇

第二篇 应 用 篇

第一篇

基　础　篇

第1章 绪　　论

本章学习目标

- 熟悉3D打印技术的基本概念及特点。
- 掌握3D打印技术的主要成形工艺和特点。
- 了解3D打印技术的发展历程和趋势，以及在各领域中的应用。

1.1 3D打印技术概述

1.1.1 3D打印技术基本概念

3D打印技术，又称增材制造技术，是20世纪80年代中期发展起来的一种高新技术。它是一种以数字模型文件为基础，运用金属或塑料等粉末材料以及黏合剂，通过逐层打印的方式来构造物体的技术。

3D打印技术基于“离散/堆积成形”思想，其一般步骤为：首先设计出目标产品的三维模型；然后根据所选用工艺的要求，按照一定的规则将该模型离散为一系列有序的二维单元（层片）；根据每个单元（层片）的模型信息，在选择合适的加工参数后得到数控代码；之后打印成形系统按照数控代码将一系列单元（层片）自动打印成形并连续堆叠，最终得到三维实体。

3D打印集计算机辅助设计（computer aided design，CAD）、材料、激光等于一体，具有绿色环保、智能高效等优势，可以实现产品从原型设计到原型制作的一体化进程。由于其成形过程对人工和模具的依赖较小，因此制造周期大幅缩短。3D打印还可以根据计算机辅助工程（computer aided engineering，CAE）的结果制成三维实体模型，用于评判仿真分析的正确性[1-2]。

1.1.2 3D打印技术发展历程

3D打印技术源自100多年前美国研究的照相雕塑和地貌成形术。多角度成像、蜡版堆叠制作地形图等技术的出现为3D打印技术的诞生和发展奠定了坚实的基础。1980年，日本名古屋市工业研究所发明了利用光敏聚合物成形的三维模型制造方法，并于同年5月申请专利，这也是世界上第一项3D打印方向的专利。

随后，更多研究者将科研的目光聚焦在3D打印技术上。其中，美国学者查克·赫尔（Chuck Hull）的贡献较为突出，他发明了陶瓷膏体光固化成形（stereolithography apparatus，SLA）技术，并建立了一家生产 3D 打印设备的公司，即 3D Systems。该公司研发了现在通用的著名的立体光刻（stereo lithography，STL）文件格式，又被称为“标准曲面细分语言”或“标准三角语言”等。STL 文件仅描述了三维实体的表面几何形状，忽视了其他普遍的模型属性，如颜色和纹理等。

该文件格式已成为计算机辅助制造（computer aided manufacturing，CAM）系统接口文件格式的工业标准之一。由于查克·赫尔卓越的贡献，后人尊称他为“3D 打印之父”。此后，一批中国学者（如颜永年等）积极推动 3D 打印技术的应用与产业化，为中国 3D 打印技术发展做出了巨大贡献。

在广大科研工作者的努力下，各种材料的快速成形工艺如雨后春笋一般出现。例如，用光来催化光敏树脂成形的光固化成形技术；用激光将材料粉末烧结/熔化成形的激光选区烧结/熔化技术；用黏合剂将片材黏合成形的分层实体制造技术；用高温把材料熔化后再挤出成形的熔丝沉积成形技术；用黏合剂将金属、陶瓷等粉末黏结成形的三维打印等。这些成形工艺的出现，极大地推动了 3D 打印技术的发展，并不断衍生出更加先进的工艺。

2012 年，中国 3D 打印技术产业联盟正式宣告成立。2013 年，3D 打印技术首次入选我国国家高技术研究发展计划（863 计划）和国家科技支撑计划制造领域 2014 年度备选项目征集指南。2015 年，我国出台《国家增材制造产业发展推进计划（2015—2016 年）》，将增材制造（3D 打印）正式上升为国家战略。2020 年 5 月，我国成功完成首次“太空 3D 打印”，同样也是全球首次连续纤维增强复合材料的太空 3D 打印实验。

自 21 世纪以来，多个国家的 3D 打印机生产公司开始推出不同类型、不同体量的 3D 打印设备，从桌面级到工业级，从单色到彩色，从单一材料到混合材料，3D 打印设备的分类愈加细化。同时，还有学者将代码开源以实现打印机零件的自我复制，3D 打印机的入门门槛不断降低。一时间 3D 打印风靡世界，有报道称“3D 打印将是第三次工业革命”。3D 打印技术智能化、绿色化、数字化的成形过程不仅为传统的工业生产提供了新的改进方向，更为智能制造、建造等领域注入了革新的技术力量[3-5]。

3D 打印技术发展历程中的代表性成形工艺主要有以下 7 种。

1. 分层实体制造

分层实体制造（laminated object manufacturing，LOM）技术利用薄片材料、激光、热熔胶来制作叠层结构。加工时，激光切割器沿着工件截面轮廓线对片材进行切割，然后在片材表面事先涂覆上一层热熔胶，激光切割器沿着工件截面轮廓线对片材进行切割，热压辊热压片材，使之与下面已成形的工件黏结，然后继续同样的步骤，直至工件完全成形。

分层实体制造成形速度快，制品变形小且无内应力。分层实体制造技术在产品概念设计可视化、造型设计评估、直接制模等方面都有广泛应用。

2. 陶瓷膏体光固化成形

陶瓷膏体光固化成形技术以光敏树脂等作为打印材料，通过计算机控制紫外激光束，按各分层截面的轨迹信息进行逐点扫描，被扫描的区域内树脂因聚合反应而固化形成制件的一个薄层截面，不断重复扫描、凝固的过程，经过由点到线，由线到面逐层凝固，最终得到三维实体。

光固化成形过程自动化程度高、制件表面质量好、尺寸精度高，在概念设计、产品模型制造等诸多领域得到了广泛应用。

3. 熔丝沉积成形

熔丝沉积成形（fused deposition modeling，FDM）技术是打印喷头沿着控制的轨迹移动时，将塑料或者蜡等热塑性丝状材料加热至熔融态并从喷头中挤出，被挤出的熔融态材料立刻凝固形成截面，通过累加截面最终得到三维实体的工艺过程。

熔丝沉积成形系统结构简单，易于操作。该工艺可以快速设计并制作出产品模型，并通过模型对产品进行改进。熔丝沉积成形技术的应用领域包括电子、医学、建筑等领域。

4. 激光选区烧结

激光选区烧结（selective laser sintering，SLS）技术采用激光器对粉末材料（塑料粉、陶瓷与黏合剂的混合粉、金属与黏合剂的混合粉等）进行选择区域烧结，是一种由离散点一层层堆积成三维实体的工艺方法。激光选区烧结技术的成形材料广泛，能成形任意复杂形状的实体且无须设计支撑，成形材料利用率高。

SLS 技术根据材料的不同，具体的工艺和参数会有调整。该技术主要工艺为：混合固体粉末材料在激光作用下，低熔点的材料熔化，把高熔点的材料黏结在一起或者直接对单组分材料进行烧结，得到三维实体。由于激光烧结成形工艺的限制，在成形期间，混合粉末并不是全部达到熔融态的，因此制件的致密度较低。此外，凝固后的内部缺陷、制件的质量控制需要长期探索。目前，该技术常用于产品的尺寸测试、外观测试等研发环节，以及临床医疗用具的制造、零件生产和模具制造等方面。

5. 激光选区熔化

激光选区熔化（selective laser melting，SLM）技术采用激光器对粉末材料（金属、复合材料、陶瓷等）进行选择区域熔化凝固成形，是一种由离散点一层层堆积成三维实体的工艺方法。激光选区熔化技术的成形原理源于激光选区烧结成形技术，并在其基础上得以发展，它既克服了传统技术制造金属零部件的复杂工艺难题，也在一定程度上解决了激光选区烧结成形件致密度低的问题，是一种可以得到高致密度金属零件的增材制造工艺。

激光选区熔化技术采用高能激光，能快速熔化预置粉末，而且几乎可以直接获得任意形状以及具有完全冶金结合的功能部件，致密度接近 100%，在航空航天、汽车、模具等领域都得到了广泛的应用。

6. 三维打印

三维打印（three-dimensional printing，3DP）技术类似于喷墨打印，首先将粉状材料平铺在成形平台上，控制系统控制微细喷头的移动和喷射黏合剂，在黏合剂滴落的地方，粉末材料黏结形成实体，重复铺粉黏合的过程，层层堆叠得到三维实体。

三维打印速度快，成形材料广泛，非常适合制作多部件装配体等。值得注意的是，用黏合剂黏结制作的原型件的强度一般较低，后续需要做进一步强化处理。

7. 轮廓工艺

轮廓工艺（contour crafting，CC）技术以湿料挤出成形的方式打印出建筑或构件的轮廓，再对轮廓内部进行填充以实现房屋建造。在轮廓打印过程中，常使用预制拌和好的纤维混凝土、地质聚合物等；在内部填充时常采用现浇混凝土。

轮廓工艺具有绿色环保、施工周期短，可以进行内部配筋和加固等优点。同时，轮廓工艺可以实现复杂曲线结构及附属构件的定制设计和自动化建造。目前已经通过轮廓工艺打印建造出足尺的结构构件，如中空墙体、扭曲面柱等。

1.1.3 3D 打印技术的优点

相比传统的成形技术，3D 打印技术具有很多优点[4-6]。

1. 节省材料

传统的车、磨、钻等金属加工工艺在加工过程中会产生大量的金属碎屑，而这些碎屑难以完全回收利用，这就使得传统加工过程在原材料的损耗量方面十分惊人，精细化生产过程中的损耗程度甚至更大。3D 打印技术属于增材制造技术，根据设计出来的三维模型进行分层切片，按需使用原材料，省略传统机械加工的中间加工过程，减少了中间过程中对材料的损耗。除此之外，在加工过程中未被使用的材料可以被回收系统回收再利用，使得材料的利用率进一步提高。

2. 拓展设计空间

由于 3D 打印技术是将三维实体的成形转化为二维层片的堆叠，通过层层叠加得到成品，因此，理论上只要计算机能设计出来的模型都可以制造。传统的制造技术（如车削、铣削、铸造等）在制造形状复杂的零件时困难较多，而借助 3D 打印技术则可以制造出传统工艺难以加工甚至无法加工的产品。设计师不会再被产品形状难以制造的问题所束缚，设计空间得到拓展，可以专注于产品的形态创意和功能创新。

3. 简化生产流程

在采用传统工艺制造零件时，模具设计、模具制作等工序往往无法避免，而模具的

制作通常要经过多道工序，这就使得生产成本增高、制造周期变长。但在 3D 打印技术的制造过程中，可以略去制模过程，通过三维模型数据直接成形，生产周期大大缩短，简化了制造流程，节约了生产成本。

4. 易与轻量化设计相结合

轻量化在汽车领域中影响重大，轻量化设计可以减轻车身的重量，优化驾驶员的操控体验，同时发动机输出的动力能够产生更大的加速度，使得汽车整体性能提高。除汽车领域外，航空航天领域也有大量轻量化设计的需求。传统方法制造的零部件，其内部大多为金属实体，这就导致零件重量大。轻量化设计可使零件在达到性能要求的同时，尽可能地减轻自身的重量，进而提高整个飞行器的性能。

虽然轻量化设计的产品有着很大的整体性能提升，但是其复杂的外形为制造过程带来了许多麻烦，传统的加工工艺难以实现。由于 3D 打印技术几乎可以成形任意形状的复杂结构，因此该技术能与轻量化设计较好地结合。通过计算机对产品进行拓扑优化设计、多孔结构设计等，再借助 3D 打印技术进行生产加工，可使零件在满足使用要求的情况下减轻自身重量，从而提高产品的整体性能。

5. 适合个性化定制

在传统的产品生产流程中，制造模具往往需要进行批量生产，但制造模具的成本较高，不适合小批量生产或者定制化产品。对于形式各异的数字模型，3D 打印技术都可以进行成形工作，避免了生产配套机器、设备、模具等带来的额外成本。因此，3D 打印技术在义肢、医学植入体、乐器、家具等可以个性化定制的产品制造方面备受青睐。例如，在人体膝关节植入手术中，通过三维扫描等技术获得患者损伤部位的数据，再参照计算机断层扫描术（computer tomography，CT）设计出适合患者的膝关节假体，最后利用 3D 打印技术，制作出膝关节假体，通过临床手术将其植入到患者体内，帮助患者恢复原有的肢体运动功能。

6. 助力产品研发设计

在产品研发设计过程中，设计师、工程师和制造商往往需要进行多次检查、交流，对产品的外观、功能进行反复测试，才能确定产品的最终设计方案。但市场需要产品以较快的速度更新换代，这使得研发设计的漫长过程与产品快速更迭的矛盾不断增大。

借助 3D 打印技术，可以快速创建概念模型，进而打印制作出产品的测试件。经相关测试后，如果该产品符合技术要求和市场需求，再进行模具开发，并批量生产；如果还有瑕疵纰漏之处，则可以在测试中找出设计的不足，并加以改进完善。设计人员可以借助 3D 打印技术，提高迭代验证的频率，进而缩短产品设计研发的时间。

3D 打印技术可加快设计进程，在产品的安全性和合理性设计、人体工程学设计、市场营销等方面不断改善。在 3D 打印技术的助力下，可以在产品全面投入生产前就对其进行优化，同时节省大量的时间和成本。

1.2 3D 打印技术的应用

1.2.1 3D 打印技术在航空航天领域的应用

1. 航空航天设计制造特点

（1）零件结构复杂

航空航天飞行器的发动机在安全性能、力学性能、使用寿命等方面都有着诸多要求。例如，航空发动机燃烧室温度可达 2000K，为了防止在这种高温下，高速旋转的涡轮叶片熔化，涡轮叶片不仅需要具有较好的力学性能，还必须有冷却结构，多种性能需要同时满足，这就使得零件结构十分复杂。

（2）生产成本高

航空材料的生产往往需要多道加工工序，在质量控制方面十分严格，相应的人力物力也会有巨大的耗费。依靠锻造、铸造的方式，制造过程中材料也会产生损耗，而钛合金、高温合金等材料的价格往往比较昂贵。工序步骤烦琐、材料价格昂贵等因素使得航空航天零件的生产成本较高。

（3）材料加工难度大

航空材料必须具备高强度、高耐热性等特点，钛合金、高温合金等能在应力及高温的同时作用下依然具备良好的工作性能。但钛合金、高温合金材料的机械加工具有较多问题：如切削力大、刀具易损耗、切削温度高、薄壁零件在加工过程中容易发生变形等，这就给传统的机械加工工艺带来了不小的挑战[5-6]。

2. 3D 打印技术在航空航天制造中的优势

（1）缩短新型航空航天装备的研发周期

航空航天制造技术是国防实力的象征，具有极大的战略价值。航空制造主要包含机体、航空发动机和机载设备的制造。以飞机机体为例，飞机的机体设计制造是极其复杂的工程，每个过程都需要研究验证。传统的研究验证通过缩比模型的方式进行，通过实验可以进行设计方案的验证，但模型的制造、实验的设备及场地等，也增加了飞机的研制周期和开发成本。其次，机体制造中尤其是大尺寸钛合金复杂零件的制造成形非常困难，传统的加工方法是先自由锻、模锻，然后采用切削加工的工艺完成零件加工，最后拼接而成。这种工艺方法加工的单个零件生产成本高、周期长。

3D 打印技术无须机械加工或任何模具，就能直接从计算机图形数据中生成任何形状的零件，所以如果借助 3D 打印技术及其他信息技术，则可以在现有基础上进一步缩短新型航空航天装备的研发周期。另外，3D 打印技术具有高柔性、高性能、灵活制造等特点，为复杂零件的自由快速成形提供了技术支撑。

当前通过计算机进行数字化仿真，可以比较准确地分析出方案的可行性，但计算机模拟技术也不能完全解决飞机研发过程中的问题，如气动外形的验证等。

（2）提高材料的利用率，降低制造成本

航空航天制造领域所使用的材料大都价格昂贵、难于加工，如钛合金、镍基高温合金等金属材料，而且传统的制造方法对材料的利用率较低，材料浪费也就意味着机械加工的成本高昂，生产周期长。

采用 3D 打印技术制作的金属零件，一般只需进行少量的后续处理即可投入使用，材料的利用率一般高于机械加工。图 1-1 所示为 3D 打印的钛合金航空发动机零部件。

图 1-1　3D 打印的钛合金航空发动机零部件

（3）优化零件结构

3D 打印技术的应用为实现复杂零部件的结构优化提供了技术支持。在保证性能的前提下，可以进行全新的结构设计，并且复杂的结构形式可以借助 3D 打印技术进行制作。此外，3D 打印技术可以实现产品结构一体化，可将数十个、数百个甚至更多零件组装的产品进行一体化设计，再通过 3D 打印制造出来。这样大大简化了制造工序，在使结构更加紧凑的同时也可以减少一定的质量与体积。结构一体化设计可节约制造和装配成本，消除装配误差。优化零件结构能使零件的应力分布更为合理，减少疲劳裂纹的产生，从而增加零件的使用寿命[5-6]。

3. 3D 打印技术在航空航天制造中的应用实例

2016 年，中国科学院重庆绿色智能技术研究院 3D 打印技术研究中心对外宣布，经过两年多的努力，国内首台空间在轨 3D 打印机研制成功。它可以帮助宇航员在失重环境下制作所需要的零件，大幅提高空间站实验的灵活性，减少空间站备品备件的种类与数量，降低空间站对地面补给的依赖性。

Relativity Space（相对空间公司）借助 3D 打印技术制造火箭“Terran 1”，该项目通过 3D 打印技术实现了发动机结构的一体化，将数百个甚至更多零件组装的发动机进行一体化设计，大大减少了发动机的零件数量，提高了火箭整体结构的可靠性。

1.2.2 3D 打印技术在生物医学领域的应用

1. 生物医学 3D 打印概况

当前，生命科学发展已进入第三次革命时期，该时期被称为“生物制造工程”时期。生物制造工程包括生物活性组织器官和全新生命的制造。随着生物医学 3D 打印技术的发展，其概念也在不断地延伸，目前可分为广义及狭义：从广义上说，直接为生物医学领域服务的 3D 打印技术都可视为生物医学 3D 打印的范畴；从狭义上说，生物医学 3D 打印是指操纵活细胞构造活性结构。

从广义上来分，生物医学 3D 打印大致可划分为 4 个层次：第一层次为制造无生物相容性要求的结构，如用于手术规划的 3D 打印、义肢等；第二层次为制造有生物相容性要求、不可降解的制品，如钛合金关节、硅胶假体等；第三层次为制造有生物相容性要求、可降解的制品，如活性陶瓷骨、可降解的支架等；第四层次为操纵活细胞构造活性结构，也可称为细胞打印，如打印肝单元、血管等。

现阶段，前 3 个层次的技术发展相对比较成熟，从实验室进入实际生活中为人们的生命健康保驾护航。第四层次的 3D 打印技术还面临着不小的挑战，生物力学控制、支架材料选择、无菌环境保证、血供和营养传输等问题仍待解决[6]。

2. 生物医学 3D 打印技术的分类

生物医学 3D 打印技术按工作原理的不同可以分为喷墨生物 3D 打印、微挤压成形生物打印和激光辅助生物打印。

（1）喷墨生物 3D 打印

喷墨生物 3D 打印技术以液滴形式的生物材料作为打印原料，通过热驱动或声波驱动将生物材料滴落到成形平台上逐层堆叠形成生物组织。当下的喷墨生物 3D 打印只能使用液态的墨水，限制了其应用范围，而且在打印过程中容易损伤细胞。

（2）微挤压成形生物打印

微挤压成形生物打印以热熔性生物材料作为打印材料，材料经由热熔喷头加热挤出，冷却成形。由于打印时生物材料受热熔化然后再凝固，其包含的细胞等生物成分很容易失去活性，因此细胞的存活率较低。

（3）激光辅助生物打印

激光辅助生物打印利用激光聚焦脉冲产生高压液泡，将含有细胞的生物材料直接推送到成形平台上。激光辅助生物打印开放式的喷头有效地避免了喷头堵塞，对细胞的损伤较小，但对于包含各类型细胞的混合材料，打印难度较大，价格也较为昂贵。

3. 生物医学 3D 打印材料

生物医学 3D 打印对材料的要求很高。首先，材料必须无毒，对人体无害；其次，

有些材料需要与生物相容，可以促进细胞生长、分化和增殖，且拥有一定的机械性能。目前，应用广泛的生物医学高分子材料有聚己内酯（polycaprolactone，PCL）、丝素蛋白（见图 1-2）、聚醚醚酮（polyetheretherketone，PEEK）、生物陶瓷等。

（a）聚己内酯

（b）丝素蛋白

图 1-2 生物医学 3D 打印材料

4. 生物医学 3D 打印应用实例

2019 年 4 月中旬，以色列特拉维夫大学宣布该学校实验室 3D 打印出了一颗长 2.5cm 的“心脏”，如图 1-3 所示。尽管尚有缺陷，但让人类距离生物 3D 打印器官移植的未来又近了一步。

通过 3D 打印制药生产出来的药片内部有丰富的孔洞，具有极大的内表面积，故能在短时间内迅速被少量的水融化。这样的特性给某些具有吞咽性障碍的患者带来了福音。

距骨和胫骨远端、腓骨下端共同组成踝关节，成为人体最大的负重关节。在距骨损伤、坏死等病症的治疗过程中，医生可以借助 3D 打印技术，为患者植入 3D 打印距骨以置换损伤、坏死的骨骼。

美国科学家使用水凝胶（一种聚合物凝胶）3D 打印出模仿人体肺功能的气囊（见图 1-4），该气囊能够将氧气输送到附近血管的细胞中。

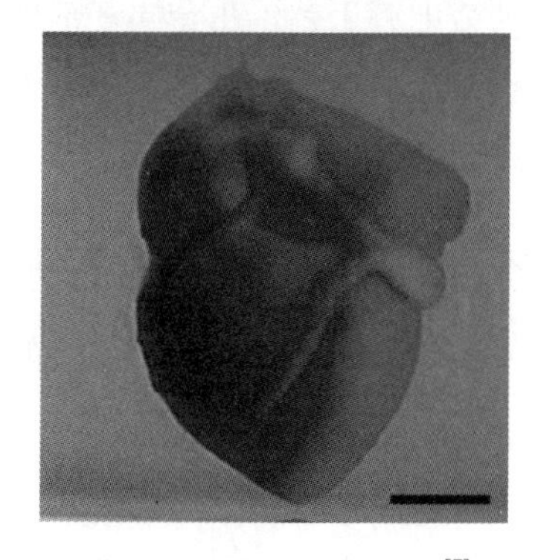

图 1-3 活细胞打印心脏[7]

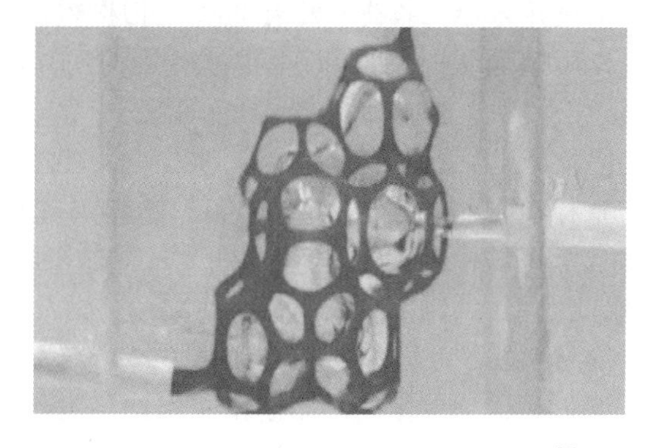

图 1-4 3D 打印模仿人体肺功能的气囊[8]

1.2.3 3D打印技术在机械制造工程领域的应用

3D打印技术作为21世纪一种革命性的数字化制造技术，因其可自由成形和材料利用率高等优点，已经逐渐应用于许多制造工程领域。

1. 机械零件加工领域

直接金属激光烧结（direct metal laser sintering，DMLS）成形技术使用高能量的激光熔融金属粉末，金属材料冷却固化并层层堆叠，制件成品质量较好、致密度较高，在机械零件加工领域应用广泛。图1-5所示为使用DMLS成形技术打印的金属零件和齿轮。

（a）金属零件

（b）齿轮

图1-5　使用DMLS成形技术打印的金属零件和齿轮

2. 材料表面处理领域

超高速激光熔覆技术将快速原型制造技术和激光熔覆表面强化技术相结合，利用高能激光束在金属基体上形成的熔池将金属粉末熔化，熔化的金属快速凝固后与基体形成冶金结合。

该技术以附加涂层的方式对金属部件进行保护、修复，可以让废旧部件“重获新生”，延长其使用寿命。该技术发展迅速，并逐步代替现有的硬铬电镀工艺，在金属零部件修复、构件表面保护涂层制备等领域均有应用。

3. 模具制造领域

在模具行业，3D打印技术不仅能够有效解决传统模具制造过程中遇到的复杂零部件难以加工等技术难题，还能满足模具行业面临的各种快速响应制造需求。以金属模具为例，在传统的制造过程中，一般需要经过多道工序加工。3D打印技术通过材料逐层堆叠完成成形，加工时长缩短，加工难度降低，从而减少制造过程中的额外成本。

随着技术的发展，金属模具的3D打印过程中可以同时使用多种材料，实现了从传统均质材料到非均质材料的突破，性能更加多元化。3D打印技术的出现，使传统的模

具制造技术有了重大的改革和突破，推动了复杂结构模具数字化制造技术的进步。

1.2.4　3D 打印技术在土木工程领域的应用

1. 土木工程发展趋势与 3D 打印

随着人口红利逐渐消失，土木工程行业将面临劳动力短缺、人力成本增加等问题。此外，环境污染、水资源浪费等弊端也在土木工程施工中较为严重。为响应国家保护环境、绿色发展的号召，3D 打印技术受到了越来越多的土木工程领域学者和工程人员的关注，被认为能够改变传统施工形式，提高建造精度及生产效率，助力实现行业转型升级。

同时 3D 打印技术不断成熟的各种工艺，为 3D 打印建造设备的出现奠定了坚实的基础。目前的设备主要有从传统施工设备衍生而来的龙门架式混凝土 3D 打印机；源于自动化生产的机械臂、机器人 3D 打印机；从 3D 打印技术的各类设备中衍生出的湿料挤出系统等。各式打印设备的出现，为 3D 打印建造技术的研究和应用提供了保障。

2. 土木工程 3D 打印材料

当前的土木工程主要使用木材、砌体、混凝土和钢材等作为主要承重材料。在 3D 打印建造领域，常使用混凝土和钢材作为打印材料，以使打印出的结构具有一定承载力[9-10]。

混凝土是典型的非牛顿流体，常采用湿料挤出的形式进行打印，打印过程中需要对混凝土的凝结速度、早期强度、工作性能等进行综合考虑，以保证其能顺利地挤出和支撑后续打印部分。在选用打印设备时，应充分考虑其工作温度、打印头的移动范围和材质等因素，并在正式打印前进行材料工作性能测试和条带测试，以确保最终构件的成形质量。

在钢材等金属材料的打印过程中，常用技术有激光选区熔化、电子束熔融等。其中，大多成形技术都需要进行高温熔化，再冷却成形，所以在选择设备时，要注意保护气的选用，防止在加热熔化金属材料的过程中，材料发生氧化而导致成品质量受影响，同时还要考虑金属材料形式和金属金相的温度要求等。

3. 土木工程 3D 打印应用实例

（1）房屋建筑实例

2015 年，盈创建筑科技公司打印出了 6 层居住楼（见图 1-6），该建筑地上 5 层、地下 1 层，使用混凝土作为打印材料，并在苏州工业园区亮相。

2016 年 10 月，世界上第一个全功能并永久使用的 3D 打印办公室——未来办公室（office of the future）诞生于迪拜。该办公室利用 3D 打印设备打印建造，相比传统的建造方式，节省了较多的建筑成本和劳动力成本，同时污染浪费也大幅降低。

图 1-6 3D 打印 6 层居住楼[11]

（2）桥梁实例

2016 年，世界上第一座 3D 打印桥诞生于西班牙首都马德里市的一座城市公园，如图 1-7 所示。该桥长 12m，宽 1.75m，由加泰罗尼亚高等建筑学院设计，并由西班牙土木工程公司 Acciona 打印建造。

2017 年，3D 打印混凝土桥梁诞生于荷兰。该桥由埃因霍温理工大学（Eindhoven University of Technology）和工程公司 BAM 设计建造，使用高强度的混凝土，通过 3D 打印建造成形。

2018 年，由上海建工集团建造的国内首座 3D 打印桥亮相上海桃浦智创城中央公园，如图 1-8 所示，目前已投入使用。该桥长 15.25m、宽 3.8m、高 1.2m。该桥具有镂空复杂的多维度曲面，可承受荷载达 250kg/m^2，使用寿命可达 30 年。

图 1-7 西班牙建造的全球首座 3D 打印桥

（图片来源：加泰罗尼亚高等建筑学院）

图 1-8 国内首座 3D 打印桥

（3）其他基础设施实例

3D 打印的多功能挡土墙[11]（见图 1-9）与浇筑挡土墙在力学性能上的差别较小，可

以有效抵挡水体冲刷和土体砂石挤压。此外，墙体上可以种植各种绿植，在实现挡土墙功能的同时还可以起到美观装饰的作用。

3D 打印检查井[11]（见图 1-10）的整体结构为双层打印、一次成形，而且可按实际埋深需要和井道内径要求进行精准化、定制化的打印建造，以确保其较好的力学性能和杜绝污水泄漏对土体的二次污染。在打印建造过程中，基于三维数字模型的打印过程可以提高成形精度，排除人工砌筑误差和人工放坡过程中存在的潜在危险。

图 1-9　3D 打印的多功能挡土墙[11]

图 1-10　3D 打印检查井[11]

2019 年，苏州市将 3D 打印技术应用于航道整治工程的二级护岸[11]，如图 1-11 所示。该护岸结构每段长 4m，质量约 5t。该护岸采用 3D 打印装配式节段和现场安装的方式完成，既满足了安全要求，又满足了景观需要，与同等尺寸的混凝土挡墙相比可减少三分之二以上的混凝土用量，原材料的投入量大大减少，同时也降低了人工和材料成本。

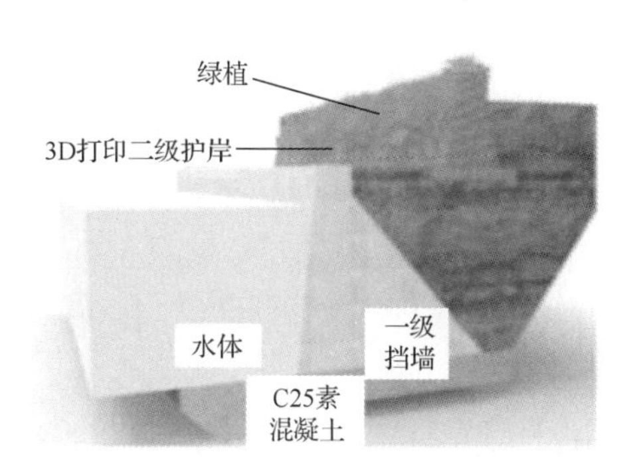

图 1-11　3D 打印护岸[11]

3D 打印声屏障[11]使用煤化工固废等资源进行打印建造，有着出众的降噪和隔音效果，如图 1-12 所示。该声屏障的日打印建造长度为 40～50m，施工效率较高，可大幅缩短施工周期。其类型一般可分为平面型和曲面型，尺寸有 4.5m×24cm 和 4.5m×18cm 等，建造长度可根据具体情况进行选择和调整。

图1-12　3D打印声屏障[11]

本章小结

本章阐述了3D打印技术的基本概念、特点、发展历程及主要成形工艺，介绍了在航空航天、生物医学、土木工程等领域中3D打印的特点和使用材料，并列举了相关领域中的实际案例。

通过学习本章，读者可以加深对3D打印技术的基本概念、发展历程以及特点的理解，进而了解3D打印主要成形工艺的特点和应用范围；了解3D打印在各领域的应用，理解3D打印技术在这些领域得以运用的原因，对3D打印现阶段所面临的问题和未来的发展趋势有一定的思考。

思考题

1．什么是3D打印技术？
2．3D打印技术有哪些主要的成形工艺？
3．3D打印技术有什么优点？
4．3D打印技术在航空航天领域有哪些应用？
5．在土木工程领域中，3D打印技术主要使用的材料有哪些？
6．3D打印技术在生物医学领域的应用案例有哪些？

参考文献

[1] 卢秉恒．增材制造技术：现状与未来[J]．中国机械工程，2020，31（1）：19-23．
[2] 胡迪·利普森，梅尔芭·库曼．3D打印：从想象到现实[M]．赛迪研究院专家组，译．北京：中信出版社，2013．
[3] 罗军．中国3D打印的未来[M]．北京：东方出版社，2014．
[4] 陈继民．3D打印技术概论[M]．北京：化学工业出版社，2020．

[5] 刘少岗，金秋．3D 打印先进技术及应用[M]．北京：机械工业出版社，2020．
[6] 王迪，杨永强．3D 打印技术与应用[M]．广州：华南理工大学出版社，2020．
[7] NOOR N, SHAPIRA A, EDRI R, et al. 3D printing of personalized thick and perfusable cardiac patches and hearts[J]. Advanced Science,2019.
[8] GRIGORYAN B, PAULSEN S J, CORBETT D C, et al. Multivascular networks and functional intravascular topologies within biocompatible hydrogels[J]. Science, 2019, 364(6439): 458-464.
[9] WU P, WANG J, WANG X Y. A critical review of the use of 3-D printing in the construction industry[J]. Automation in Construction, 2016, 68: 21-31.
[10] BUSWELL R A, SOAR R C, GIBB A G F, et al. Freeform construction: mega-scale rapid manufacturing for construction[J]. Automation in Construction, 2007, 16(2): 224-231.
[11] 肖建庄，柏美岩，唐宇翔，等．中国 3D 打印混凝土技术应用历程与趋势[J]．建筑科学与工程学报，2021，38（5）：1-14．

第 2 章　数字化建模与 3D 打印切片

本章学习目标

- 熟悉数字化建模软件、数字化建模方法。
- 熟悉 3D 打印切片软件、切片方法。
- 掌握建模和切片实例的操作步骤。

2.1　数字化建模技术

2.1.1　数字化建模概念

数字化建模[1]是使用计算机三维建模软件，将由工程或产品的设计方案、正图（原图）、草图和技术性说明及其他技术图样所表达的形体，构造成可用于设计和后续处理工作的三维数字模型。

2.1.2　三维建模技术及主要软件介绍

1. 三维建模技术

三维建模技术是根据实际物体的三维空间信息构造其三维模型，并利用相关建模软件或程序语言将该模型进行图形显示，进而可以对模型进行处理或操作。三维建模方法从模型生成方式上来分有两类：正向建模技术、逆向重构技术。其中，正向建模技术是通过建筑参数化建模软件（如 Revit、3ds Max、CAD、SketchUp 等）直接建模；逆向重构技术是利用逆向反求工程（如三维扫描等），通过点云数据构造出三维模型，然后用软件将三维模型导出为特定的近似模拟文件，如 STL 格式文件等。

常用的三维建模软件有 Revit、3ds Max、CAD、SketchUp、Rhino、SolidWorks 等。下面以 SketchUp、Rhino、Revit 软件为例进行介绍。

2. SketchUp 软件介绍

SketchUp 最初是由@Last Software 公司开发的，后来该公司被 Google 收购，所以 SketchUp 又被称为 Google SketchUp[2]。不同于 3ds Max，SketchUp 是平面建模，它通过一个使用简单、内容详尽的颜色、线条和文本提示指导系统，帮助人们跟踪位置和完成相关建模操作，无须输入坐标。

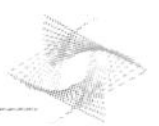

（1）主界面

在获得授权许可的“欢迎使用 SketchUp”窗口中单击“简单”模块，即可进入主界面。图 2-1 所示为 SketchUp 2020 主界面。

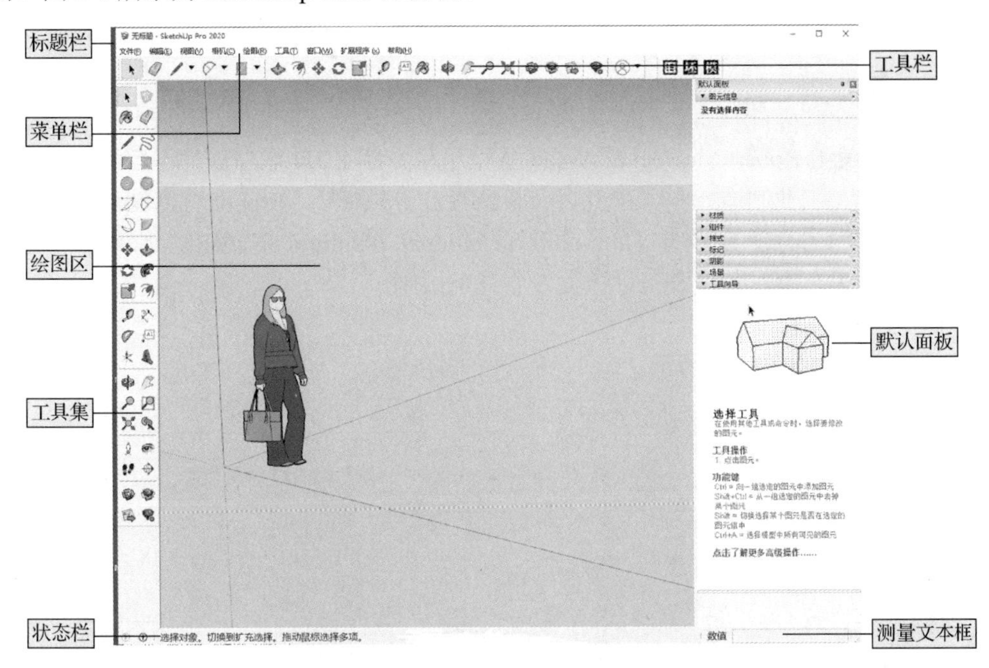

图 2-1　SketchUp 2020 主界面

视图窗口左侧的工具集中放置了建模时所需的其他工具，如图 2-2 所示。例如，在菜单栏中选择【视图】|【工具栏】命令，打开【工具栏】对话框，选中建模所需的【工具集】选项，再单击【确定】按钮即可添加所需工具栏。

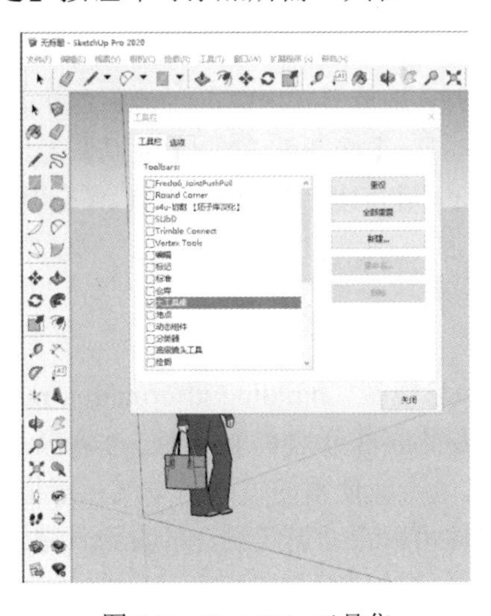

图 2-2　SketchUp 工具集

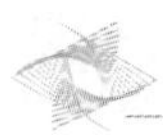

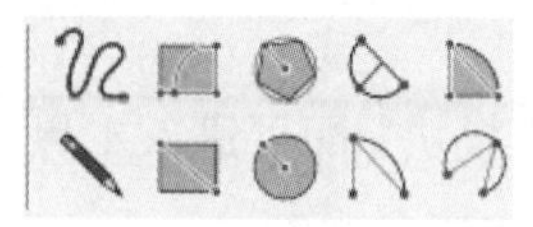

图 2-3 SketchUp 工具栏

（2）形状绘图

SketchUp 的形状绘图工具均放置在工具集或【绘图】工具栏中。其中，包括【直线】工具、【矩形】工具、【圆】工具、【圆弧】工具、【手绘线】工具、【多边形】工具，如图 2-3 所示。

3. Rhino 软件介绍

Rhino 是美国 Robert McNeel & Assoc 公司开发的专业 3D 造型软件，广泛地应用于三维动画制作、工业制造、科学研究以及机械设计等领域[3]。Rhino 可以创建、编辑、分析和转换非均匀有理 B 样条（non-uniform rational B-spline，NURBS）曲线、曲面和实体，并且在复杂度、角度和尺寸方面没有任何限制。

（1）主界面

Rhino 主界面如图 2-4 所示。

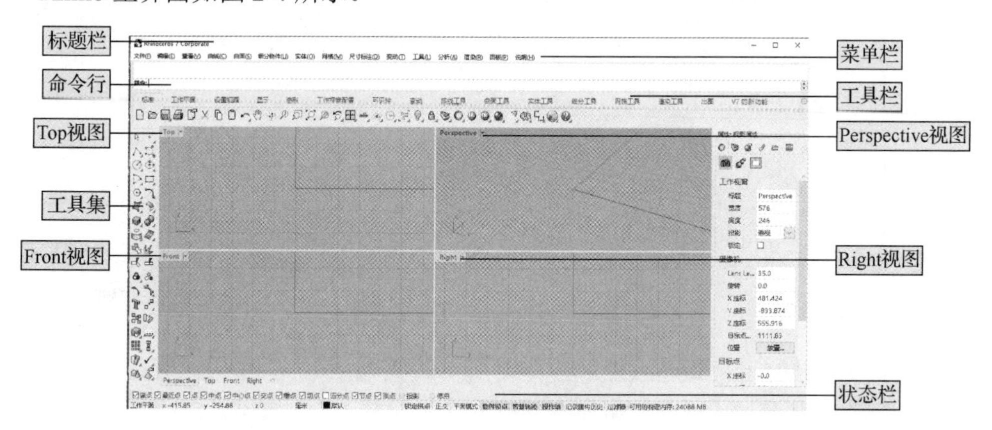

图 2-4 Rhino 主界面

（2）形状绘图

Rhino 软件的形状绘图工具均放置在 Rhino 主界面的工具集中。其中，包括【线段】工具、【曲线】工具、【圆】工具、【椭圆】工具、【圆弧】工具、【矩形】工具、【多边形】工具、【曲线圆角】工具、【炸开】工具、【修剪】工具、【分割】工具、【扭曲】工具、【弯曲】工具等。

4. Revit 软件介绍

Revit 软件是专为建筑信息模型（building information modeling，BIM）构建的解决方案[4-5]。Revit 根据不同的专业族群分为 3 个模块——建筑专业使用的 Architecture，结构专业使用的 Structure，机电专业使用的机械、电气和管道（mechanical，electrical & plumbing，MEP）。Revit 软件可以帮助建筑设计师设计、建造和维护质量更好、能效更高的建筑。

（1）Revit 启动界面

Revit 启动界面如图 2-5 所示。用户可根据需要选择新建或打开项目或族文件，同时在此界面也会显示最近打开过的文件，并且以图标的形式显示。

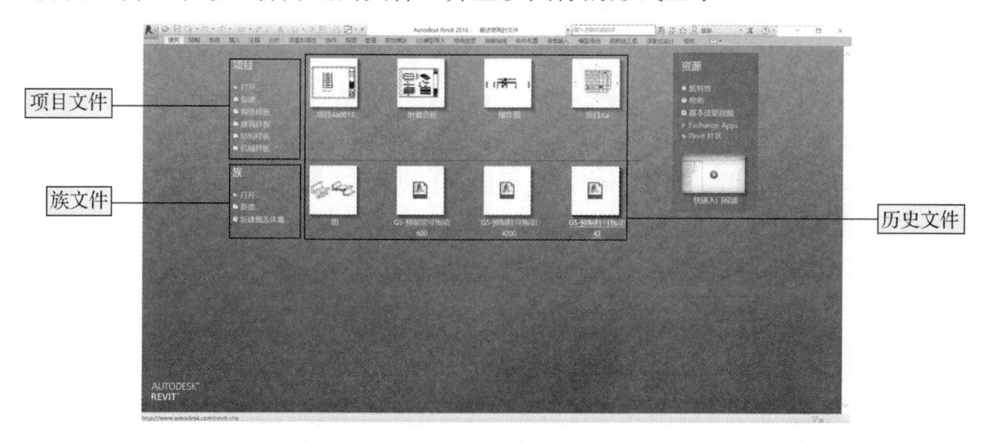

图 2-5　Revit 启动界面

（2）主界面

Revit 主界面如图 2-6 所示。

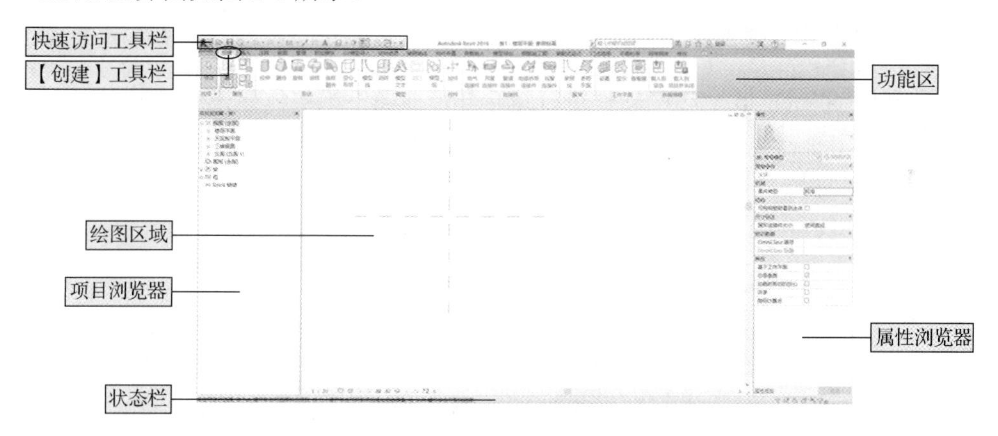

图 2-6　Revit 主界面

（3）Revit 的建模工具

Revit 的建模工具均放置在图 2-6 所示主界面中功能区的【创建】工具栏，如图 2-7（a）所示。其中，包括【拉伸】工具、【融合】工具、【旋转】工具、【放样】工具、【放样融合】工具、【空心形状】工具等。单击其中一个工具后，会出现【绘制】工具栏，其中有【直线】工具、【矩形】工具、【多边形】工具、【圆形】工具、【圆弧】工具、【拾取路径】工具，如图 2-7（b）所示。

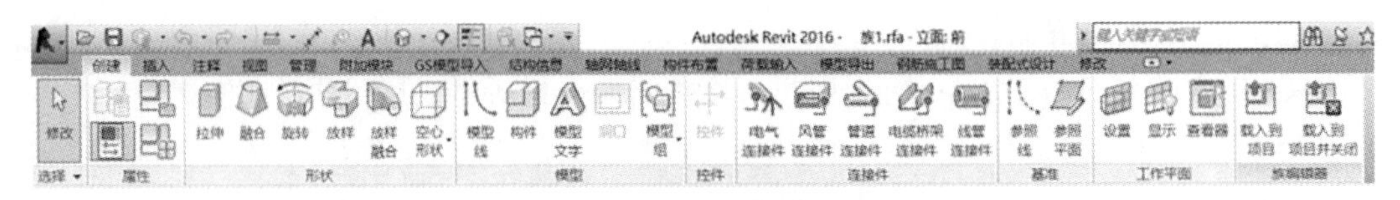

（a）【创建】工具栏

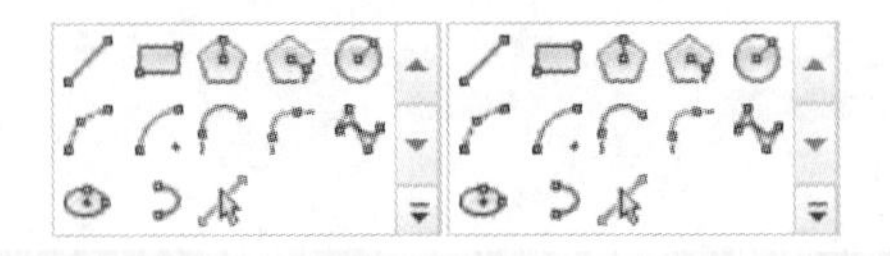

（b）【绘制】工具栏

图 2-7　Revit 的建模工具

2.2　数字化建模实例

本节将结合实际建模案例，对 SketchUp 的插件库管理器——坯子插件库、Rhino 7 和 Revit 2016 的实际操作进行介绍，并讲解相关的建模步骤。

2.2.1　组合异形曲面建模

本节利用 SketchUp 2020[6]软件进行组合异形曲面三维实体建模。该异形曲面由 6 个子曲面空间组合而成，如图 2-8 所示。曲面水平投影面积为 300m^2，高度为 8m，厚度为 0.2m。

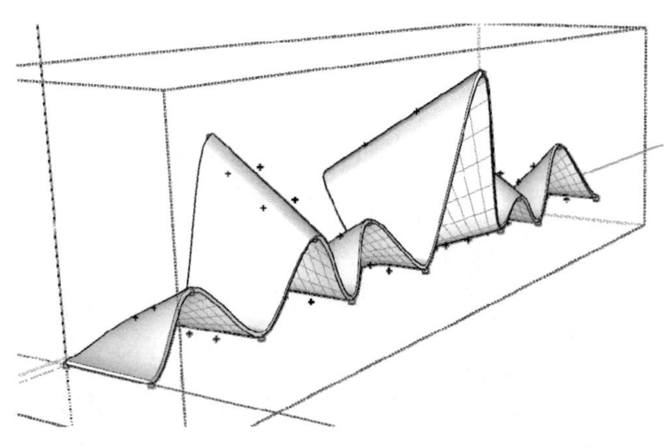

图 2-8　异形曲面三维示意图

1）通过 SketchUp 坯子库官网（http://www.piziku.com/）安装坯子库管理器，如图 2-9（a）所示。安装完成后会在工具栏显示安装好的坯子库插件的模块，如图 2-9（b）

所示；单击第一个图标即可打开【坯子库插件库　2021】，如图 2-9（c）所示；下载需要用到的插件，可单击第二个图标，进入坯子库插件下载界面，如图 2-9（d）所示，进行相应的插件名称搜索，即可完成下载。

（a）坯子库管理器

（b）安装模块

（c）坯子库插件库　2021

（d）坯子库插件下载界面

图 2-9　坯子库插件安装界面

2）为了控制画出来的贝兹曲面的尺寸，选择【矩形】工具，在绘图区中绘制一个矩形面（在测量文本框中输入“5，5”后按【Enter】键确认）。再选择【坯子插件库 2021】|【贝兹曲面】，如图 2-10 所示，即可在矩形面上画出贝兹曲面。得到指定尺寸的贝兹曲面后，使用【移动】工具将贝兹曲面移动一定距离，再将矩形面删除。

图 2-10　【贝兹曲面】工具栏

3）双击贝兹曲面，弹出【贝兹曲面编辑器】，首先框选右边界线，如图 2-11（a）所示。单击【贝兹曲面编辑器】中的第三个图标，会在该坐标轴方向上增加一个相同的贝兹曲面。按照同样的步骤，在该坐标轴上绘制出 12 个相同的贝兹曲面，如图 2-11（b）所示。

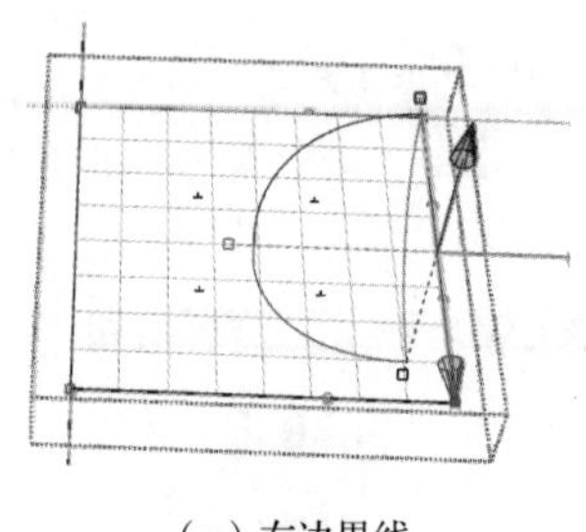

（a）右边界线

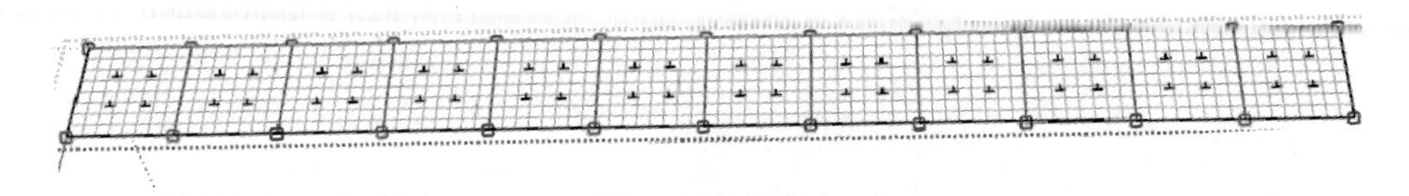

（b）12个贝兹曲面

图2-11　绘制贝兹曲面

4）选择第一个贝兹曲面的右边界线，出现X、Y、Z坐标轴，如图2-12（a）所示。选中Z轴，向上拖动4m，如图2-12（b）所示。按照同样的方法，依次选中曲面波峰处Z轴，向上拖动4m或8m，形成一高一矮交错的曲面外观，如图2-12（c）所示。

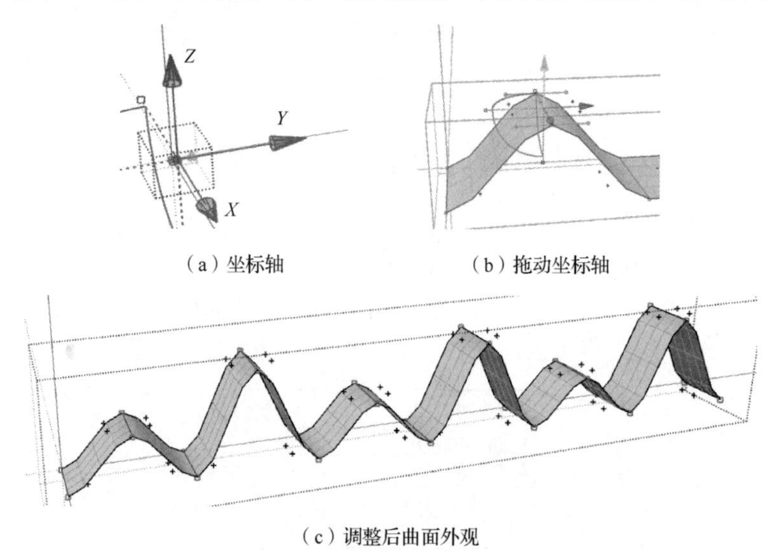

（a）坐标轴　　（b）拖动坐标轴

（c）调整后曲面外观

图2-12　调整贝兹曲面高度

5）对曲面波峰处赋予不同的角度，选中曲面波峰处直线，出现蓝、红、绿坐标轴，如图2-13（a）所示，选中绿色圆弧，在图2-13（b）所示平面内，顺时针/逆时针旋转设置不同的角度，如−30°（逆时针30°）。按照同样的方法，依次选中曲面波峰处绿轴，顺时针/逆时针交错，形成符合要求的曲面外观，如图2-13（c）所示。

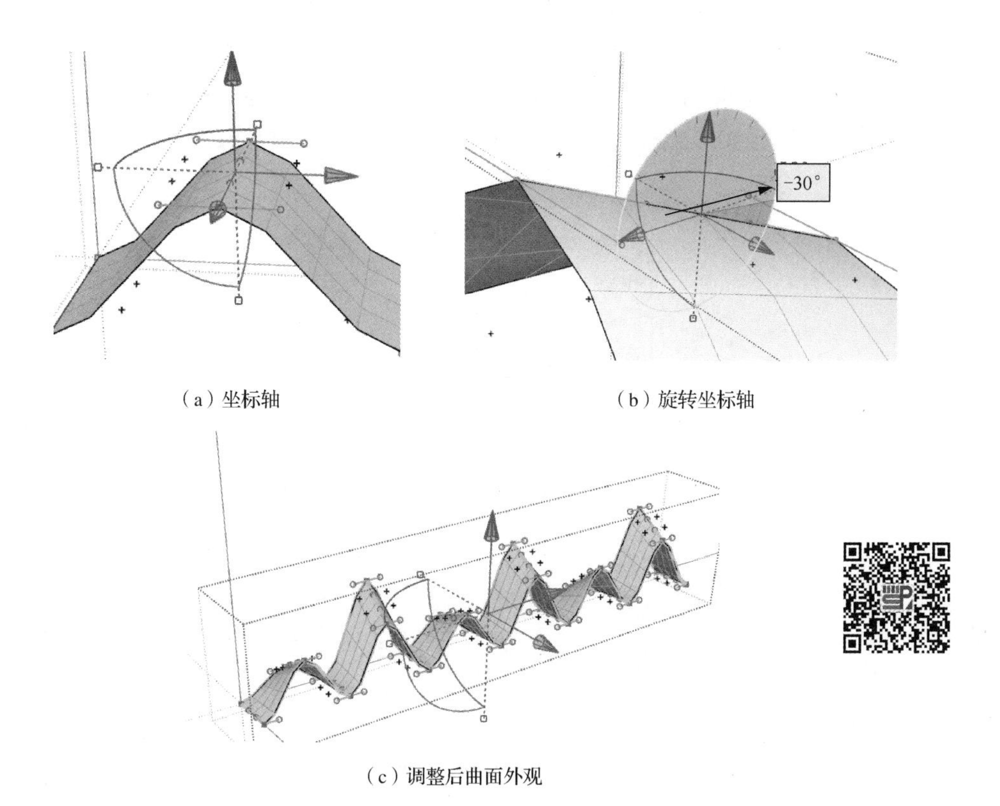

（a）坐标轴　　（b）旋转坐标轴

（c）调整后曲面外观

图 2-13　调整贝兹曲面角度

6）此时曲面的宽度一样，对曲面波峰处赋予不同的宽度，选中曲面波峰处直线，出现蓝、红、绿坐标轴，选中红轴处虚线，如图 2-14（a）所示，前后拉伸不同的距离，如 1m。按照同样的方法，依次选中曲面波峰处红轴（虚线），赋予曲面波峰处不同的宽度，调整后如图 2-14（b）所示。

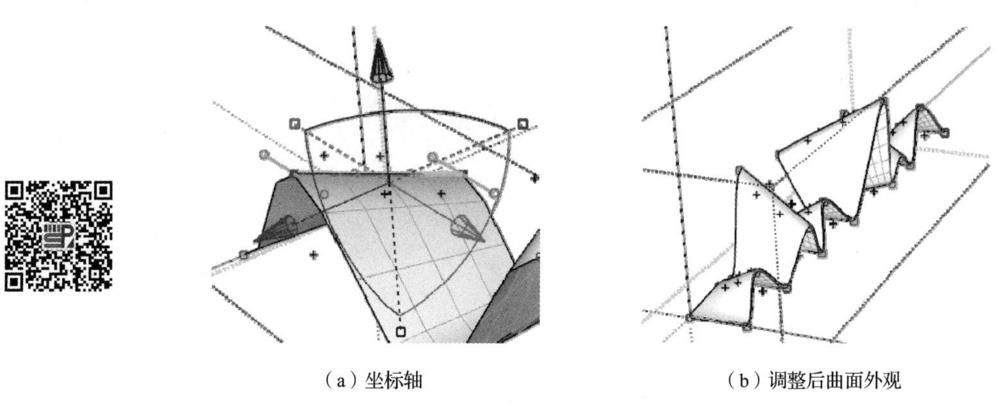

（a）坐标轴　　（b）调整后曲面外观

图 2-14　调整贝兹曲面宽度

7）给曲面赋予厚度，选择【坯子插件库 2021】|【超级推拉】，如图 2-15（a）所示，单击第三个图标给曲面赋予厚度，输入“0.2m”，即可赋予曲面 200mm 的厚度。至此，异形曲面的三维实体建模就完成了，最终结果图如图 2-15（b）所示。

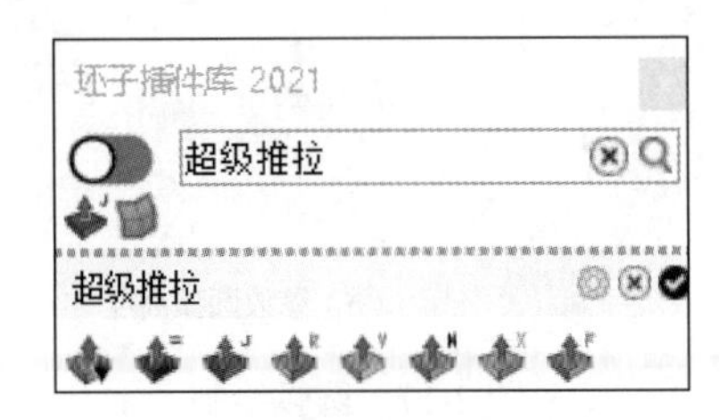

（a）【超级推拉】工具栏

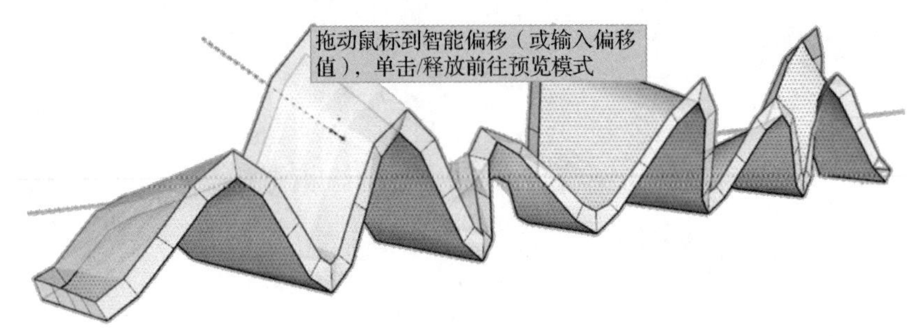

（b）最终异形曲面模型

图 2-15　拉伸贝兹曲面

2.2.2　马鞍形曲面建模

本节利用 SketchUp 2020 软件进行马鞍形曲面物体的三维实体建模。马鞍形曲面如图 2-16 所示。物体高度为 5m，外轮廓弧线倾斜角度为 30°，曲面物体中间凹处高度为 3m，厚度为 0.2m。

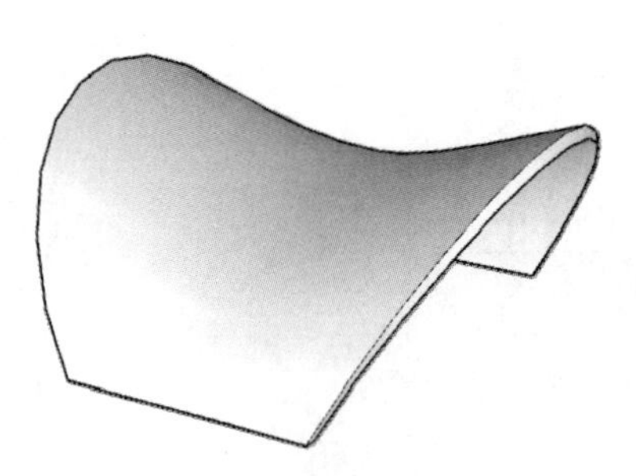

图 2-16　马鞍形曲面

1）利用 SketchUp 2020 软件的【旋转】、【移动】工具，创建 3 个相同的圆弧，圆弧半径 5m，如图 2-17（a）所示。选中中间的圆弧，选择【缩放】工具，单击红方块并拖住下移，将中间的圆弧（弧高）缩至原弧高的 60%（缩放比例输入“0.6”），即曲面

物体中间凹处高度为 3m，如图 2-17（b）所示。

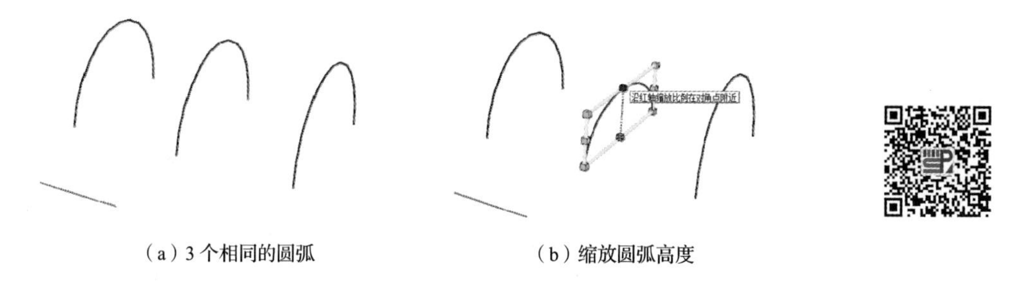

（a）3 个相同的圆弧　　　　（b）缩放圆弧高度

图 2-17　圆弧绘制

2）分别选中两侧的圆弧，使用【旋转】工具，此时要指定旋转平面，选择两个端点作为基点，如图 2-18（a）所示。此时，该圆弧会围绕基点在旋转平面内旋转，输入旋转角度“30°”，得到旋转后的示意图如图 2-18（b）所示。

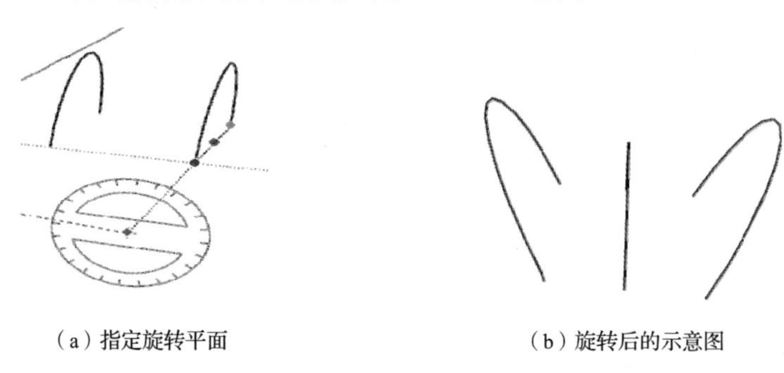

（a）指定旋转平面　　　　（b）旋转后的示意图

图 2-18　调整圆弧角度

3）选中 3 个圆弧线，选择【坯子插件库 2021】|【loft】，如图 2-19（a）所示，单击第一个图标，即可得到马鞍形曲面，如图 2-19（b）所示。

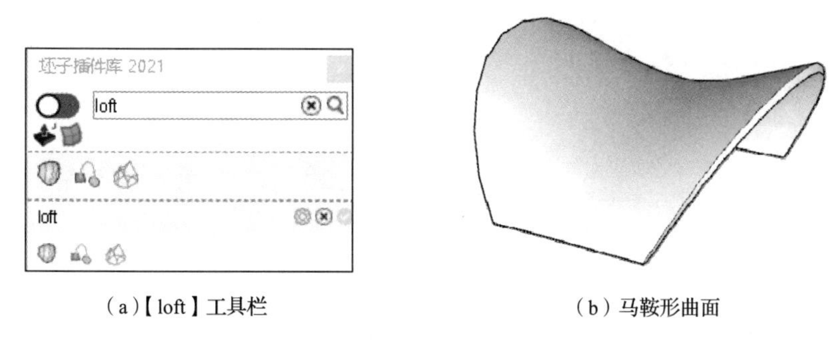

（a）【loft】工具栏　　　　（b）马鞍形曲面

图 2-19　绘制马鞍形曲面

4）给该曲面赋予厚度，选择【坯子插件库 2021】|【超级推拉】，单击第三个图标给曲面赋予厚度，输入“0.2m”，即可赋予曲面 200mm 的厚度。至此，马鞍形曲面物体的三维实体建模就完成了。

2.2.3 扭曲筒体建模

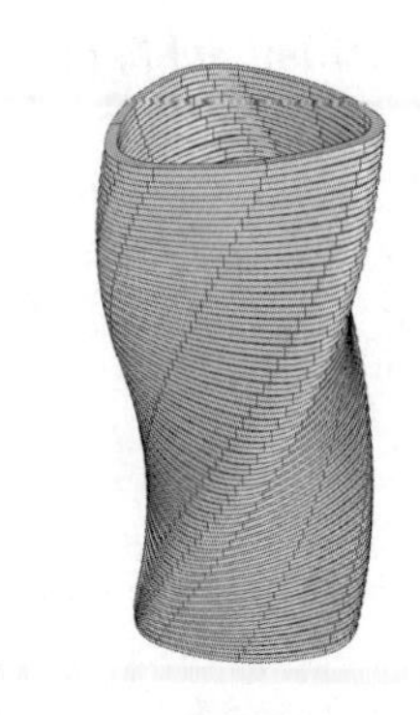
图 2-20 扭曲筒体示意图

本节利用 Rhino 7 软件进行扭曲筒体的三维实体建模。该扭曲筒体如图 2-20 所示。该扭曲筒体截面形状为等边三角形的外接圆弧段，高度为 2m，每层厚度为 10mm，每层的扭转角度为 3°。

1）首先在 Top 视图中进行二维线框的绘制，形成一个封闭的图形，即拉伸的平面；在 Top 视图中绘制一个边长为 200mm 的等边三角形，选择左列常用工具处的【直线】工具，绘制一条边长为 200mm 的直线，输入“200”。按照同样的方法，绘制一条相同的直线。将第二条直线旋转 60°。选中第二条直线，如图 2-21（a）所示，会出现一个坐标轴，单击弧线，输入“60”，如图 2-21（b）所示。此时，两条直线夹角为 60°，如图 2-21（c）所示，选中第二条直线，选择【移动】工具，移动两条直线，使它们的起点重合。将等边三角形的第三条边补齐，完成等边三角形的绘制，如图 2-21（d）所示。

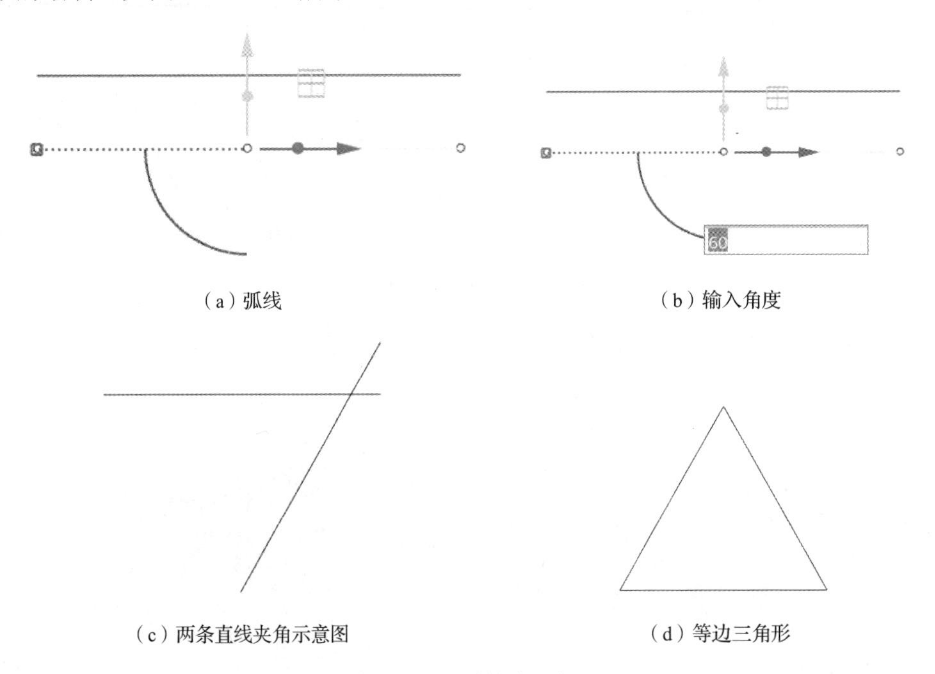

（a）弧线
（b）输入角度
（c）两条直线夹角示意图
（d）等边三角形

图 2-21 绘制等边三角形

2）选择【圆弧】工具，分别按照图中的顺序单击等边三角形上的 3 个顶点，如图 2-22（a）所示，完成一段圆弧的绘制。按照类似的步骤，完成剩余两条圆弧的绘制，如图 2-22（b）所示。

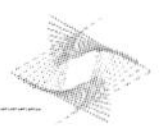

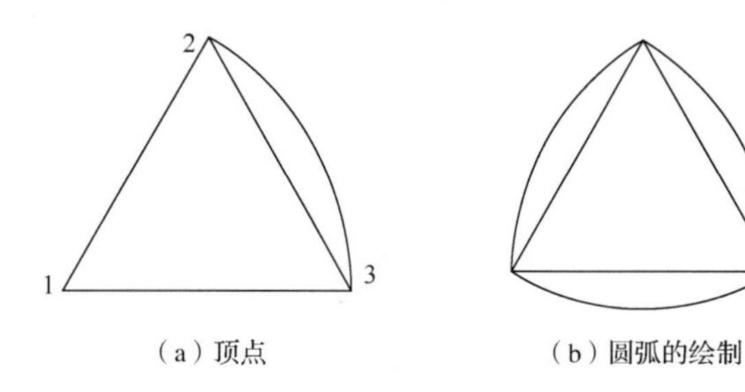

（a）顶点　　（b）圆弧的绘制

图 2-22　等边三角形外接圆弧的绘制

3）选择【曲线圆角】工具，在命令栏设置圆角半径为 40mm，依次选择两条相交的直线，如图 2-23（a）所示。倒圆角结果如图 2-23（b）所示。选择【群组物件】工具，将分段曲线组合为一个整体，如图 2-23（c）所示。

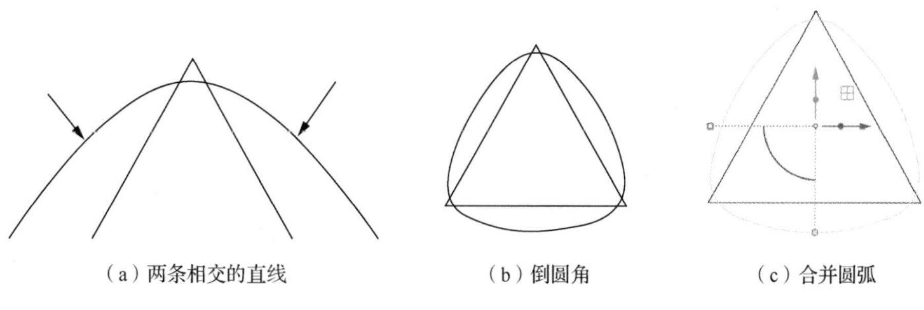

（a）两条相交的直线　　（b）倒圆角　　（c）合并圆弧

图 2-23　外接圆弧倒圆角

4）选择【圆】工具中的（与数字曲线正切），绘制一个等边三角形内切圆，如图 2-24（a）所示，选择【点】工具，标出圆心，如图 2-24（b）所示。

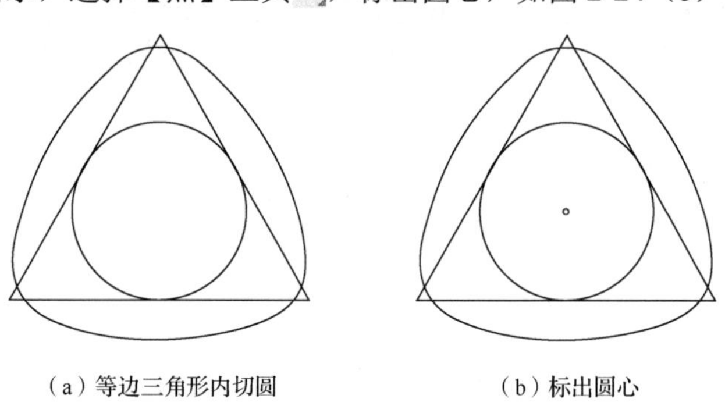

（a）等边三角形内切圆　　（b）标出圆心

图 2-24　等边三角形内切圆的绘制

5）选择【缩放】工具，选中封闭曲线，如图 2-25（a）所示，按【Enter】键，选中圆心，在命令行输入缩放比例“1∶1”，按【Enter】键，得到图 2-25（b）。这样可以把圆、等边三角形删除，得到图 2-25（c）。拉伸的二维平面绘制完成。选择【建立曲面】工具（以平面曲线建立曲面），用绘制的两个封闭曲线构造曲面，结果如

图 2-25（d）所示。

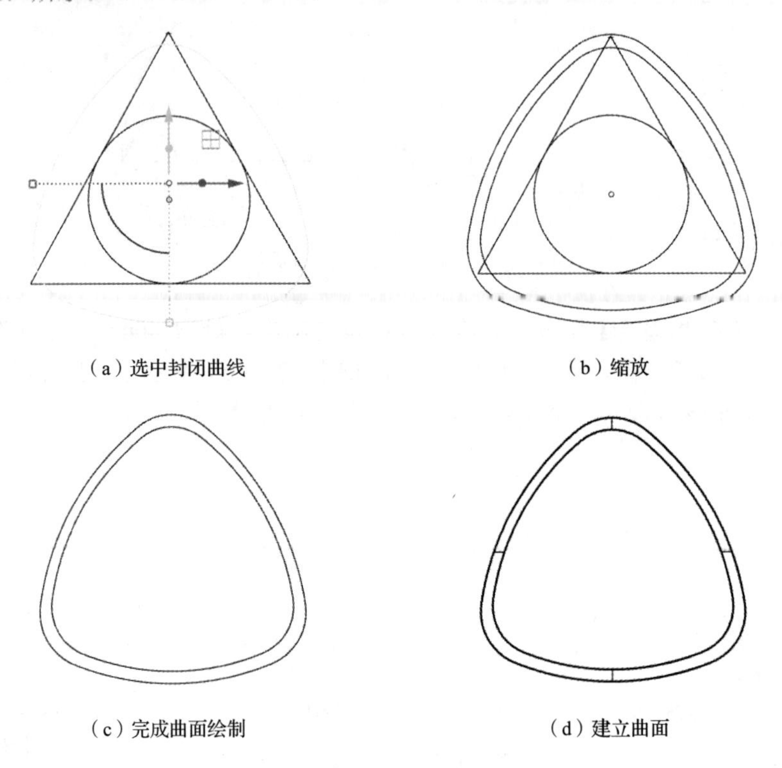

（a）选中封闭曲线　　（b）缩放

（c）完成曲面绘制　　（d）建立曲面

图 2-25　以平面曲线建立曲面

6）此时，由于只是平面图，因此在 Front 视图中会表现为一条直线。需要在 Front 视图中进行拉伸操作，选中该直线，出现图 2-26（a）所示的坐标轴，在 Front 视图中单击 *Y* 轴上的点，按住不动往上拉，即完成拉伸操作，如图 2-26（b）所示，高度为 10mm。

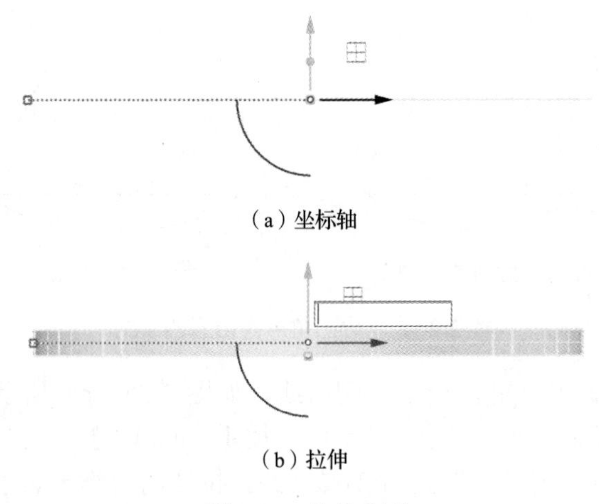

（a）坐标轴

（b）拉伸

图 2-26　拉伸曲面

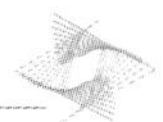

7）该筒体是含有扭曲角度的，在进行三维建模时要考虑扭曲角度的设置。具体方法为：在Front视图中选中该筒体，选择【复制】工具，选中前面拉伸的实体，定位中点，向上复制一个，如图2-27（a）所示。选中该实体，在Top视图中设置复制的第二个实体的扭曲角度，出现一个坐标系，单击其中的圆弧线，如图2-27（b）所示，此时可以设置偏转角度，输入“3”，如图2-27（c）所示，依次向上累加层数。图2-27（d）是累加了4层的立面图，图2-27（e）是累加了4层的正视图。按照相同的步骤往下进行，每层扭转3°。

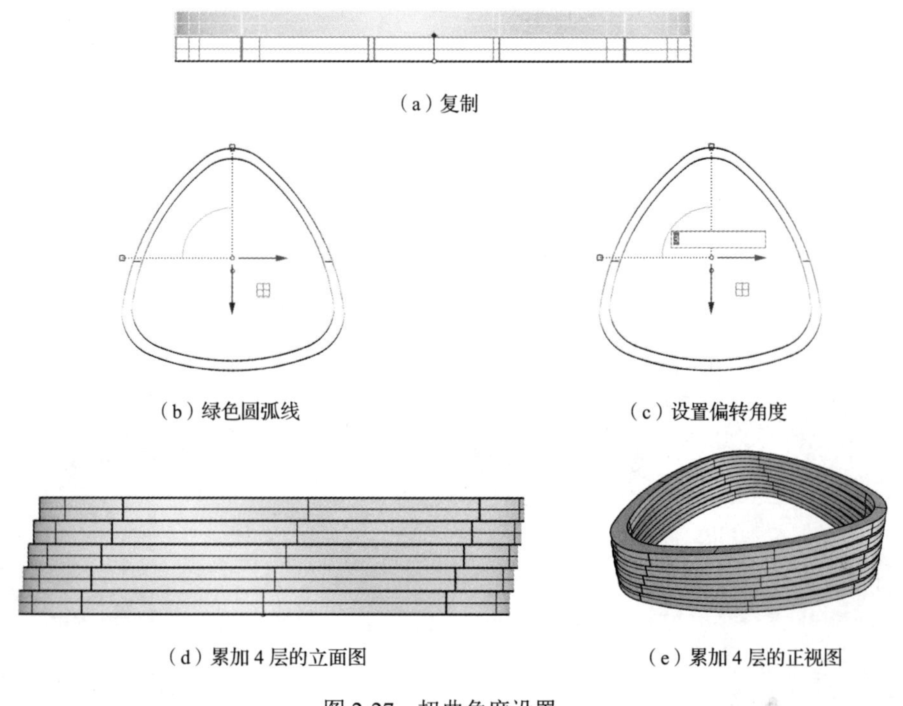

（a）复制

（b）绿色圆弧线　　（c）设置偏转角度

（d）累加4层的立面图　　（e）累加4层的正视图

图2-27　扭曲角度设置

8）完成拉伸操作后便可在Perspective视图中看到建好的扭曲筒体三维模型，如图2-28所示。

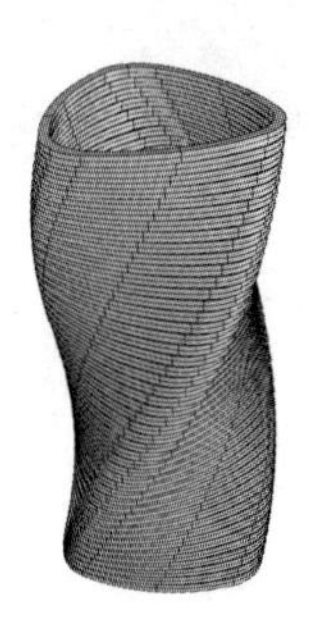

图2-28　完成的扭曲筒体三维模型

2.2.4 八角亭建筑建模

利用 Revit 2016 软件进行八角亭的三维实体建模。该八角亭高度为 3.2m，占地面积约为 $8m^2$，如图 2-29 所示。

图 2-29 八角亭示意图

1）打开 Revit 2016，新建族文件中的【公制常规模型】，如图 2-30 所示。

图 2-30 新建文件

2）在项目浏览器中，单击进入前立面视图，然后单击【创建】中的【放样】工具，绘制八角亭顶部框架的路径，如图 2-31（a）所示；单击【完成】，然后单击【编辑轮廓】，在三维视图中绘制出框架的矩形截面，如图 2-31（b）所示；单击【完成编辑模式】，得到图 2-31（c）。

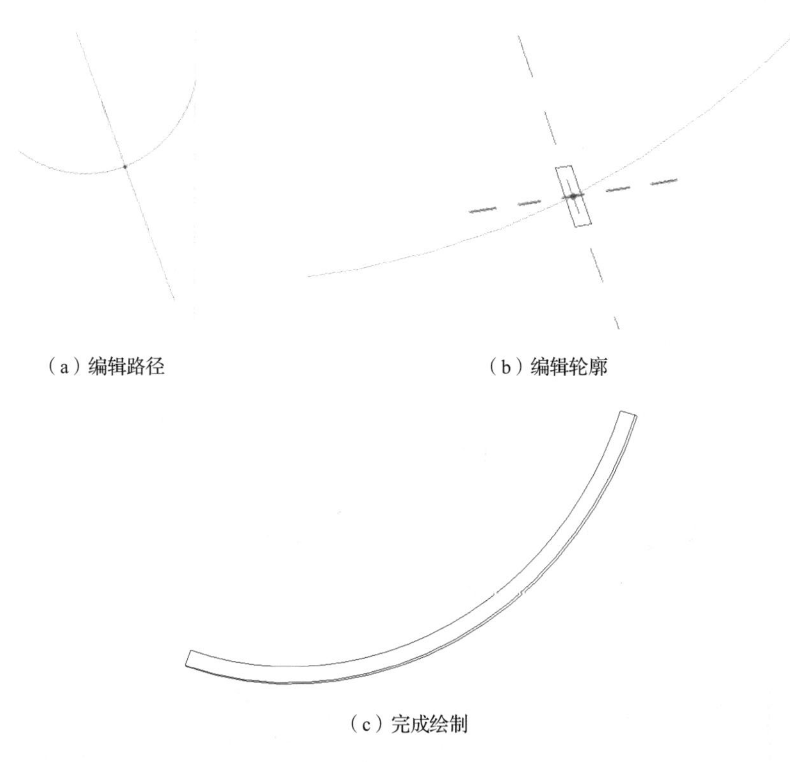

（a）编辑路径　　（b）编辑轮廓

（c）完成绘制

图 2-31　八角亭顶部框架绘制（一）

3）在项目浏览器中，单击进入参照标高视图，然后运用【旋转】和【镜像】两个工具绘制出八角亭顶部的框架部分，如图 2-32 所示。

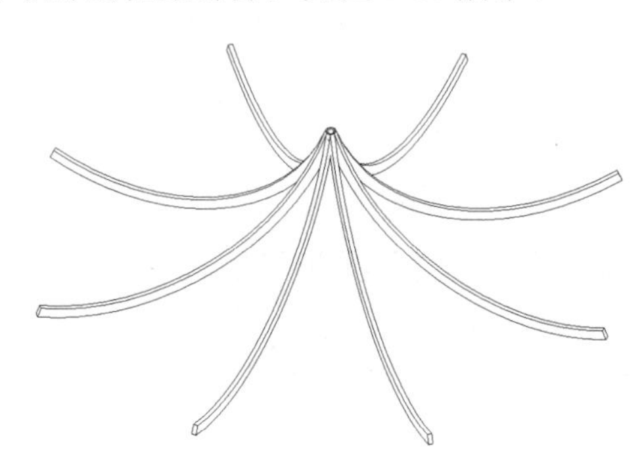

图 2-32　八角亭顶部框架绘制（二）

4）单击【创建】中的【旋转】工具，在前视图中继续绘制八角亭顶盖，如图 2-33（a）所示；单击绘制框内的【轴线】，绘制中心轴线，单击【完成编辑模式】，则可得到八角亭的顶盖部分，如图 2-33（b）所示。

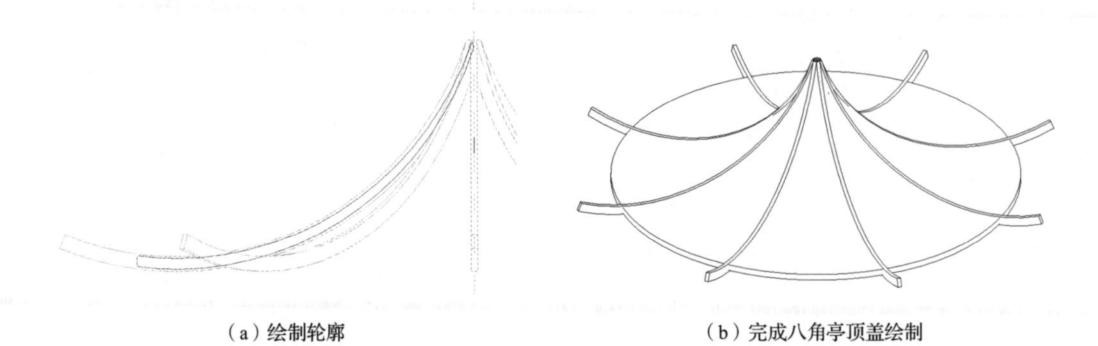

（a）绘制轮廓　　（b）完成八角亭顶盖绘制

图 2-33　八角亭顶盖绘制

5）单击【创建】中的【空心拉伸】工具，在参照标高视图中绘制八角亭顶盖多余的部分，如图 2-34（a）所示，单击【完成编辑模式】，将空心形状拉到相应的位置，拉伸方向为垂直于轮廓方向，得到图 2-34（b）。运用【旋转】和【镜像】两个工具绘制出八角亭亭顶的其他位置，如图 2-34（c）所示。

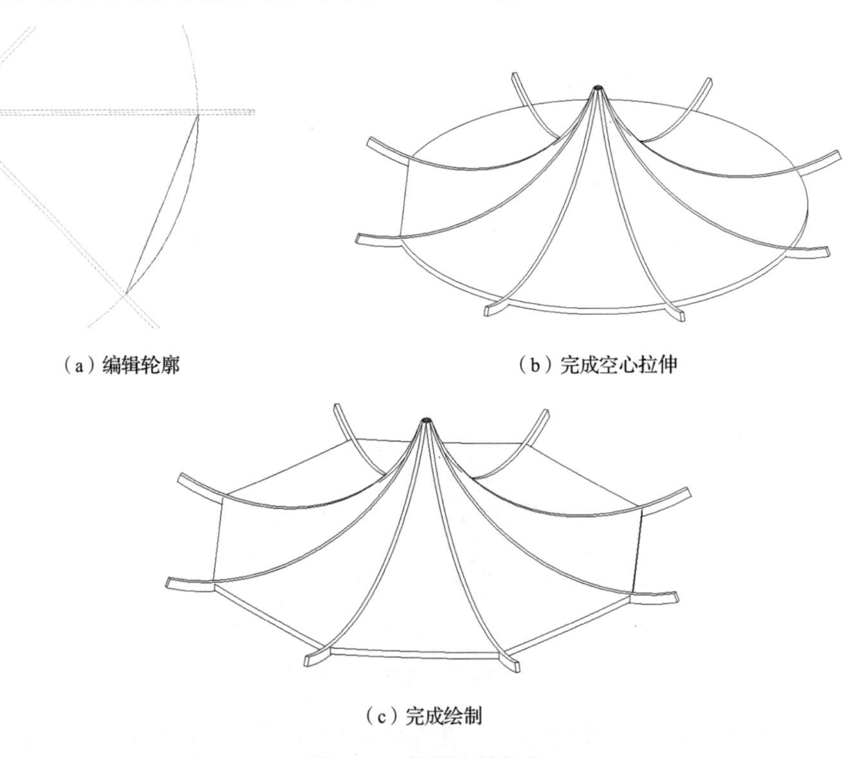

（a）编辑轮廓　　（b）完成空心拉伸

（c）完成绘制

图 2-34　亭顶绘制完成

6）单击【创建】中的【拉伸】工具，在参照标高视图中绘制亭子的亭檐轮廓，如图 2-35（a）所示；单击【完成编辑模式】，将其拉伸至合适的位置，拉伸方向为垂直于

轮廓方向，得到图 2-35（b）。运用【旋转】和【镜像】两个工具绘制出亭檐的其他部分，如图 2-35（c）所示。

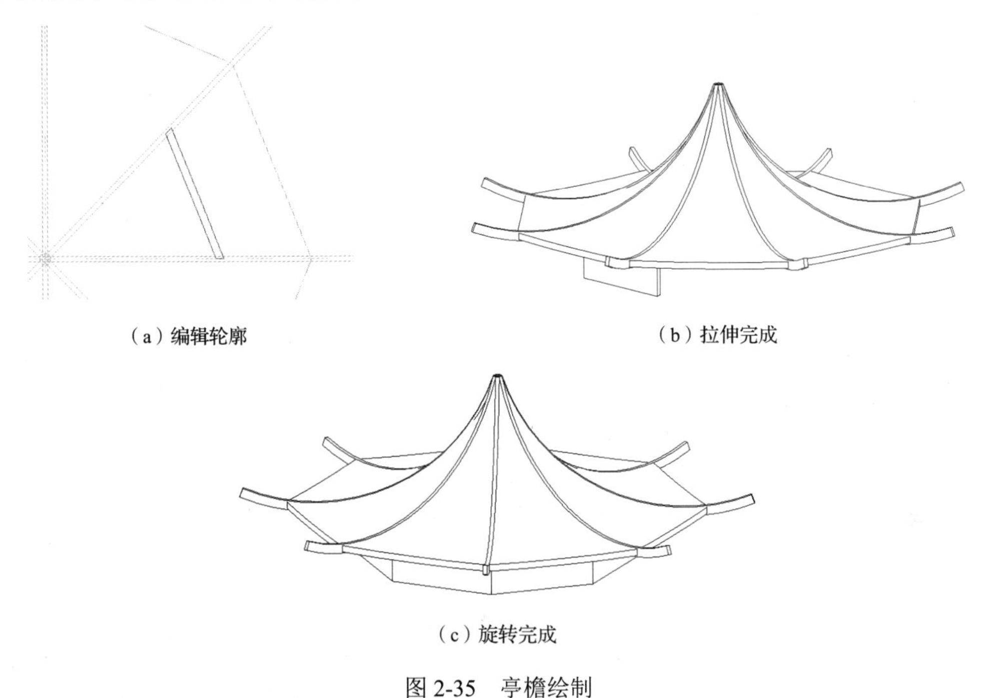

（a）编辑轮廓

（b）拉伸完成

（c）旋转完成

图 2-35　亭檐绘制

7）单击【创建】中的【拉伸】工具，在参照标高视图中绘制亭子的柱子横截面，如图 2-36（a）所示；单击【完成编辑模式】，将其拉伸至合适的位置，拉伸方向为垂直于轮廓方向，得到图 2-36（b）。运用【旋转】和【镜像】两个工具绘制出其他的柱子，最终得到图 2-36（c）。

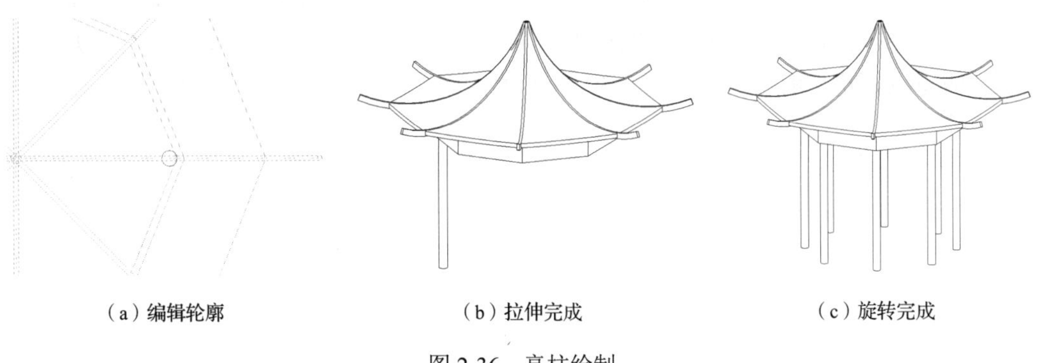

（a）编辑轮廓　（b）拉伸完成　（c）旋转完成

图 2-36　亭柱绘制

8）单击【创建】中的【拉伸】工具，绘制出底座的轮廓，如图 2-37（a）所示；单击【完成编辑模式】，在三维视图中将其拉伸至合适的位置，拉伸方向为垂直于轮廓方向，得到图 2-37（b）。

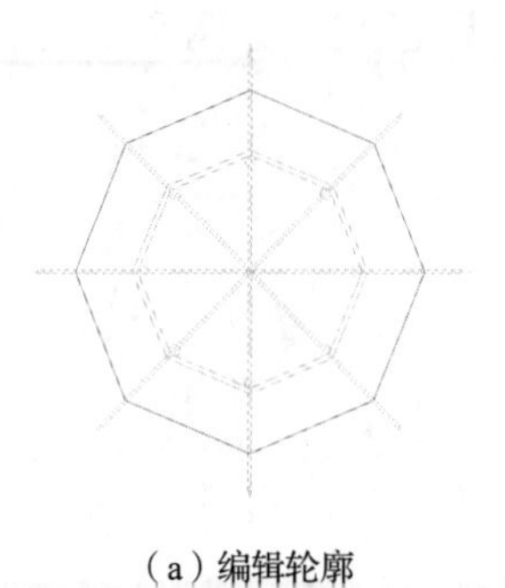

（a）编辑轮廓

（b）完成拉伸

图 2-37　底座绘制

9）单击【创建】中的【空心拉伸】工具，在参照标高视图中绘制亭子内部的下沉部分的轮廓，如图 2-38（a）所示；单击【完成编辑模式】，将其拉伸到合适的位置，拉伸方向为垂直于轮廓方向，得到图 2-38（b）。

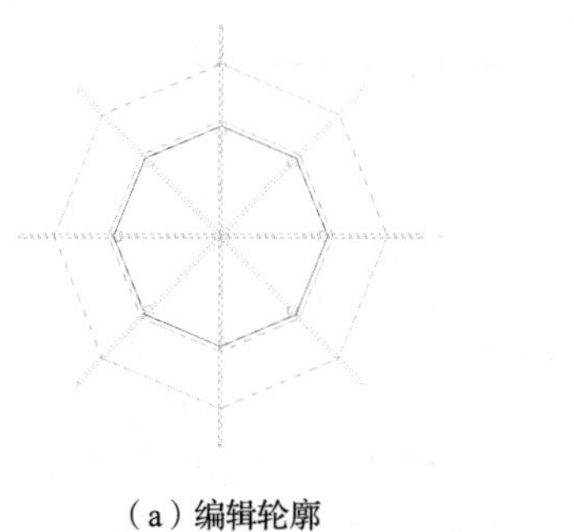

（a）编辑轮廓

（b）完成空心拉伸

图 2-38　下沉部分绘制

10）单击【创建】中的【旋转】工具，在前视图中，依次绘制出亭子顶部的装饰部分，如图 2-39（a）所示；单击绘制框内的【轴线】，绘制中心轴线，单击【完成编辑模式】，即完成八角亭的绘制，如图 2-39（b）所示。

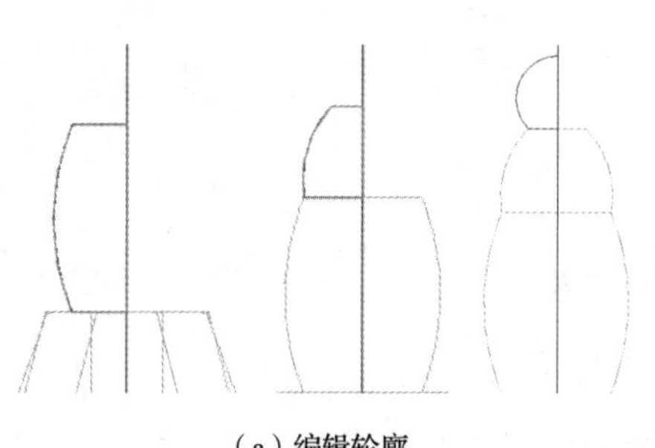

（a）编辑轮廓

（b）完成绘制

图 2-39　八角亭绘制完成

2.2.5　拱桥建模

利用 Revit 2016 软件进行拱桥的三维实体建模。该拱桥高度为 2.5m（不含扶手高度），跨度为 3m，总长度为 8m，如图 2-40 所示。

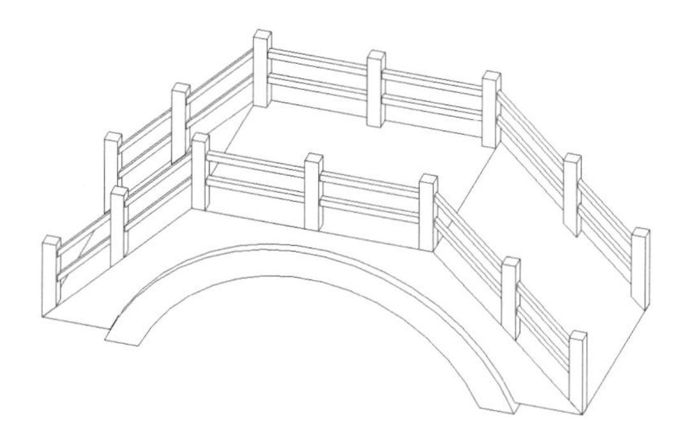

图 2-40　拱桥示意图

1）打开 Revit 2016，新建族文件中的【公制常规模型】。

2）在项目浏览器中，单击进入右立面视图，如图 2-41（a）所示；然后单击【创建】中的【拉伸】工具，绘制拱圈的侧视图轮廓，如图 2-41（b）所示；单击【完成编辑模式】，然后进入三维视图，单击创建好的实体，如图 2-41（c）所示；单击小箭头在三维视图内拉伸至 3m 的宽度（或者在属性中设置拉伸的起止点位置），拉伸方向为垂直于轮廓方向。

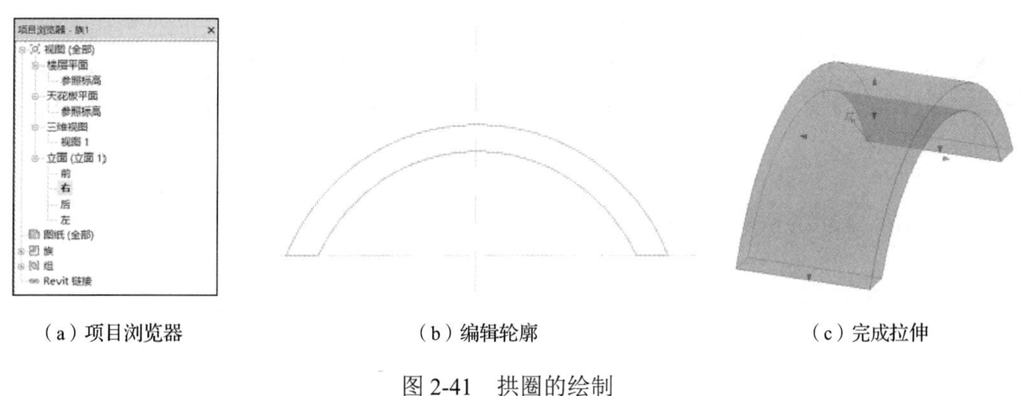

（a）项目浏览器　　（b）编辑轮廓　　（c）完成拉伸

图 2-41　拱圈的绘制

3）单击【创建】中的【拉伸】工具，在右视图中继续绘制拱上垫料层的侧视图轮廓，如图 2-42（a）所示；单击【完成编辑模式】，然后进入三维视图，单击创建好的实体，单击小箭头在三维视图内拉伸至 2.7m，如图 2-42（b）所示。

4）创建好拱桥的底部实体后，单击【创建】中的【拉伸】工具，在参照平面视图中继续绘制拱桥扶手的俯视图轮廓，如图 2-43（a）所示；单击【完成编辑模式】，进入三维视图，单击创建好的实体，如图 2-43（b）所示；单击小箭头在三维视图内拉伸至

1.2m 的高度，拉伸方向为垂直于轮廓方向。

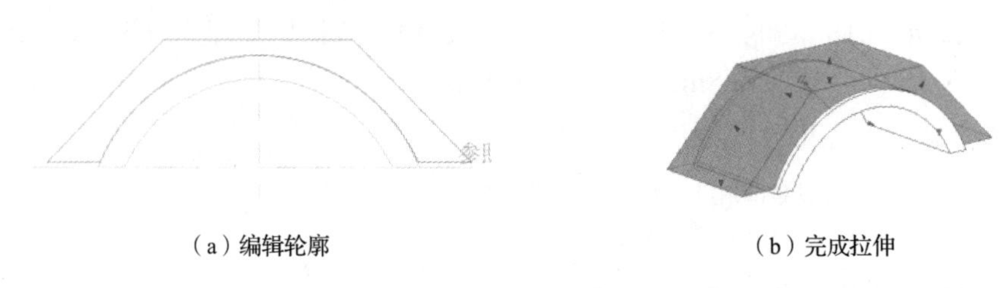

（a）编辑轮廓　　（b）完成拉伸

图 2-42　拱上垫料层绘制

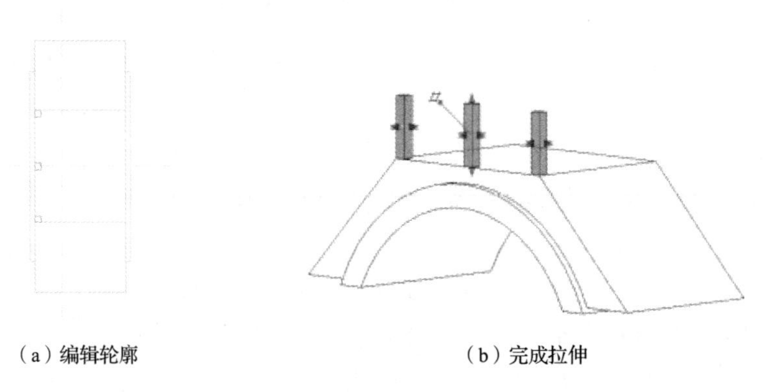

（a）编辑轮廓　　（b）完成拉伸

图 2-43　竖向拉伸绘制垂直扶手

5）单击【创建】中的【拉伸】工具，在右视图中继续绘制拱桥扶手的侧视图轮廓，如图 2-44（a）所示；单击【完成编辑模式】，进入三维视图，单击创建好的实体，如图 2-44（b）所示；单击小箭头在三维视图内拉伸至 20cm 的宽度，拉伸方向为垂直于轮廓方向。

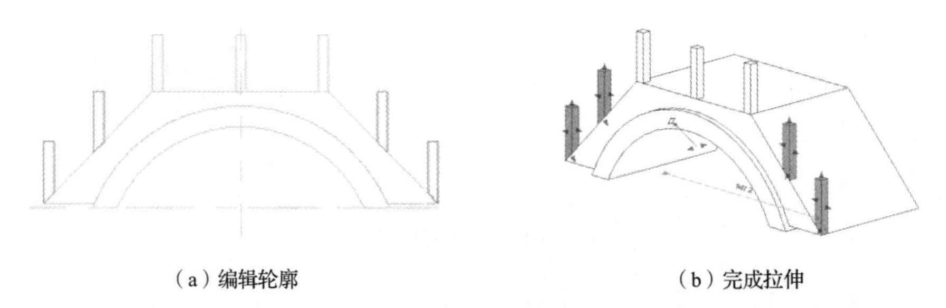

（a）编辑轮廓　　（b）完成拉伸

图 2-44　侧向拉伸绘制垂直扶手

6）单击【创建】中的【拉伸】工具，在右视图中继续绘制拱桥水平栏杆的侧视图轮廓，如图 2-45（a）所示；单击【完成编辑模式】，进入三维视图，单击创建好的实体，如图 2-45（b）所示；单击小箭头在三维视图内拉伸规定的宽度，拉伸方向为垂直于轮廓方向。

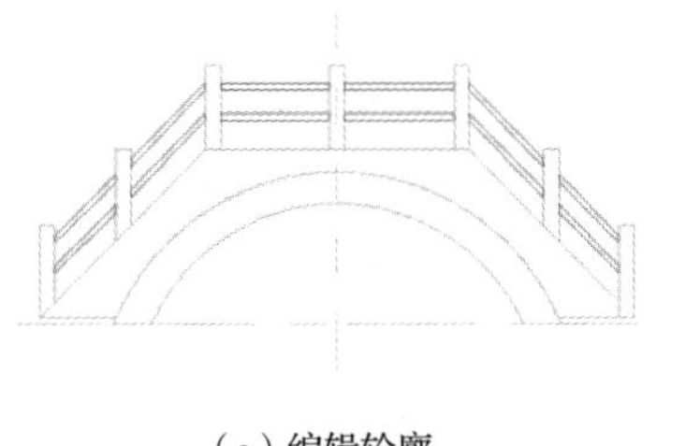

（a）编辑轮廓

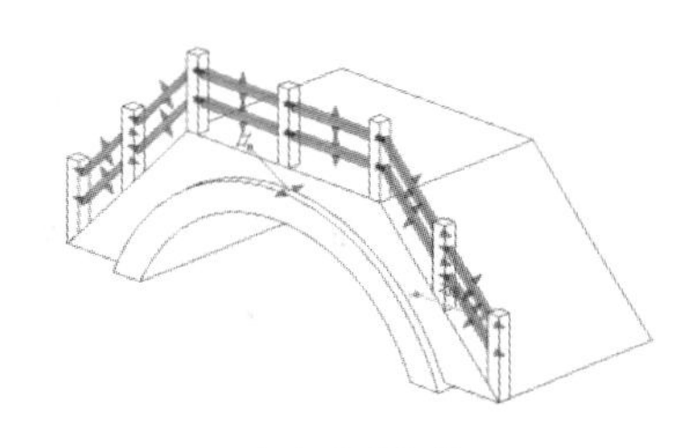

（b）完成拉伸

图 2-45　水平栏杆绘制

7）选中左侧所有扶手和栏杆，如图 2-46（a）所示；单击【修改】工具栏中的【镜像】工具，单击该拱桥的对称轴得到另一边的扶手和栏杆，得到图 2-46（b）。

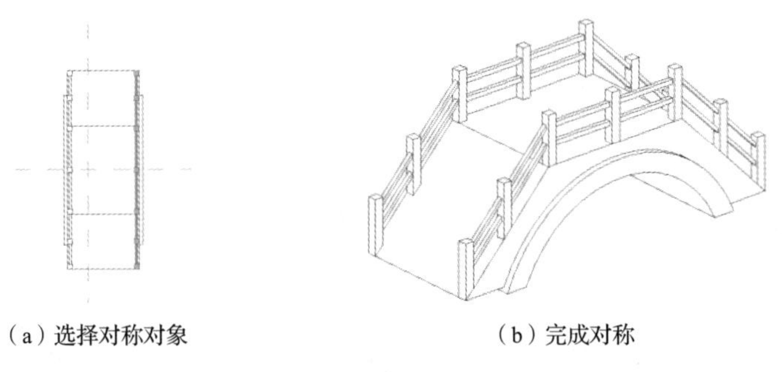

（a）选择对称对象　　（b）完成对称

图 2-46　拱桥绘制完成

2.3　3D 打印切片处理过程

2.3.1　模型切片概述

三维模型构建完成后，需要对模型进行切片处理，将模型转换成代码才能让打印机读取命令进行打印。3D 打印技术的一般处理流程图如图 2-47 所示。

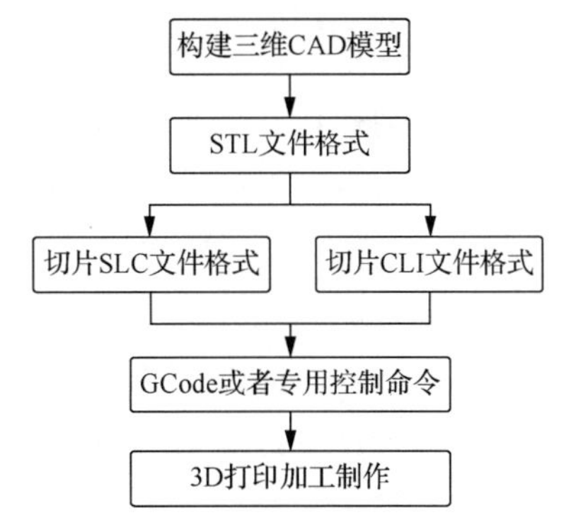

图 2-47　3D 打印技术的一般处理流程图

2.3.2 STL 文件格式

STL 文件格式构造简单、便捷，已迅速成为一种事实标准的 3D 打印领域通用格式。随着 STL 成为 3D 打印领域中的主要模型文件格式，针对 STL 文件格式的模型处理积累了大量的成熟算法，如高效 STL 切片算法、STL 流程容错切片算法、STL 纠错处理方法等。

对 STL 模型离散切片处理后，常用公共层接口（common layer interface，CLI）文件格式与立体光刻轮廓（stereo lithography contour，SLC）文件格式保存离散后的切片数据，如 3D 打印路径规划后的加工信息等。针对不同的工艺设备，往往采用标准的控制命令语言或者专用的控制命令规范[7]。基于 FDM 工艺的 3D 打印设备一般采用标准 GCode 指令，其他的 3D 打印设备采用自行开发的控制指令规范。

2.3.3 GCode 指令

将模型导出 STL 文件格式之后，无法直接与打印设备连接进行打印，需要将 STL 文件进一步转换成 GCode 指令，才能让打印机收到打印命令进行打印。

1. GCode 概述

GCode 是一种数控编程语言，其主要功能是指导打印头在 3 个维度上进行几何移动。在 3D 打印中，GCode 起着重要的作用，它可以使打印头按照指定的路径移动，并打印出所需的模型。

2. GCode 语法结构

代表性的 GCode 程序示例如下：

```
G17 G90                   XY 平面，指定绝对运动模式
F500                      切削速度：500mm/min
G00 X10.00 Y5.00          快速(rapid)模式运动到(10,5)
M03                       开启主轴
G04 P2.0                  等待 2s
G01 Z0                    刀具下降到高度为 0 的位置
X30.25 Y5.00              线性 XY 运动到(30.25,5)
G03 X35.25 Y10.00 J5      逆时针圆弧运动到(35.25,10),沿 Y 轴进行 5 的偏移
G01 X35.25 Y50.10         线性运动到(35.25,50.10)
G03 X30.25 Y55.10  I-5    逆时针圆弧运动到(30.25,55.10),沿 X 轴进行-5 的偏移
G01 X10.00 Y55.10         线性运动到(10,55.10)
G03 X5.00 Y50.10  J-5     逆时针圆弧运动(5,50.10),沿 Y 轴进行-5 的偏移
G01 X5.00 Y10.00          线性运动到(5,10)
G03 X10.00 Y5.00 I5       逆时针圆弧运动(10,5),沿 X 轴进行 5 的偏移
```

```
G01 Z5              刀具升到高度为 5 的位置
M05                 停止切削
G00 X0 Y0           快速回归零点
M30                 结束程序
```

2.3.4　模型切片软件介绍及操作步骤

1. 模型切片软件介绍

要将 STL 文件转换成可供打印机识别并正常工作的 GCode，需要通过模型切片软件来实现。在 3D 打印过程中应用到的模型切片软件有很多种，如 Cura、Simplify3D、Slic3r 等，本节所采用的模型切片软件为 Simplify3D 软件，它支持几乎所有可用的 3D 打印机，用户可以自行添加配置文件。该软件功能强大，可自由添加支撑，支持双色打印和多模型打印，并且可以预览打印过程，切片速度极快，附带多种填充图案和详细的参数设置等，在预览过程中可以及时发现存在的问题并进行修正。运用 Simplify3D 软件可以生成打印模型的 GCode，将 GCode 文件导入 3D 打印系统中，配置好材料及打印参数之后就可以开始打印。Simplify3D 打印主界面如图 2-48 所示。

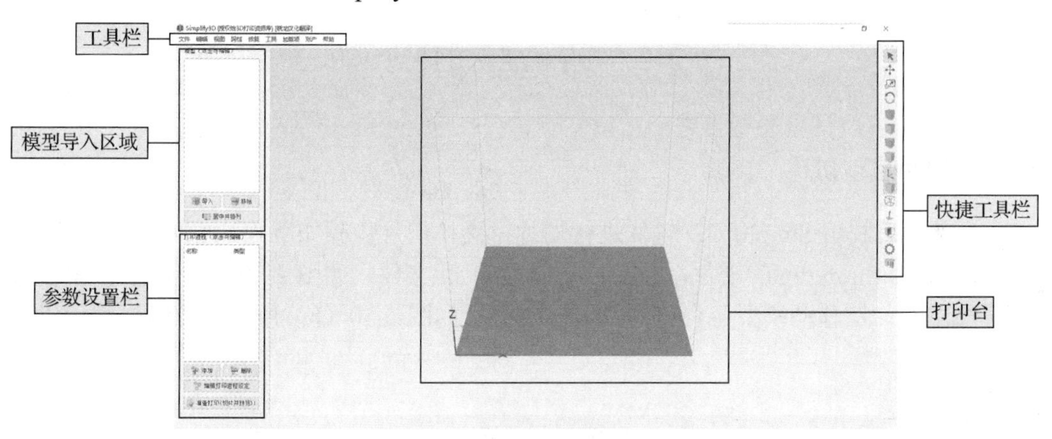

图 2-48　Simplify3D 打印主界面

2. 模型切片操作步骤

单击图 2-49（a）中的【导入】可在模型导入区域导入要切片的模型，在弹出的窗口中双击所需导入的模型，在弹出的属性框［见图 2-49（b）］中调整模型的比例大小，调整好打印模型的位置后，在参数设置栏中添加打印参数的 FFF 文件，即单击图 2-49（c）中的【添加】，双击名称可以对打印参数进行修改，设置合适的参数，单击【准备打印（切片并预览）!】可以预览打印的过程，确认无误之后，单击【储存切片文件到磁盘】，如图 2-49（d）所示，即导出 GCode。

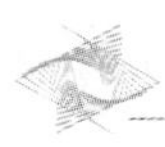

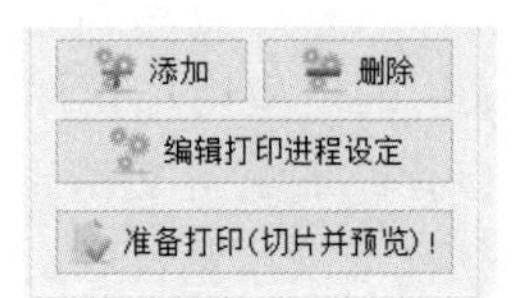

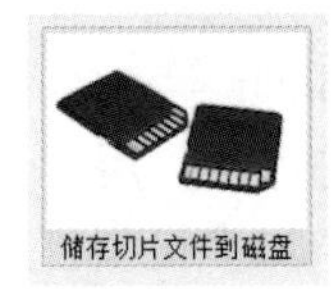

（a）导入模型　（b）属性框　（c）切片预览　（d）保存 GCode

图 2-49　导出 GCode

2.4　三维模型切片实例

2.4.1　拱桥模型切片

本节学习利用 Simplify3D 软件进行切片，具体切片步骤如下。

1）打开 Simplify3D 软件，导入拱桥模型的.stl 文件，如图 2-50（a）所示；单击模型，按住 Ctrl 键移动模型至合适的位置，调整后如图 2-50（b）所示，双击模型可以修改相关参数。

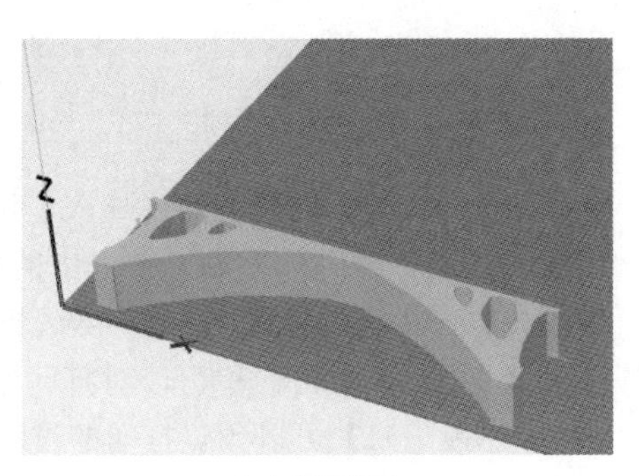

（a）导入模型　（b）调整位置

图 2-50　拱桥模型的导入与位置调整

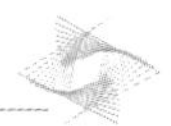

2）在图2.48所示参数设置栏中单击【添加】，即出现FFF文件，如图2-51（a）所示；双击FFF文件可以更改参数，在【层】选项卡中，将层高设置为10mm，如图2-51（b）所示；在【填充】选项卡中，将填充率设置为100%，如图2-51（c）所示。其他参数根据打印实例进行修改。

（a）FFF文件的添加

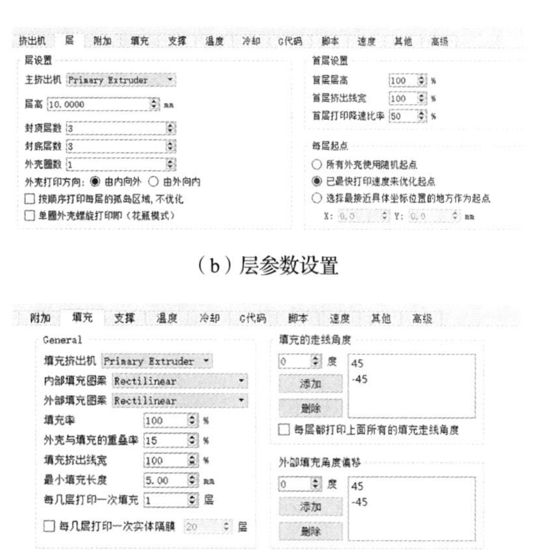

（b）层参数设置

（c）填充参数设置

图2-51　拱桥模型切片参数设置

3）单击【准备打印（切片并预览）!】，在弹出的【选择打印进程】窗口［见图2-52（a）］中选择相应的打印进程，并选择打印模式，然后单击【OK】按钮。在左上角的打印统计栏可以看到打印相关信息，如时间、耗材长度、重量等，在下方单击【开始】，即可在打印平台上预览打印的流程，其中图2-52（b）为打印第6层时的状态，图2-52（c）为模型打印完成。

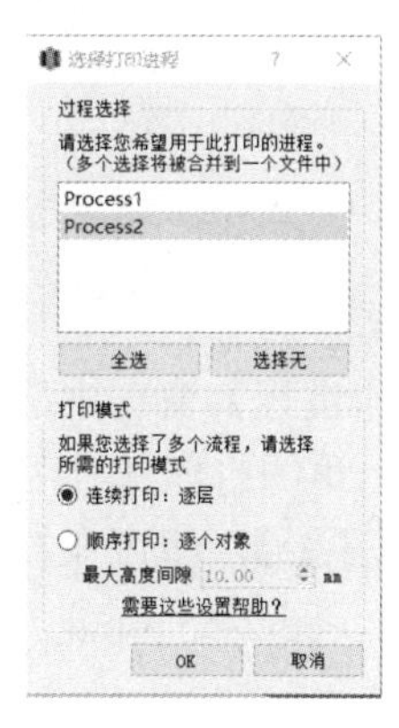

（a）打印进程的选择

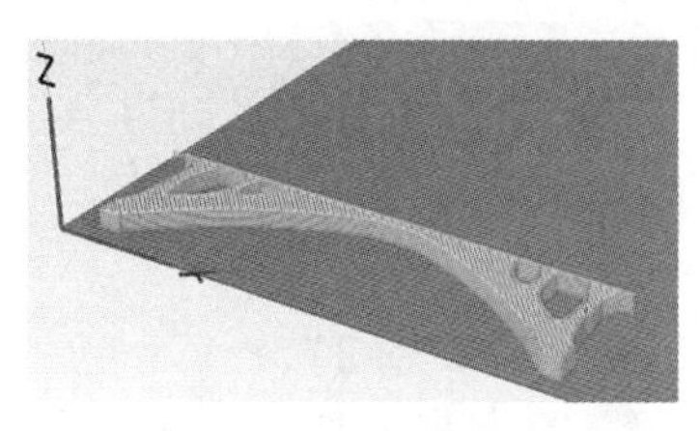

（b）打印第6层时的状态

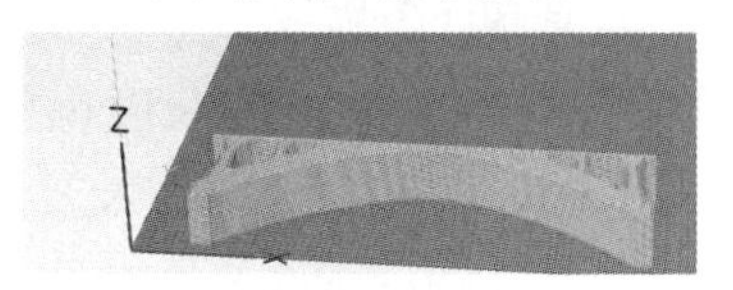

（c）模型打印完成

图2-52　拱桥模型的切片打印预览

4）若确定打印过程没有问题，则单击【储存切片文件到磁盘】，选择位置进行保存，如图 2-53 所示，导出的文件即为 GCode。

图 2-53　拱桥模型切片文件的保存

以下为第三层的部分切片代码：

```
layer 3, Z = 29.000
outer perimeter
G1 X69.666 Y110.819 F4800
G1 Z29.000 F1000
G1 E0.0000 F1800
```

2.4.2　拓扑优化梁模型切片

1）打开 Simplify3D 软件后，导入简支梁模型的.stl 文件，如图 2-54（a）所示，单击模型，按住 Ctrl 键移动模型至合适的位置，调整好后如图 2-54（b）所示，双击模型可以修改相关参数。

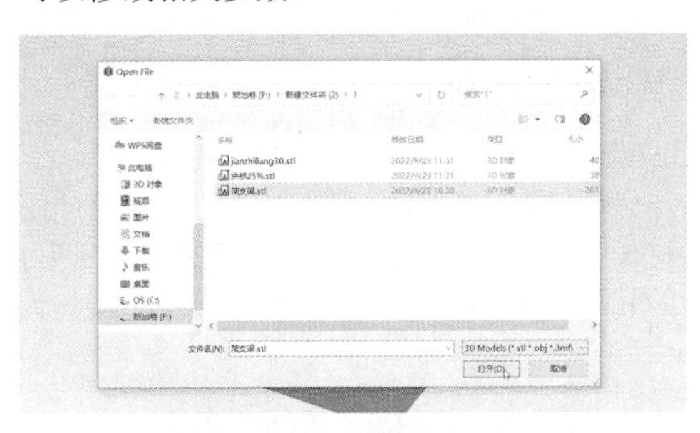

（a）导入模型

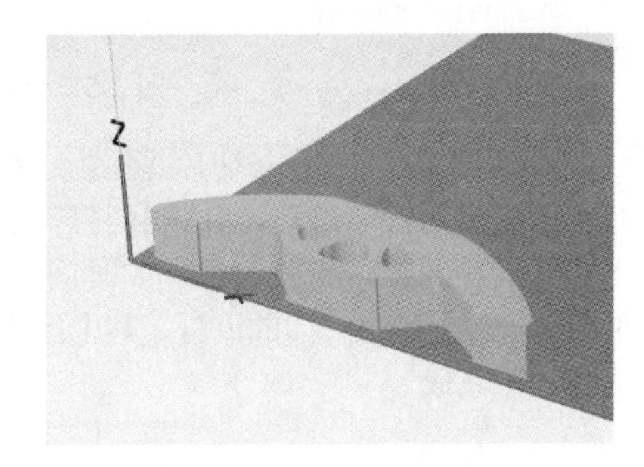

（b）调整模型位置

图 2-54　拓扑优化梁的模型导入与位置调整

2）同 2.4.1 节中步骤 2）。

3）单击【准备打印（切片并预览）!】，在弹出的【选择打印进程】窗口中选择相应的打印进程，并选择打印模式，然后单击【OK】按钮。在左上角的打印统计栏可以看到打印相关信息，如时间、耗材长度、重量等，在下方单击【开始】，即可在打印平台上预览打印的流程。其中，图 2-55（a）为打印第 7 层时的状态，图 2-55（b）为模型打印完成。

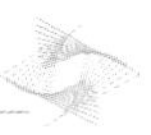

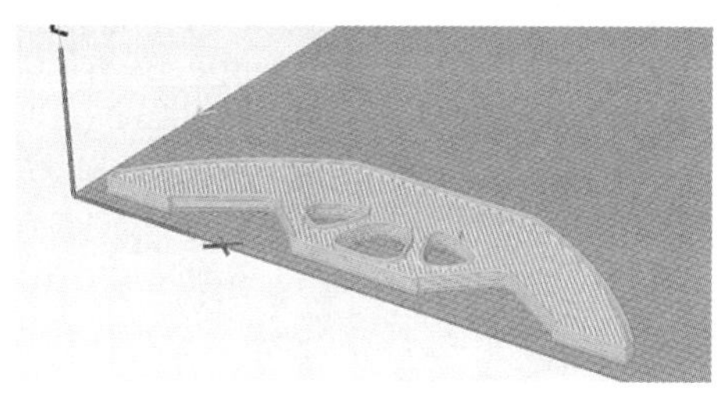

（a）打印第 7 层时的状态

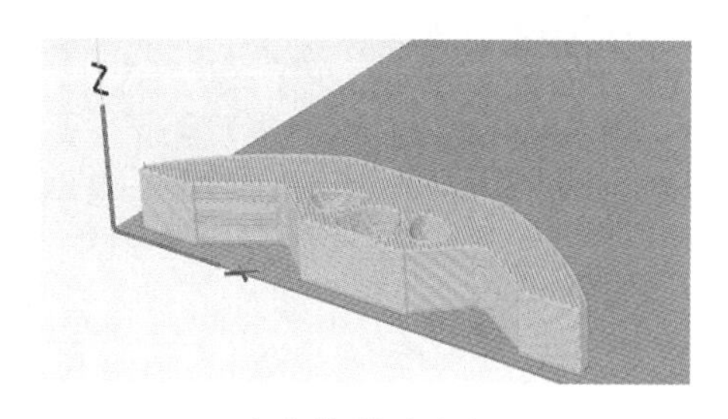

（b）模型打印完成

图 2-55　拓扑优化梁的切片打印预览

4）若确定打印过程没有问题，则单击【储存切片文件到磁盘】，选择位置进行保存，导出的文件即为 GCode。以下为第二层的切片部分代码：

```
layer 2, Z = 20.000
M106 S255
outer perimeter
G1 X69.666 Y110.819 F4800
G1 Z20.000 F1000
G1 E0.0000 F1800
```

本 章 小 结

本章介绍了实体数字化建模和 3D 打印切片处理的全过程，并且结合实例展示了常用的建模软件和模型切片软件的基本操作步骤。

思 考 题

1．三维建模方法有哪些？
2．3D 打印有哪些常用的三维建模软件？
3．用任意建模软件创建一个生活中常见的建筑模型。
4．模型切片软件除了本章提到的软件还有什么软件？
5．G 代码在 3D 打印过程中起什么作用？

参 考 文 献

[1] 杨超一．复杂造型混凝土构件打印成型数字建模技术研究[D]．南京：东南大学，2019．
[2] 王跃强，施洪威．Revit 建筑设计基础教程[M]．北京：中国建材工业出版社，2021．

[3] 刘慧超．SketchUp 入门到精通[M]．武汉：武汉大学出版社，2017．
[4] 长沙卓尔谟教育科技有限公司，沈应龙，刘志雄，等．Rhino 7 犀利建模[M]．北京：机械工业出版社，2021．
[5] 孙仲健．BIM 技术应用：Revit 建模基础[M]．2 版．北京：清华大学出版社，2022．
[6] 孙哲，潘鹏．SketchUp 建模思路与技巧[M]．北京：清华大学出版社，2022．
[7] 张李超，张楠．3D 打印数据格式[M]。武汉：华中科技大学出版社，2019．

第 3 章　轻量化设计

本章学习目标

- 熟悉轻量化设计、拓扑优化设计的原理。
- 了解国内外典型的拓扑优化案例。

3.1　结构轻量化设计优化方法

随着社会的不断发展，资源的有限性问题也日趋严重，人类希望尽可能做到资源效益最大化，优化思想逐渐衍生出来，结构优化也应运而生。轻量化设计是指在不降低性能的前提下，通过先进工艺及轻质材料的应用，同时兼顾性能、质量及成本三大因素，达到结构最优轻量化目的，实现经济效益最大化。

3.1.1　轻量化设计的基本概念

工程实践中的轻量化思想，自古有之，可追溯到一千四百多年前，李春设计的赵州桥便反映了结构轻量化的思想，如图 3-1 所示。从力学原理出发，借助优化方法，通过优选材料分布方式、结构构型、构件尺寸等途径，帮助设计人员从众多设计中获得轻量化的结构形式，这就是轻量化设计的基本概念。该技术已渗透到各个领域，建筑、化工、机械制造、交通甚至飞行器制造，小到零件大到建筑都有轻量化的身影[1]。

随着当今社会的快速发展，工程结构往往有更高的标准要求：高性能、轻量化，以克服日趋严酷的服役环境，实现兼具高性能和可制造性的结构轻量化设计，尤其是在航空、航天等高端装备制造领域。图 3-2 所示为轻量化设计后 3D 打印的燃油喷嘴。

图 3-1　赵州桥

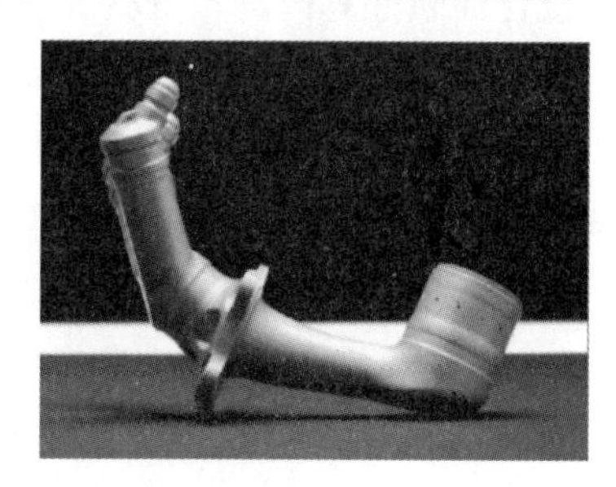

图 3-2　轻量化设计后 3D 打印的燃油喷嘴

轻量化设计又分为材料轻量化设计与结构轻量化设计，如图 3-3 所示。

1）材料轻量化是在保证结构性能的基础上采用轻质材料进行制造的方式实现轻量化，虽然先进材料的价格高于传统材料，但减少材料的使用可以减轻重量，又能节约成本。

2）结构轻量化的目的一般是在保证整体刚度满足要求的同时，在特定的设计领域内满足设计约束，使结构重量最小化，一般包括结构的尺寸优化、形状优化和拓扑优化等，详见 3.1.2 节介绍。

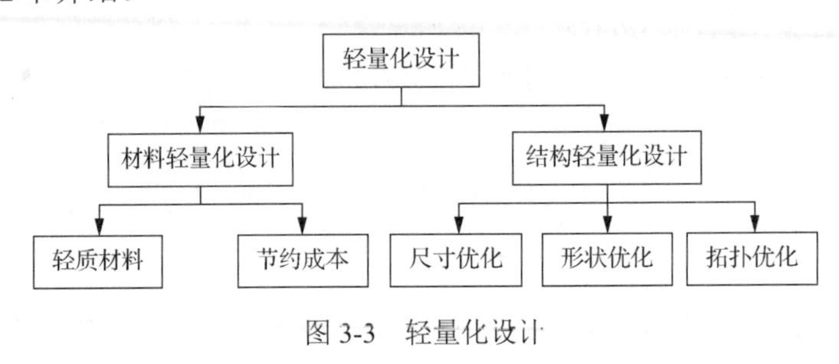

图 3-3　轻量化设计

3.1.2　结构轻量化分类

1. 结构轻量化设计基本类型

完整的结构轻量化设计通常包括以下 3 种类型[2]，如图 3-4 所示。

（1）尺寸优化

在已定义整体结构的情况下，以其各部分尺寸为设计变量，从而达到耗材最少或最经济的目的。其设计局限性有：仅改变结构单元尺寸，对原设计不会进行较大的修改，很难基于此方法探讨得出新的结构形式。

（2）形状优化

对离散体而言，常以节点位置作为设计变量，连续体则是以几何边界作为设计变量。相比尺寸优化，在优化过程中，形状优化可以同时改变结构的形状参数和结构的单元尺寸。其设计局限性有：与尺寸优化一样，形状优化也无法做到结构拓扑变更。

（3）拓扑优化

拓扑优化是基于上述两种优化方法，在设定约束条件和外荷载情况下，寻找一种合理的结构布局。该布局中的应力传导路径是最佳的，实现了用最少的材料获得最优的性能。换言之，在一个给定的连续设计区域中，找出合理的材料布局和节点联结方式，以满足应力、强度、位移等约束条件。

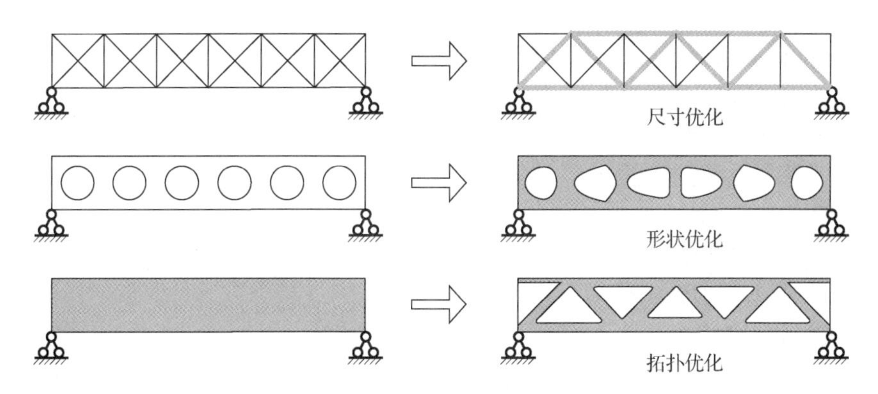

图 3-4 结构轻量化的 3 个层次（左侧为初始问题，右侧为轻量化设计）

2. 拓扑优化的思路

连续体拓扑优化的基本思路是将设计域划分为有限单元，遵循一定的寻优准则，删除或增加部分材料，最终形成带孔的连续体，一般通过拓扑形状与结构材料 0～1 分布之间建立映射关系来对优化结果进行描述。连续体结构拓扑优化过程的本质就是有效材料保留与无效材料删除的过程。如何在连续的结构设计空间内建立材料的数学表达方式，是连续体拓扑优化问题建模的关键。为了实现连续体结构设计空间内材料的数学表达，引入材料特征函数的概念：

$$\chi(x)=\begin{cases}1, & x\in\Omega_{\mathrm{mat}}\\ 0, & x\in\Omega_{\mathrm{void}}\end{cases} \tag{3.1}$$

式中，x——材料相对密度；

Ω_{mat}——实体材料集合；

Ω_{void}——孔洞集合；

$\chi(x)$——结构材料的某种特征属性。

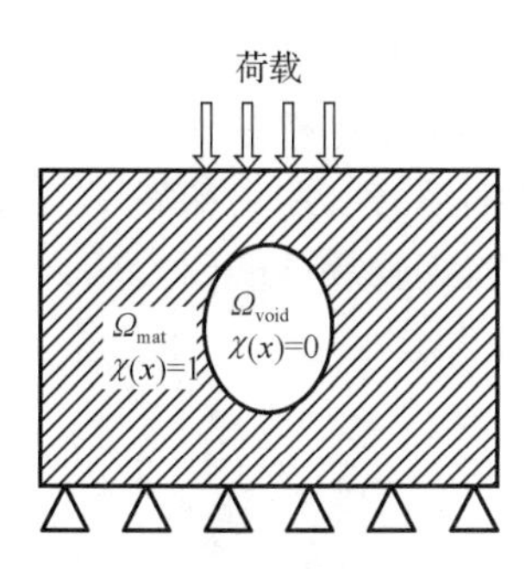

图 3-5 材料存在性与材料特征函数的关系

若某处材料存在，则其特征函数的值为 1；反之，特征函数的值为 0。结构设计区域内的材料存在性与材料特征函数的关系如图 3-5 所示。

材料特征函数的引入，实现了结构材料的数学表达，通过有限元法将结构离散化。以结构柔度优化为例，可建立其结构拓扑优化数学求解模型：

$$\begin{gathered}\text{Find: }\boldsymbol{\chi}=(x_1,x_2,\cdots,x_n)^{\mathrm{T}}\in\Omega\\ \text{Minimize:}C(x)=\boldsymbol{F}^{\mathrm{T}}\boldsymbol{U}\\ \text{Subject to:}V^*\leqslant fV\\ \boldsymbol{F}=\boldsymbol{K}\boldsymbol{U}\\ x_i\in\{0,1\},i=1,2,\cdots,n\end{gathered} \tag{3.2}$$

式中，x_i——第 i 个单元的材料相对密度，在模型中作为设计变量；

Ω——整个结构设计区域；
C——结构整体的柔度值；
$\boldsymbol{K}$——整体结构刚度矩阵；
$\boldsymbol{U}$——整体位移列向量；
$\boldsymbol{F}$——外荷载向量；
V——整体结构体积；
V^*——优化后的结构体积；
f——体积分数。

从不同的描述方法出发，拓扑优化可以分为均匀化法（homogenization method）、变密度法（variable density method）、水平集法（level set method）、进化结构优化法（evolutionary structure optimization，ESO）和独立连续映射法（independent continuous mapping，ICM）[3]等。均匀化法在数学和力学理论上严密，但计算过程复杂，设计变量过多且最终结果常含有大量的灰度区域；变密度法原理简单、易编程实现，已经成为主流的连续体拓扑优化方法之一。

目前，连续体拓扑优化模块已经集成到商业软件中，如 ANSYS、MSC.Nastran 等。也有专用的商业优化软件，如 FE-Design 公司的 Tosca、Altair 公司 Hyperworks 中的 OptiStruct。

3.1.3 结构轻量化设计原则

1. 自然界中的轻量化设计原则

自然界中常见的胞状结构、三明治结构及管结构，均是去除了承受荷载最小的部分，实现了轻量化、节约资源的作用。动物的骨小梁结构由桁架状或者平板状的斜撑作为承载单元构成，是胞状结构的典型例子，如图 3-6（a）所示。三明治结构多见于植物的叶子，如图 3-6（b）所示，其结构由两个紧密的外层和不很紧密的中间层（常采用胞状材料填充）构成，以降低总质量。管结构通常有紧密的外壳，内部为蜂窝结构或者泡沫结构，常见于动物的刺和植物的茎秆，如莲的茎、藕，如图 3-6（c）所示。

除合适的结构外，轻量化结构还要求有尽可能轻的基本组件。木胞壁是一种天然的纤维复合物，其密度低及力学性能值较优。通过层级堆积，弯曲荷载及压力荷载下的力学性能得到提高。自然界的轻量化中，还包括通过适当的材料添加使局部的应力能够分布均匀、优化调整力学性能，如树杈间的圆角，如图 3-6（d）所示。

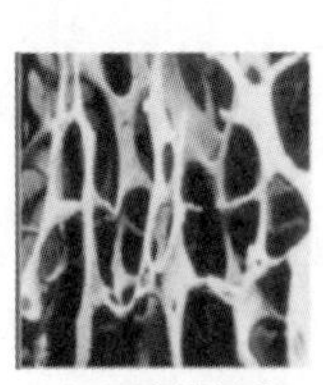
（a）胞状结构

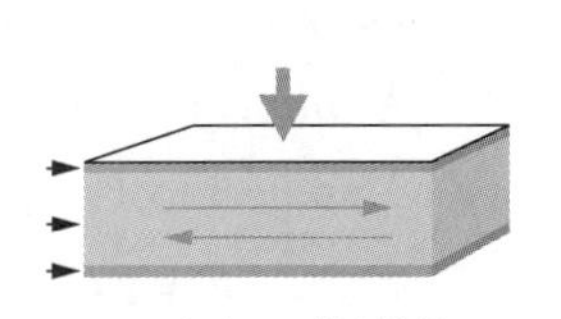
（b）三明治结构

（c）管结构

（d）树杈间的圆角

图 3-6 自然界中的轻量化

自然界中的轻量化体现为结构最优化、材质轻量化及力学性能最优化。其基本原则是“适合躯体的质量”，在遇到最大荷载的地方优先得到“生长”。在承受很小荷载的地方，材料则减少。在实际中可以看到很多该构造原理的应用例子，如薄壁型杆与闭口管材，或者是扇形的平面支撑结构与带加强筋的平面支撑结构。平面支撑结构一般是按照荷载最优化来设计的，其原则如下。

1）尽量将结构设计成承受拉应力荷载。这样的结构因为不会遇到不稳定的情况，所以不需要有抗弯刚度。

2）如果遇到压应力荷载，为了提高稳定性，可采取成形、分割或者支撑连接等措施，但这样一来，结构的质量通常会增加。

3）在实心的横截面中要避免弯曲应力荷载或者扭转应力荷载，因为这种横截面没有得到充分的利用。

在自然界中，有的材料具有极小的密度，如蜘蛛丝的密度约为0.11kg/dm^3，鸟羽毛的密度约为0.115kg/dm^3，甲壳的密度约为0.14kg/dm^3，管状骨的密度约为0.05～0.30kg/dm^3。这些材料都是通过植入带有橡胶性能的骨胶原与节肢弹性蛋白实现稳定性。平面结构的刚度则通过生长路径来形成，如树叶。这类同时分割的结构具有很高的抗弯刚度和翘曲刚度。自然界中的平面结构举例如图3-7所示。

（a）蜘蛛丝

（b）鸟羽毛

（c）树叶

图3-7　自然界中的平面结构

2. 基于力学原理的轻量化设计原则

轻量化设计是一个多层级的过程，即在方案及其实现的不同回路中要进行循环反复。为了节省费用与时间，应尽早将已有的经验知识引入方案设计中。实践表明，遵循自然法可实现轻量化设计。违反自然法则的行为会导致在材料使用、连接技术与制造加工方面付出更高的代价。仿生学在许多方面给轻量化设计指明了方向，即如何从造型、拓扑和构造的角度对构件/结构进行优化。

下面给出轻量化设计中应遵循的规则。

规则一：尽量直接的力导入与力平衡

设计中应使受力直接导入主承载结构上。偏转或者回转设计通常会由于其复杂的应力状态而产生更高的荷载效应，其结果是几何尺寸更加复杂、自重大大增加。如果可能的话，应将不对称的设计改为对称的设计，其好处是可利用结构内部的力平衡。在纯支撑的杆和梁中，这样的方式会使剪力场设计得到更好的利用。在型材的设计中也是一样，一个闭口型材比开口型材可承受高得多的荷载（约 30 倍），产生的变形却小得多（约 1/300）。总的原则是，设计的型材应是封闭的，在相应的情况下至少也是可分割的。支撑结构中典型的力导入问题如图 3-8 所示。

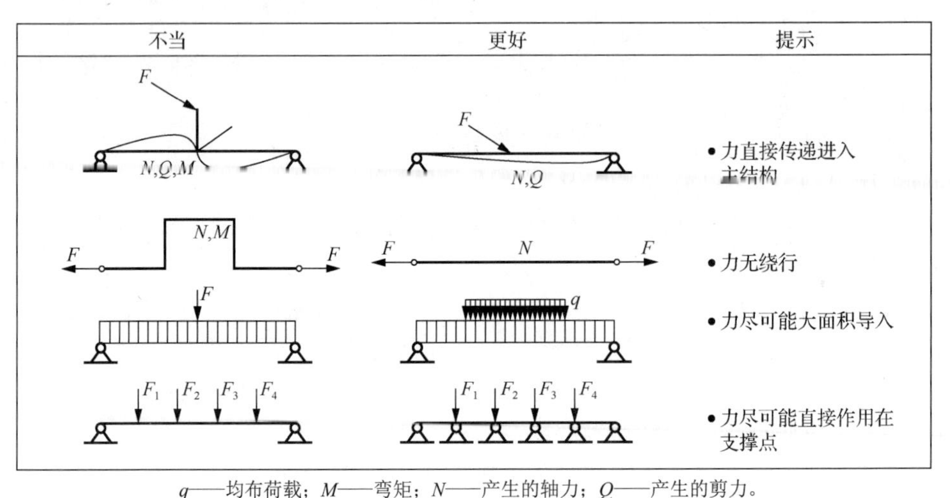

q——均布荷载；M——弯矩；N——产生的轴力；Q——产生的剪力。

图 3-8　支撑结构中典型的力导入问题

规则二：轻盈的结构

通过松散的构造，可在很大程度上加固小横截面面积的平面支撑结构。带有加强筋或桁梁的支撑结构的刚度比实心的支撑结构的刚度要高出很多。如图 3-9 所示为增强板刚度的方法，可以通过布置网格状板、疙瘩状板来增加柔性平板的刚度。

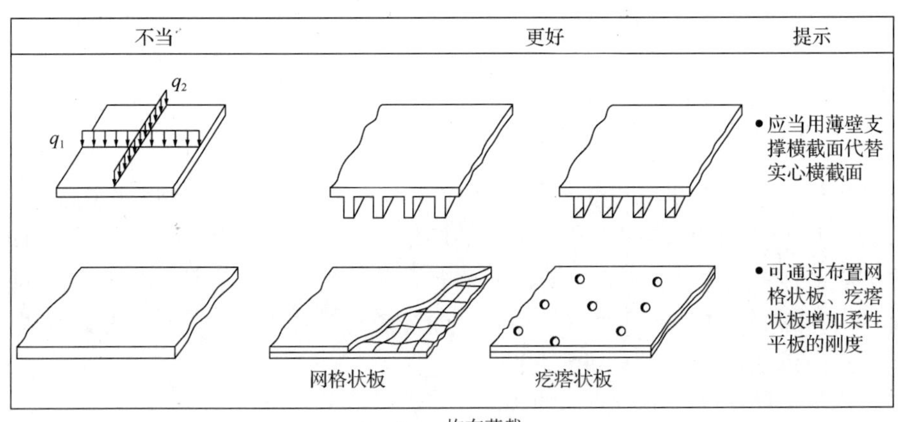

q_1、q_2——均布荷载。

图 3-9　增强板刚度的方法

规则三：在主承载方向进行有针对性的加固性设计

有目的地引入各向异性设计可提高构件在确定的优先方向上的刚度。这里应尽量利用设计上或者材料力学上的各向异性，以此提高结构的承载能力和不稳定极限，如图 3-10 所示，还可以通过采用不同的板材厚度，如拼接焊板与拼接焊管来增加刚度。可采用激光焊接法将不同厚度与质量的板材焊接在一起，并整体加工成形。通过这种方法可加工出空心型材与大的平面构件。另外，还可以采用指定刚度的材料组合，如钢-铝型材/板材复合材料。这里所采用的连接技术为有针对性的表面堆焊与挤压。

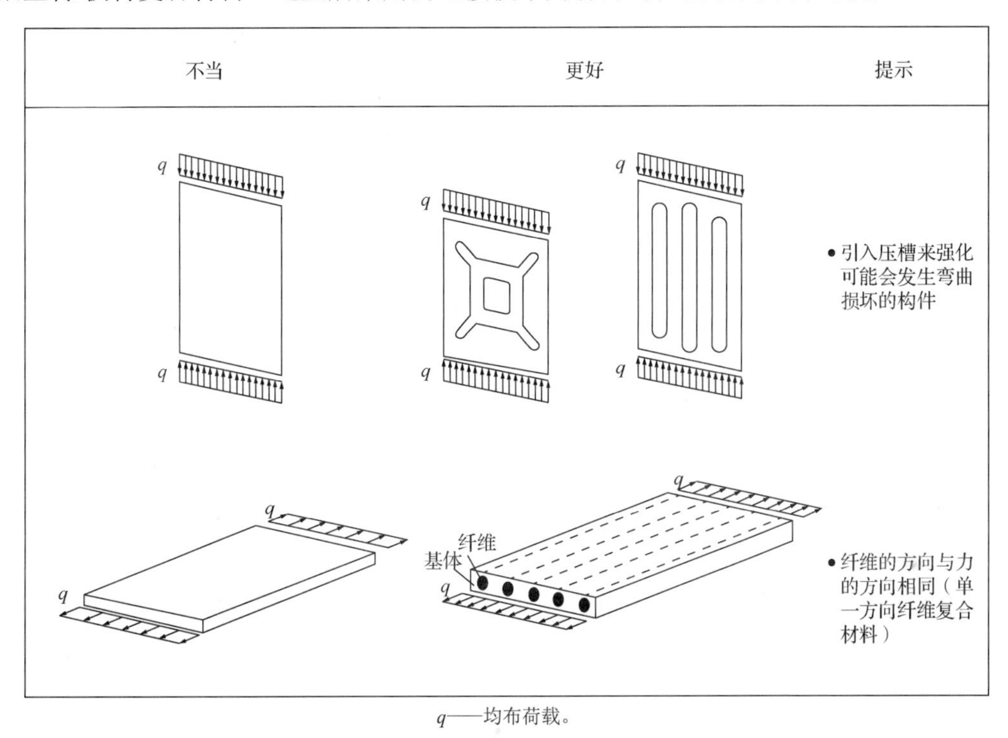

q——均布荷载。

图 3-10 有针对性地增加刚度的构造单元

规则四：优先遵循一体化原则

在已知条件下，轻量化设计的结构应由尽量少的单一构件组成。为了将各个单一构件（通常由多种材料组成）连接在一起，需要更多的连接工作和材料消耗，这可能会引发装配与可靠性方面的问题。图 3-11 展示了解决方案示例。采用这种方法，模具的成本会更高一些，但是可以节省更多的材料、获得更高的安全性能或加工更少的单一构件数量。

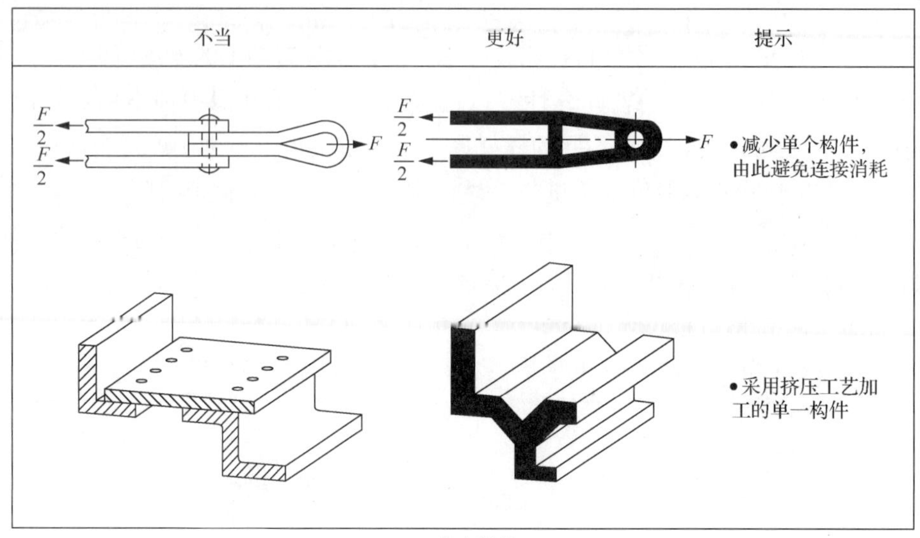

F——集中荷载。

图 3-11　将多个单一构件集成为一件式结构件

3.2　结构优化设计实例

从理论上说，对于任何一种材料、产品和工艺方法，在遵循轻量化原则的前提下，还要不断地挖掘其轻量化的潜力，从而使其展现出新的优势，这对于传统的制造业具有较大的吸引力。我们在掌握扎实的理论基础与技术功底的同时，还要不断地学习和吸收各种新的技术和知识，并能创造性地加以应用。本节主要介绍几种结构优化设计实例。

3.2.1　结构优化实例

1. 悬臂梁横截面的优化

设计中经常碰到的一个问题是，在荷载应力的约束下实现悬臂梁的重量最小化。图 3-12 展示了该情形。该情形的表达形式为：目标函数：数学表达式，有一个极限值；变量：可自由选择的参数；约束：限制参数的条件。

大多数情况下，这类问题可以利用拉格朗日乘数法求解，可以将约束加到目标函数上，用一个重量系数形成一个新的辅助函数。对该函数一阶求导，可得出方程组，解该方程组可确定参数值。在该参数值下，目标函数取为优化极值。

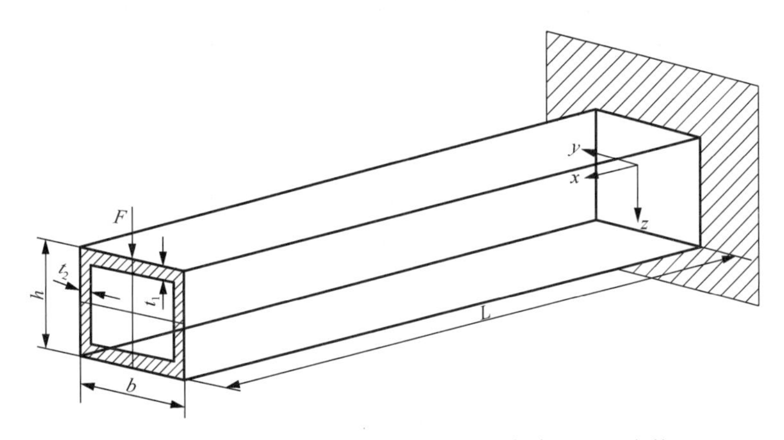

图 3-12 悬臂梁横截面的优化（梁的长度给定，L=常数）

考虑图 3-12 中所示的悬臂梁的重量最小化（$G=\rho gAL$）问题，其中ρ、g、A、L 分别是悬臂梁密度、重力加速度、悬臂梁横截面面积、悬臂梁的长度。在这个问题中，只有悬臂梁横截面面积是变量。由于 t_1 和 t_2 远小于 h 和 b，因此忽略 4 个角部面积重复的影响，其横截面面积可简化计算为

$$A=2bt_1+2ht_2 \tag{3.3}$$

假定 t_1 和 t_2 为确定变量，参数为宽度 $b\equiv x_1$ 与高度 $h\equiv x_2$，由此可给出面积为

$$A(x_1,x_2)=2(x_1t_1+x_2t_2) \tag{3.4}$$

进而，有薄壁横截面 y 方向截面模量 W_y 为

$$W_y\approx 2\left(\frac{t_2h^2}{6}+\frac{t_1bh}{2}\right)\equiv\frac{1}{3}t_2x_2^2+x_1x_2t_1 \tag{3.5}$$

约束条件包括要确保横截面变小的程度不会导致梁上的弯矩超出允许范围。因此，可得到以下计算约束：

$$r(x_1,x_2)=M_y-\left(\frac{1}{3}t_2x_2^2+x_1x_2t_1\right)\sigma_{允许}=0 \tag{3.6}$$

式中，r ——约束条件函数；

$\sigma_{允许}$ ——允许应力；

M_y ——作用在梁上的 y 方向弯矩。

对应于拉格朗日构造的辅助函数为

$$Z(x_1,x_2)=A(x_1,x_2)+\lambda r(x_1,x_2)\rightarrow \text{MIN} \tag{3.7}$$

式中，λ ——拉格朗日乘子。

对于上述函数，可得出如下的确定方程：

$$\begin{aligned}\frac{\partial Z}{\partial x_1}&=\frac{\partial A}{\partial x_1}+\lambda\frac{\partial r}{\partial x_1}=0\\ \frac{\partial Z}{\partial x_2}&=\frac{\partial A}{\partial x_2}+\lambda\frac{\partial r}{\partial x_2}=0\end{aligned} \tag{3.8}$$

这里出现的导数相对容易求解，即有

$$\frac{\partial A}{\partial x_1}=2t_1，\quad \frac{\partial r}{\partial x_1}=-x_2t_1\sigma_{允许}$$

$$\frac{\partial A}{\partial x_2}=2t_2，\quad \frac{\partial r}{\partial x_2}=-\left(\frac{2}{3}x_2t_2+x_1t_1\right)\sigma_{允许} \tag{3.9}$$

根据上述方程，并考虑方程式（3.6），可得出以下两个关系：

$$2t_1=\lambda x_2t_1\sigma_{允许} \tag{3.10}$$

$$2t_2=\lambda\left(\frac{2}{3}x_2t_2+x_1t_1\right)\sigma_{允许} \tag{3.11}$$

用方程式（3.10）除以方程式（3.11），可得

$$\frac{t_1}{t_2}=\frac{x_2t_1}{\frac{2}{3}x_2t_2+x_1t_1} \tag{3.12}$$

或者改写为

$$x_2=\frac{3t_1}{t_2}x_1 \tag{3.13}$$

由补充条件方程（3.6）得

$$\frac{1}{3}x_2^2t_2+x_1x_2t_1=\frac{M_y}{\sigma_{允许}}$$

代入方程式（3.13），可得

$$\frac{1}{3}\left(\frac{3t_1}{t_2}x_1\right)^2t_2+x_1\left(\frac{3t_1}{t_2}x_1\right)t_1=\frac{M_y}{\sigma_{允许}} \tag{3.14}$$

化简上式，整理得到

$$\frac{6t_1^2}{t_2}x_1^2=\frac{M_y}{\sigma_{允许}} \tag{3.15}$$

可解得优化参数为

$$x_1=\sqrt{\frac{M_y}{\sigma_{允许}}\frac{t_2}{6t_1^2}} \tag{3.16}$$

将式（3.13）、式（3.16）代入式（3.4），化简可得悬臂梁最小截面面积为

$$A=\sqrt{\frac{32}{3}\frac{M_y}{\sigma_{允许}}\cdot t_2} \tag{3.17}$$

一般来说，上面介绍的解法对求解参数有限的问题效果较好。另外，也可借助梯度方法或者搜寻方法对问题进行数值求解。

2. 实体结构优化

如图 3-13 所示，原型实体尺寸 $L\times b$ 为 1600mm×300mm，高 h=500mm。采用强度等

级 C30 的混凝土。该实体结构两端固定铰支座，并在上端面区域施加 10MPa 荷载。以该模型每个单元的密度为设计变量，建立结构柔度极小化（即刚度极大化）模型，在保留体积分别约束至 50%、35%、25%的情况下，得到较优的拓扑优化结果。

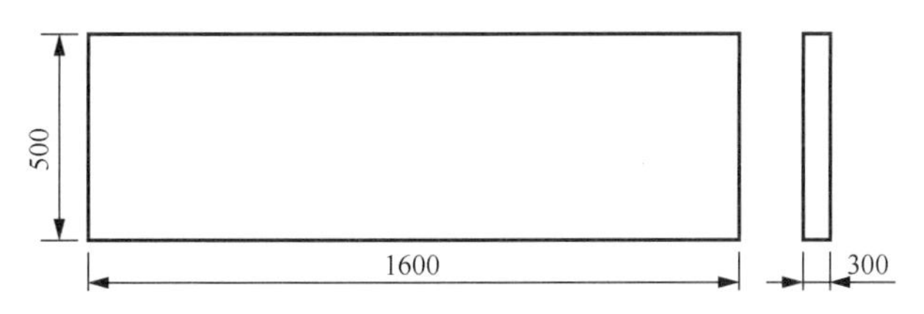

图 3-13　模型尺寸参数（尺寸单位：mm）

利用 ANSYS Workbench 协同仿真环境[4-5]，实现赋予材料性能、三维建模、划分网格、荷载及约束、拓扑优化分析有限元分析过程。

1）赋予材料性能。在 ANSYS Workbench 19.0 的 Static Structural（静力分析）区域选择 Engineering Data 模块，如图 3-14（a）所示。在材料库中可以选择需要的材料属性，此案例赋予结构 C30 混凝土材料，如图 3-14（b）所示。

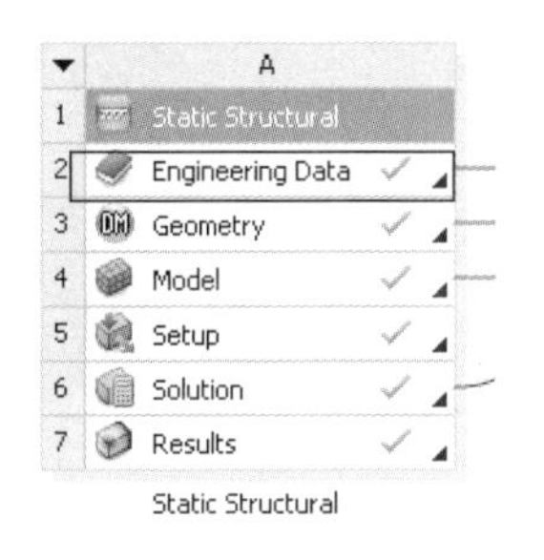

（a）Engineering Data 模块

	A	B	C	D	E
1	Contents of Engineering Data			Source	Description
2	Material				
3	C30			D	
4	Structural Steel			G	Fatigue Data at zero mean stress comes from 1998 ASME BPV Code, Section 8, Div 2, Table 5-110.1
*	Click here to add a new material				

（b）材料库

图 3-14　实体结构材料参数

2）三维建模。在 ANSYS Workbench 19.0 的 Static Structural 区域中选择 Geometry 模块，如图 3-15（a）所示。在 Design Modeler 中画出结构的拉伸平面，选择 Extrude 拉伸工具，根据设计尺寸，拉伸 300mm，得到该实体结构的三维模型，如图 3-15（b）所示。

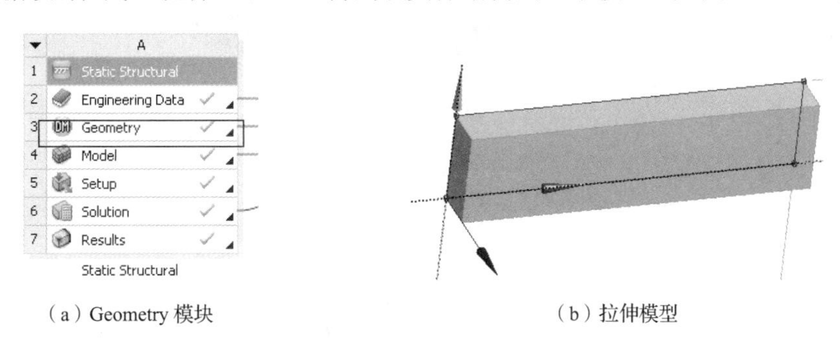

（a）Geometry 模块　　　　（b）拉伸模型

图 3-15　实体结构模型的建立

3）划分网格。在 ANSYS Workbench 19.0 的 Static Structural 区域选择 Model 模块，如图 3-16（a）所示。在 Mesh 功能区定义网格单元尺寸，此处定义为 20mm，如图 3-16（b）所示。网格尺寸影响的是求解时间和拓扑结果，一般情况下，拓扑优化需要进行数次求解，网格尺寸越小，求解的时间就越长；拓扑结果依据网格单元进行删减，网格尺寸越小，拓扑结果直观上看起来越顺滑。采用 C3D8R 单元划分网格，划分网格后的最终模型如图 3-16 所示。

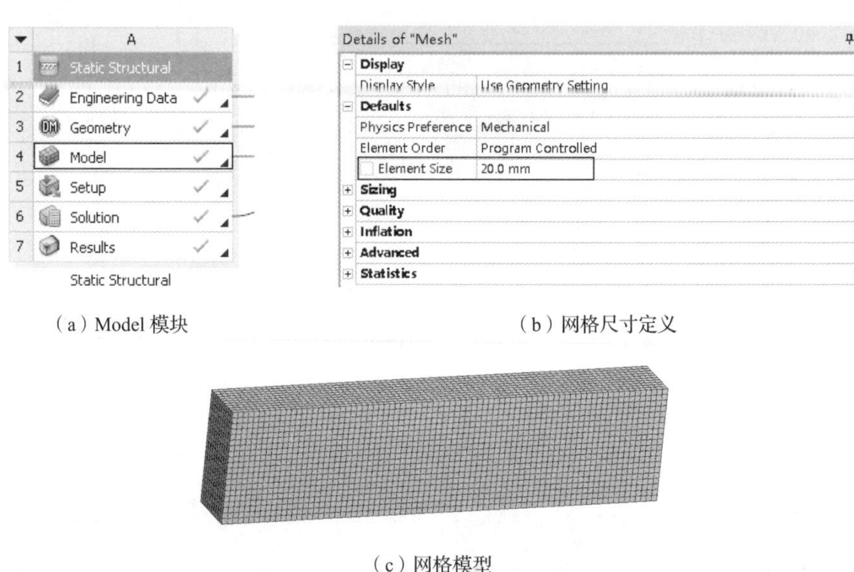

（a）Model 模块　　（b）网格尺寸定义

（c）网格模型

图 3-16　实体结构模型网格划分

4）荷载及约束。在 Static Structural 区域中添加荷载与约束条件，如图 3-17（a）所示。选中模型上端面施加压强 10MPa，在梁单元两端设置固定约束，如图 3-17（b）所示。

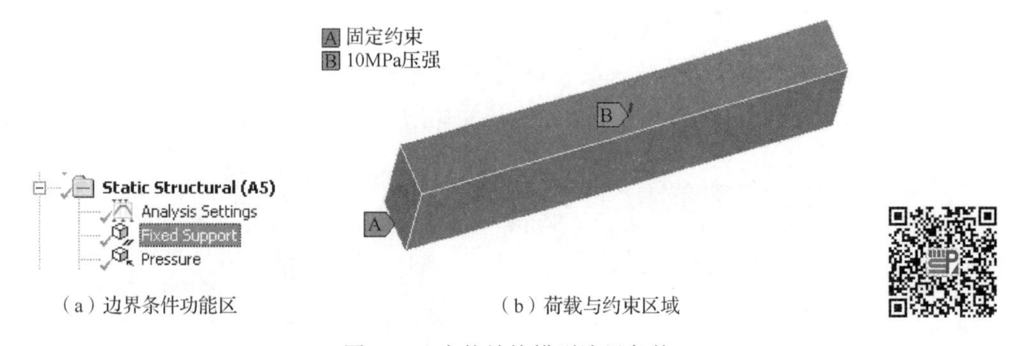

（a）边界条件功能区　　（b）荷载与约束区域

图 3-17　实体结构模型边界条件

5）拓扑优化分析。Topology Optimization 模块通过改变结构的形状参数来实现轻量化，包括定义优化区域、目标函数、响应约束 3 个部分。对所述结构指定优化区域和非

优化区域，将结构所有边界条件不纳入优化区域，指定需要进行优化的区域，优化区域为静力分析中所有边界条件（约束和荷载）以外的区域，如图 3-18（a）所示。以模型每个单元的密度为设计变量，结构的优化目标设置为最大刚度，约束条件设置为保留体积 25% [见图 3-18（b）]、35%、50%。优化目标的设置为最小柔度（最大刚度）法，即最佳设计是目标函数最低并且接近所有约束条件的设计。最终优化结果如图 3-19 所示，与传统赵州桥结构设计较为相近。

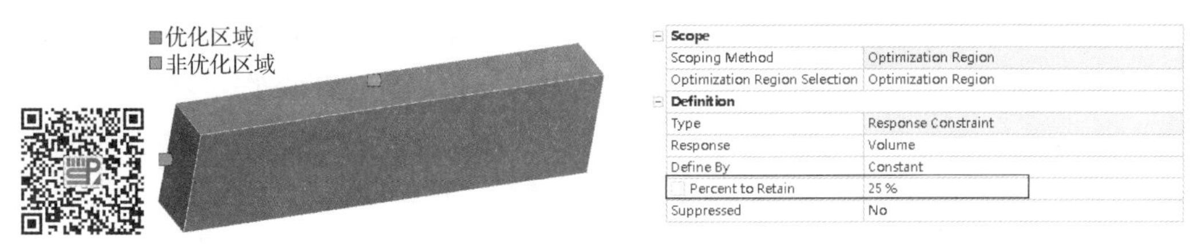

（a）优化区域　　（b）约束条件

图 3-18　实体结构优化模型

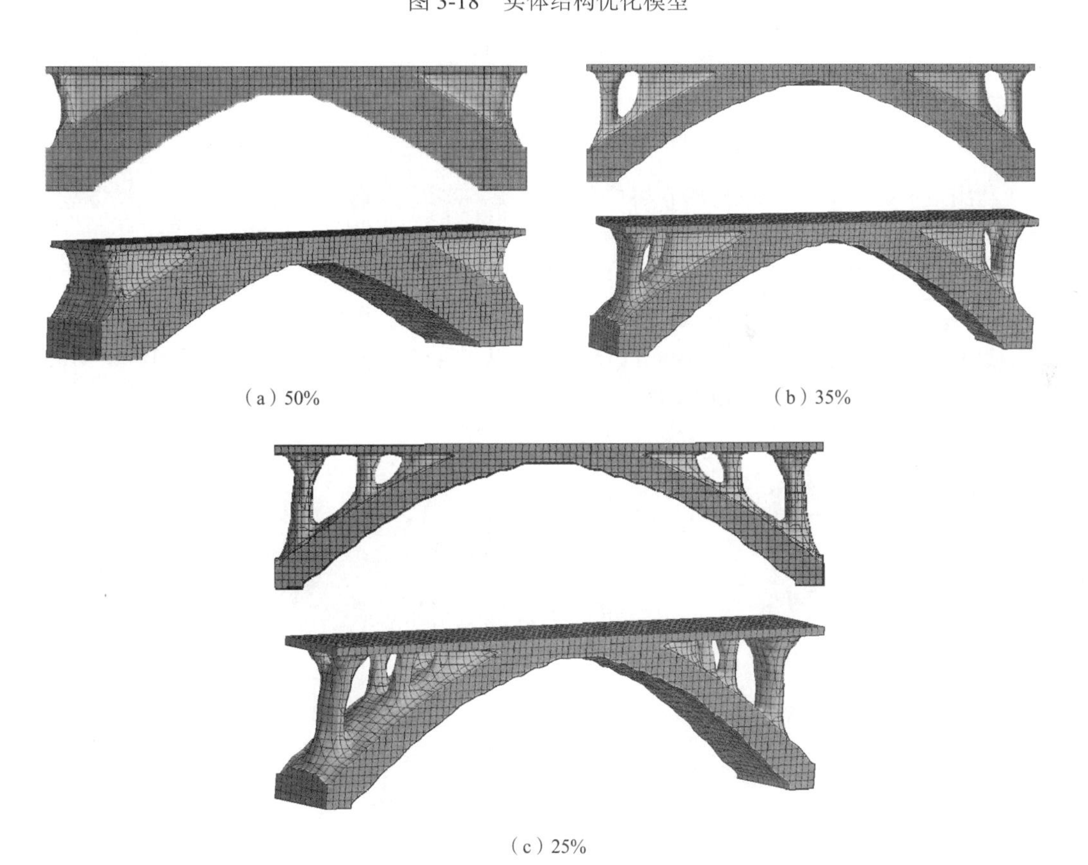

（a）50%　　（b）35%

（c）25%

图 3-19　不同约束条件下的实体结构优化结果

3. 汽车轮毂拓扑优化

汽车轮毂尺寸参数如图 3-20 所示，圆盘半径为 50mm，厚度为 3mm，距离圆心 20mm 位置中间开了 4 个半径为 5mm 的圆孔。该组件材料为钢材。汽车在运行时，圆盘与圆孔位置连接件产生扭转作用。因此，对该汽车轮毂拓扑优化模型的 4 个圆孔位置施加圆柱面约束（cylindrical support），即对圆柱面施加径向、环向及轴向约束。对圆盘外圆柱面施加 100N·m 的力矩，针对该加载工况，需要对汽车轮毂进行拓扑优化。

以模型每个单元的密度为设计变量，拓扑优化的目标设置为最大刚度，约束条件设置为保留体积的 30%，在已知体积约束及均布荷载作用下，找到满足约束的柔度最小的结构。

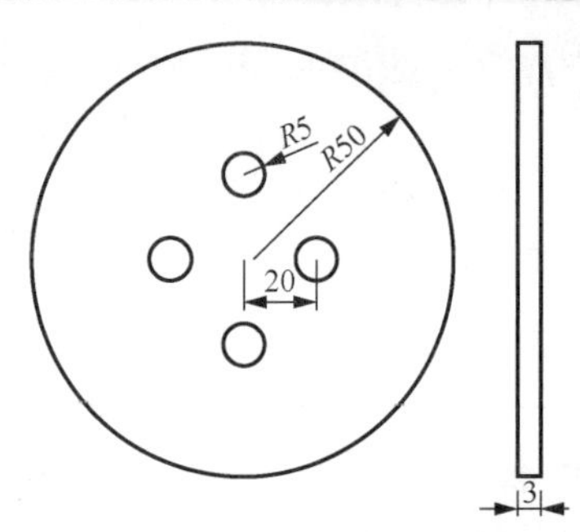

图 3-20　汽车轮毂尺寸参数（尺寸单位：mm）

利用 ANSYS Workbench 19.0 协同仿真环境，实现赋予材料性能、三维建模、划分网格、荷载及约束、拓扑优化分析有限元分析过程。

1）赋予材料性能。在 ANSYS Workbench 19.0 的 Static Structural 区域中选择 Engineering Data 模块，如图 3-21（a）所示。在材料库中可以选择需要的材料属性，如图 3-21（b）所示，该部件材料为钢材，材料密度 ρ=7850kg/m^3，弹性模量 E=210000MPa，泊松比 ν=0.3，屈服强度 f_y=461MPa。

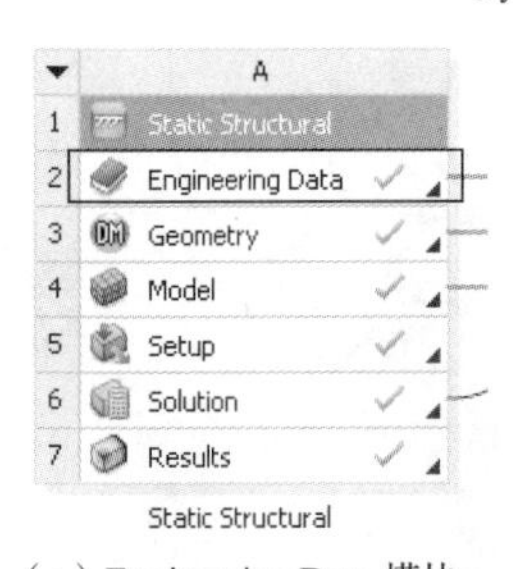

（a）Engineering Data 模块

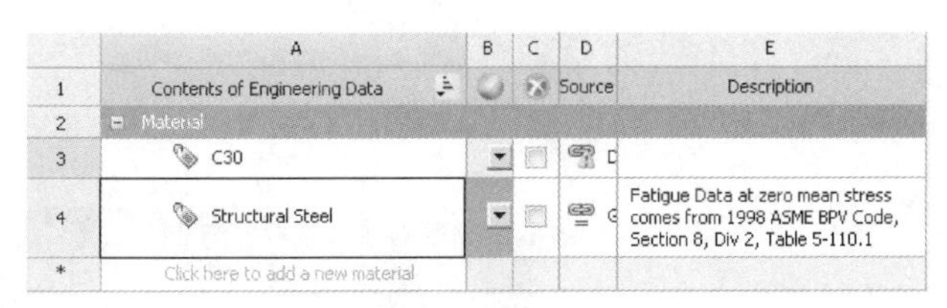

（b）材料库

图 3-21　汽车轮毂材料参数

2）三维建模。利用 ANSYS Workbench 19.0 对汽车轮毂进行三维建模。在 ANSYS Workbench 19.0 的 Static Structural 区域中选择 Geometry 模块，如图 3-22（a）所示。在 Design Modeler 中画出圆盘的拉伸平面，选择 Extrude 拉伸工具，根据尺寸设计，拉伸 3mm，得到轮毂的三维模型，如图 3-22（b）所示。

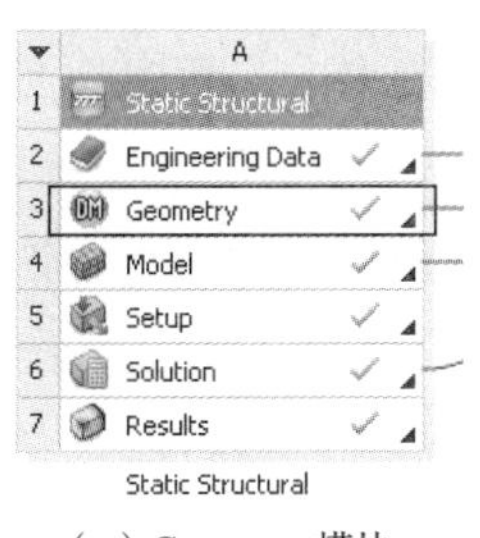

(a) Geometry 模块

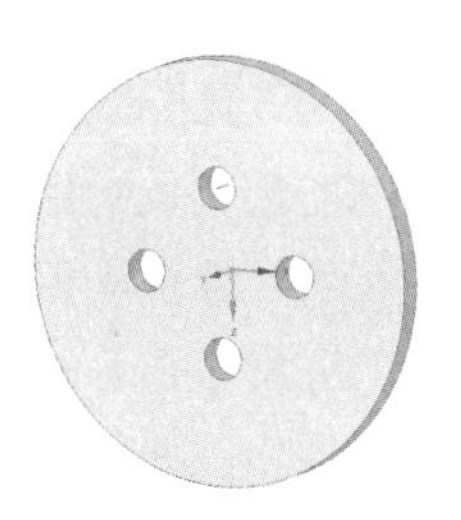

(b) 拉伸模型

图 3-22 汽车毂轮三维模型

3）划分网格。在 ANSYS Workbench 19.0 的 Static Structural 区域中选择 Model 模块，如图 3-23（a）所示。在 Mesh 功能区中定义网格单元尺寸，此处定义为 1mm，使用线性、缩减积分模型划分网格，达到三维应力单元（C3D8R）。该单元为连续单元，如图 3-23（b）所示。划分网格后的最终模型如图 3-23（c）所示。

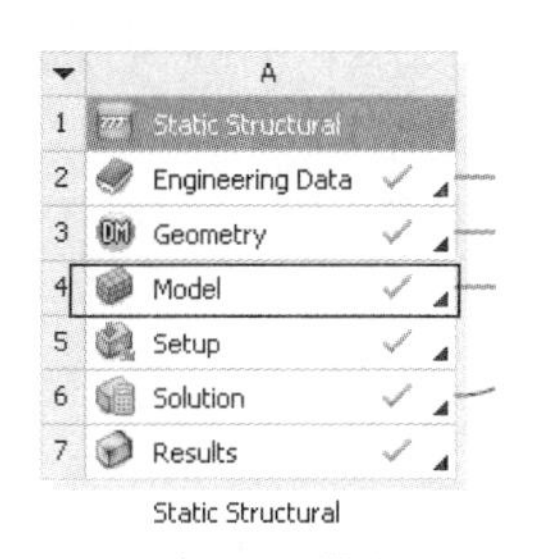

(a) Model 模块

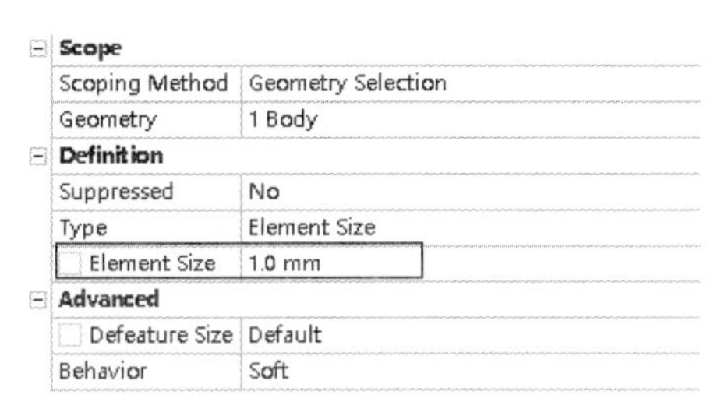

(b) 网格尺寸定义

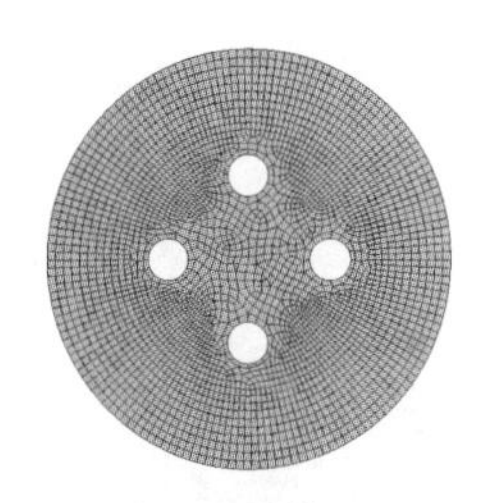

(c) 网格模型

图 3-23 汽车轮毂模型网格划分

4）荷载及约束。在静力分析区域中添加荷载与约束条件，如图 3-24（a）所示。如图 3-24（b）所示，对该汽车轮毂拓扑优化模型的 4 个圆孔位置施加圆柱面约束，即对圆柱面施加径向、环向及轴向约束。对圆盘外圆柱面施加 100N·mm 的力矩。

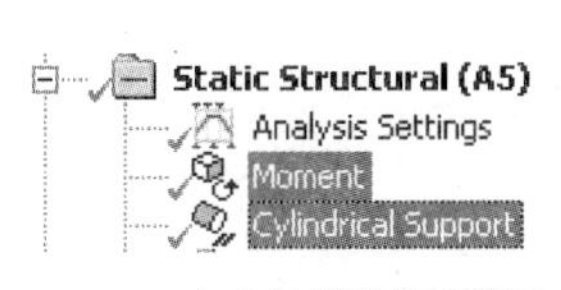

(a) 边界条件功能区

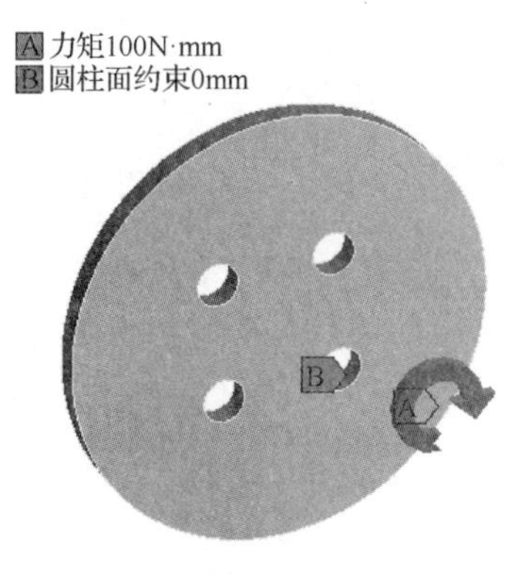

(b) 荷载与约束区域

图 3-24 汽车轮毂模型边界条件

5）拓扑优化分析。在 Topology Optimization 模块中，该模块通过改变结构的形状参数来实现轻量化，包括定义优化区域、目标函数、响应约束 3 个部分。对所述结构指定优化区域和非优化区域，将结构所有边界条件不纳入优化区域，指定需要进行优化的区域，优化区域为静力分析中所有边界条件（约束和荷载）以外的区域，如图 3-25（a）所示。约束条件设置为保留体积的 30%，如图 3-25（b）所示。

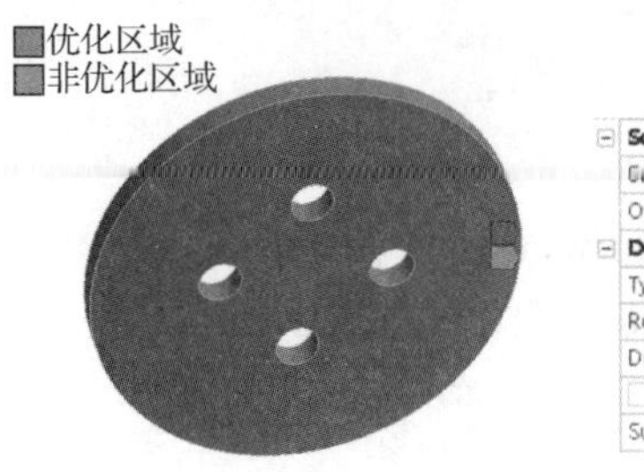

（a）优化区域

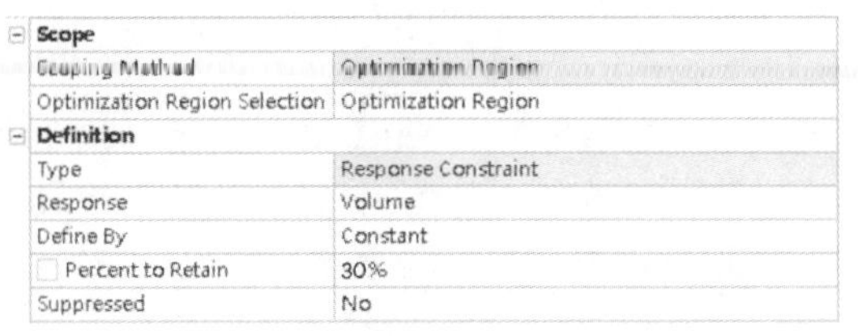

Scope	
Scoping Method	Optimization Region
Optimization Region Selection	Optimization Region
Definition	
Type	Response Constraint
Response	Volume
Define By	Constant
Percent to Retain	30%
Suppressed	No

（b）约束条件

图 3-25　汽车轮毂优化模型

本案例的优化任务是在保留体积为 30%，即相当于去除 70%相对体积的条件下，使汽车轮毂的最大应变能最小，即相当于刚度最大、柔度最小。依据式（3.2），可对该案例进行拓扑优化求解。

经过若干次迭代计算，目标函数均趋于收敛，如图 3-26 所示。在优化过程中可查看模型不同迭代计算周期中的结果。最终优化汽车轮毂的拓扑形状保留了 30%的体积，得到的汽车轮毂的拓扑优化的结果如图 3-27 所示。可以看出，拓扑优化后剩余材料部分体积分布的范围，极大地降低了材料损耗，提高了材料利用率。

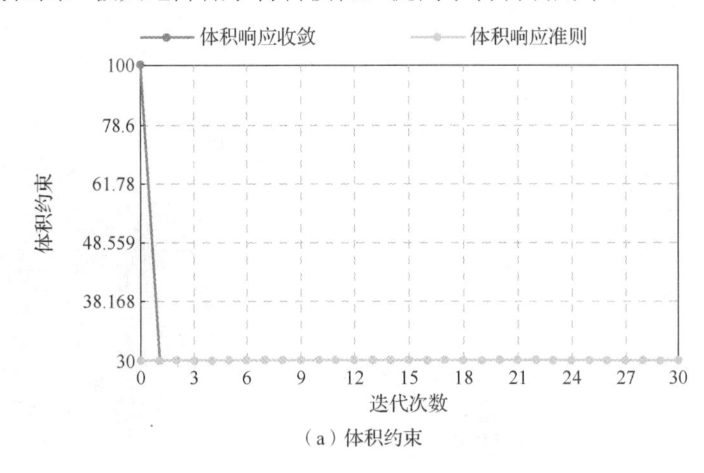

（a）体积约束

图 3-26　拓扑优化迭代曲线

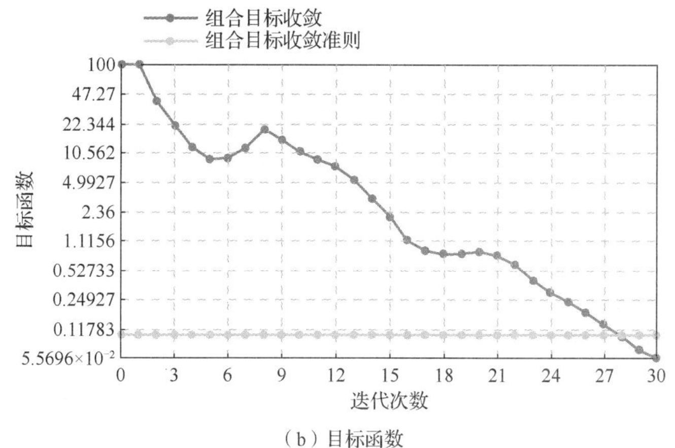

（b）目标函数

图 3-26（续）

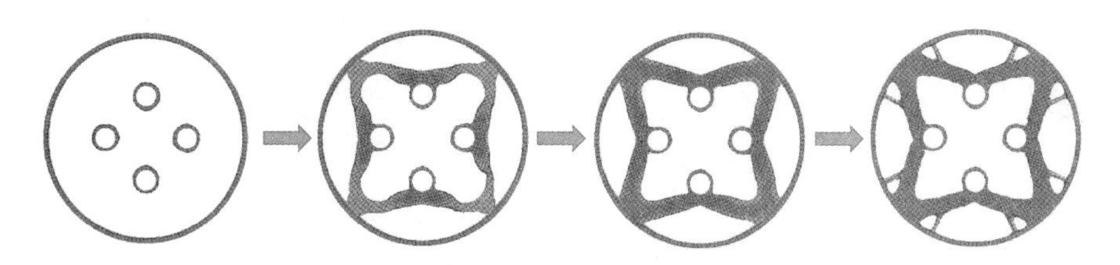

图 3-27　汽车轮毂的拓扑优化过程

4. 超高性能混凝土平板优化

超高性能混凝土（ultra-high performance concrete，UHPC）是一种高强度、高韧性、低孔隙率的超高强水泥基材料，是由高强度基体和纤维组成的复合材料。UHPC 拉压本构关系如图 3-28 所示。与传统的混凝土相比，它提供了优越的抗压强度（绝对值>130MPa）、

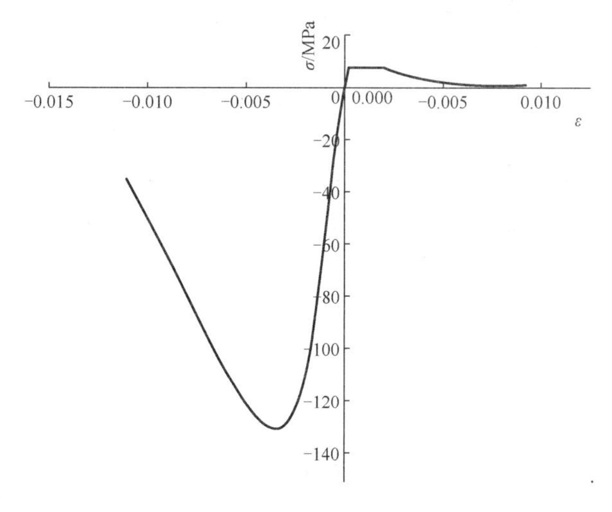

图 3-28　UHPC 拉压本构关系

抗拉强度（>5MPa）以及更大的弹性模量（>40GPa），具体参数见表 3-1。它的组分包括水泥、纤维材料（见图 3-29）、硅灰、填料、细集料和高效减水剂等。对于围护结构，如楼梯扶手、人行天桥护栏等，传统方式一般采用石材、木材、钢材等，并已广泛用于市政大楼、博物馆、文化广场等各种室内或室外场所；而使用 UHPC 制作的围护结构更为轻薄，造型更为美观，因此日益得到不同行业人员的重视。

表 3-1　UHPC 材料特性

抗拉强度/MPa	抗压强度/MPa	弹性模量/GPa	密度/（kg/m^3）
7.91	150	42	2500

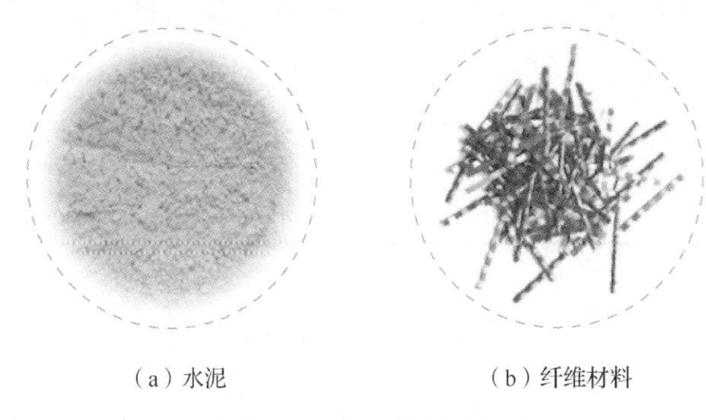

（a）水泥　　（b）纤维材料

图 3-29　UHPC 的部分组分

采用三维建模软件建立围护结构的实体模型，图 3-30 所示为平板结构的尺寸参数。若按《建筑结构荷载规范》（GB 50009—2012）要求，楼梯围护结构应能承受 1kN/m 的水平荷载；根据《城市人行天桥与人行地道技术规范》（CJJ 69—1995）要求，人行天桥围护结构应能承受 2.5kN/m 的水平荷载。综合考虑，在围护结构上边缘线性区域施加 2.5kN/m 的水平荷载。约束条件为最下端面完全固定。

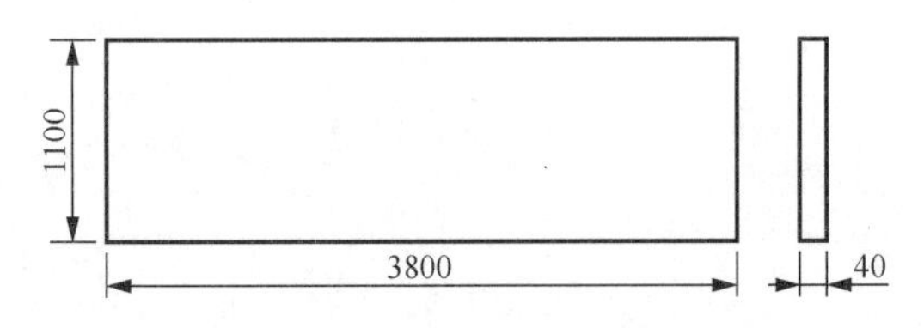

图 3-30　模型尺寸参数（尺寸单位：mm）

以平板模型每个单元的密度为设计变量，UHPC 平板结构的优化目标设置为最大刚度，并满足最大位移不超过最大允许挠度值（高度 1/100）的要求。约束条件为体积保留 50%。在已知体积约束及均布荷载作用下，找到满足约束的柔度最小（刚度最大）的结构。

采用 Topology Optimization 模块对 UHPC 平板结构进行优化设计。经过若干次迭代计算，目标函数均趋于收敛，得到的 UHPC 围护结构的拓扑优化结果如图 3-31 所示。

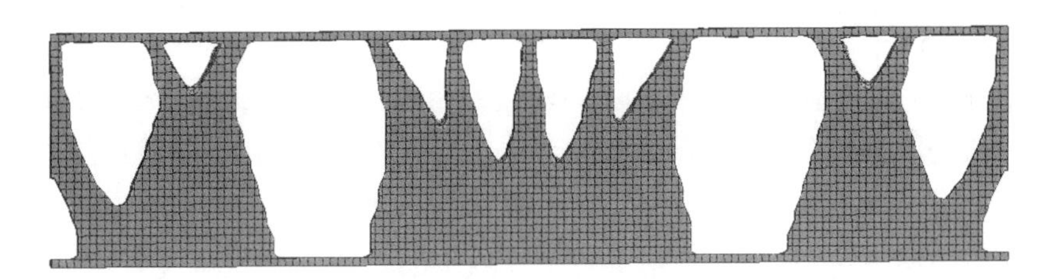

图 3-31 UHPC 围护结构的拓扑优化结果

钢材与 UHPC 材料密度分别为 7850kg/m^3、2500kg/m^3，两种护栏的质量对比见表 3-2。可见，UHPC 制作的围护结构只需要 40mm 厚度，较为轻薄。基于拓扑优化和模块化组成的 UHPC 围护结构可减小 35%的体积，比传统钢栏杆轻约 40%。

表 3-2 优化前后质量对比

传统钢栏杆	优化后的 UHPC 围护结构	相对减重率
350kg	209kg	约 40%

3.2.2 基于拓扑优化的工程案例

1. 壳体结构

著名意大利建筑师皮埃尔·路易吉·奈尔维（Pier Luigi Nervi）设计的罗马小体育宫的圆顶是一个边缘由 36 个 Y 形支柱支撑、直径达 60m 的混凝土薄壳结构，如图 3-32 所示。该工程反映了结构优化设计的思想，它的内部以优美的米歇尔桁架（Michell truss pattern）形成交错编织的肋梁进行加强，给人以深刻的印象和独特的空间体验。

图 3-32 罗马小体育宫的圆顶结构

2. 幕墙结构

图 3-33（a）所示为比利时建筑师大卫·塔热曼（David Tajchman）为以色列的特拉维夫市构思设计的一座概念性高层建筑 Gran-Mediterraneo 的幕墙结构。多层塔楼拥有拓扑几何结构，与现代传统水平层叠楼板包裹玻璃幕墙的做法形成了对比。建筑采用白色混凝土材料，外立面呈现出细胞状的外观，并填满了当地的地中海植物。

图 3-33（b）所示为日本建筑师大森博司（Hiroshi Ohmori）等借助渐进结构优化（evolutionary structural optimization，ESO）算法对日本的芥川河畔办公楼项目（Akutagwa river side project）进行的拓扑优化设计。该楼东立面的墙体和楼板都保持原设计，而在西、南、北三个立面的设计中应用了 ESO 算法。在优化设计中，同时考虑了竖向荷载和横向的地震荷载。

（a）Gran-Mediterraneo 幕墙结构

（b）芥川河畔办公楼项目

图 3-33 幕墙结构

3. 支撑结构

高层及超高层建筑发展趋势之一是支撑大型化。建筑外圈的大型立体支撑结构体系由大型角柱、横跨整个建筑面宽的水平桁架梁及 X 形或人字形斜向支撑组成，形成高层建筑的有效抗侧力体系，1989 年建成的香港中银大厦、2008 年建成的伦敦宽门大厦（Broadgate Tower）等均采用大型化支撑抗侧力体系，如图 3-34 所示。英国建筑师劳伦 • L. 斯特龙伯格（Lauren L. Stromberg）等早期提出了斜撑拓扑优化布置方案。该方案有一定的缺陷：结构的底部边缘处材料过于集中。这样的优化结果导致无法精确确定底部巨柱的位置。另外，巨柱的尺寸过大也会导致结构设计的不经济性，并没有完全完成结构优化目标。Lauren L Stromberg 等[6]后期采用固体各向同性材料惩罚（solid isotropic material with penalization，SIMP）方法建立了结构柔度极小化（即刚度极大化）模型。

（a）中银大厦（香港）

（b）Broadgate Tower（伦敦）

图 3-34 支撑结构

4. 承重柱结构

2004年，皇家墨尔本理工大学的谢忆民团队[7]针对安东尼·高迪（Antoni Gaudi）设计的西班牙圣家族大教堂承重柱［见图3-35（a）］开展了ESO拓扑优化分析。在重力荷载作用下，ESO算法将受最大拉力的材料部分反复去除，最后形成一个基本只受压力的结构，该优化结果与真实设计较为相似。最终结果可以被认为是在特定的边界支撑、材料用量、材料类型的情况下最为有效的传递重力荷载的结构形态。卡塔尔国家会议中心是日本建筑师矶崎新（Arata Isozaki）运用拓扑优化技术设计的代表性建筑。该结构的受力模型是在底部固定两个点并在顶部施加均布荷载的长方体，利用双向渐进结构优化方法可以很快得到该建筑的承重斜柱及屋顶的形状，如图3-35（b）所示。

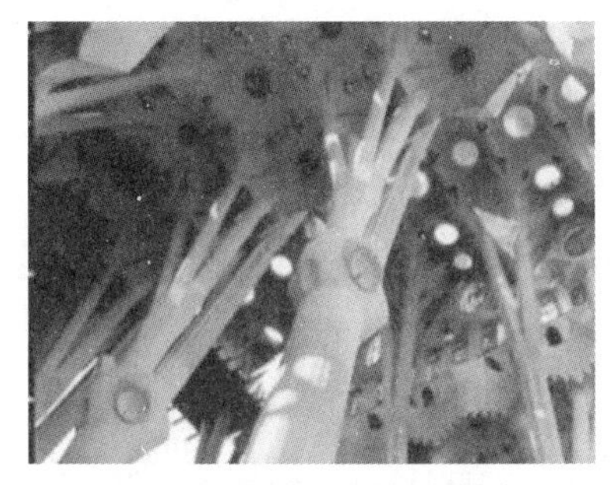

（a）西班牙圣家族大教堂承重柱

（b）卡塔尔国家会议中心

图3-35 承重柱结构

本章小结

本章首先介绍了轻量化设计的基本概念与设计原则，并详细叙述了自然界中和基于力学原理的轻量化设计原则；接着介绍了结构轻量化的种类：尺寸优化、形状优化、拓扑优化；然后介绍了基于拓扑优化设计的基本理论分析；最后介绍了基于力学原理的优化算例及国内外典型的拓扑优化案例。

思考题

1. 完整的结构轻量化设计通常包括哪些内容？
2. 什么是轻量化设计？
3. 轻量化设计的原则是什么？
4. 什么是拓扑优化？
5. 连续拓扑优化方法有哪些？

参考文献

[1] 伯恩德·克莱恩. 轻量化设计：计算基础与构件结构（原书第 10 版）[M]. 2 版. 陈力禾，译. 北京：机械工业出版社，2016.

[2] 朱伯芳. 结构优化设计原理与应用[M]. 北京：水利电力出版社，1984.

[3] 边炳伟. 屈曲约束的拓扑优化（英文版）[M]. 武汉：华中科技大学出版社，2019.

[4] 江民圣. ANSYS Workbench 19.0 基础入门与工程实践[M]. 北京：人民邮电出版社，2021.

[5] 狄长春，胡仁喜，康士廷，等. ANSY SWorkbench 18.0 有限元分析从入门到精通[M]. 北京：机械工业出版社，2019.

[6] LAUREN L S, ALESSANDRO B, WILLIAM F B, et al. Topology optimization for braced frames: Combining continuum and beam/column elements[J]. Engineering Structures, 2012, 37: 106-124.

[7] 谢亿民，左志豪，吕俊超. 利用双向渐进结构优化算法进行建筑设计[J]. 时代建筑，2014，139（5）：20-25.

第 4 章　3D 打印设备

本章学习目标

- 掌握各类传统的 3D 打印设备的基本概况、工作原理等。
- 掌握各类新兴的 3D 打印设备的基本概况、工作原理等。
- 熟悉各类 3D 打印设备的材料、优缺点及选用要求。

4.1　传统的 3D 打印设备

3D 打印技术从 20 世纪 80 年代诞生以来，发展迅速，一些成形工艺趋于成熟并有对应研发的打印设备，这些成形工艺和打印设备不仅极大推动了 3D 打印技术的发展，而且为后续新兴的 3D 打印工艺和相关技术设备的出现提供了坚实的保障[1-2]。下面将按照成形工艺进行分类，介绍传统 3D 打印技术中的相关设备。

4.1.1　分层实体制造 3D 打印机

1. 分层实体制造 3D 打印机简介

分层实体制造（LOM）3D 打印机如图 4-1 所示。LOM 3D 打印机主要由计算机、原材料送进机构、热压装置、激光切割系统、可升降工作台和数控系统等组成。LOM 3D 打印工艺使用刀具或激光束在设计文件的指引下进行切割，刀具沿着每一个打印层的外形轮廓在纸、塑料薄片或金属薄片上进行切割，切下的材料薄片上涂有黏结剂，把薄片与已成形的部分压紧黏结，之后铺入一张新的黏合薄片，开始下一层的切割、压实、成形，最终得到三维实体[3]。

图 4-1　LOM 3D 打印机

2. LOM 3D 打印机的工作原理

LOM 3D 打印机的工作原理如图 4-2 所示，成形制造工艺分为前处理、分层叠加成形和后处理 3 个主要步骤。

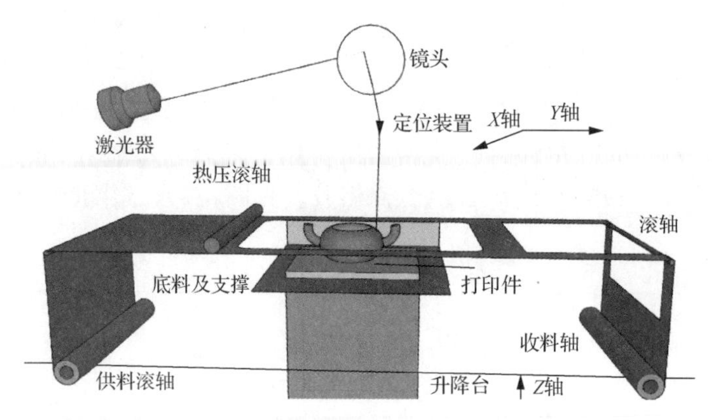

图 4-2　LOM 3D 打印机的工作原理

（1）前处理

前处理阶段主要进行图形处理。在制作产品时，首先需要通过 3D 建模软件（如 Pro/Engineer、UG NX、SolidWorks）来制作产品的 3D 模型，然后将 3D 模型转换为 STL 格式文件，并导入模型切片软件中进行切片处理，这是产品制造的重要过程。

（2）分层叠加成形

在完成第一步的工作后，就可以开始打印制件了。LOM 3D 打印机在代码文件的控制下，使用刀具或激光沿着每个打印层的外形轮廓在片状材料上进行切割，使用黏结剂把切下的薄片压紧黏结在已成形的部分上，之后重复上述操作，最终获得三维实体。

有几点要求需要注意。第一，在制造模型时，由于工作台的移动较为频繁，这就要求打印中的产品必须牢固地连接在工作台上。常规的处理方式为：先预热工作台，再设置 3～5 层的打印层作为基板，在二者连接牢固后，再进行后续的打印工作。第二，在打印过程中，工艺参数的选择与成形耗时和成品质量密切相关。为了更高效地制作高质量的产品，其中部分重要的参数需要引起重视，如激光切割速度、加热辊的热量和激光能量等。

（3）后处理

打印完成后，需要移除模型周围的多余材料。为了改善制件的表面质量，还需要对制件进行再加工，包括防水、防潮等。再加工常采用表面涂层的方式，可以极大改善制件的表面质量并提高其强度、尺寸稳定性、精度、耐热性、防潮性和表面光滑度等，制件的使用寿命也会有所延长。

3. LOM 3D 打印机的成形材料

LOM 3D 打印机使用的材料一般由片材和热熔胶两部分组成。

1）片材：依照目标制件的性能要求，确定所使用的片材。常用的片材有纸片、金属片、陶瓷片以及薄膜材料，如聚氯乙烯薄膜（见图 4-3）等。此外，不同的产品和打印模型对基础材料还有一些要求，如良好的防潮性和侵袭性、较好的抗拉强度、收缩率小、剥离性能好等。

2）热熔胶：常用的热熔黏合剂根据基质树脂可以分为乙烯-乙酸乙烯酯共聚物（ethylene-vinyl acetate copolymer，EVA）热熔胶（见图 4-4）、聚酯热熔胶、尼龙热熔胶等。

热熔胶具有良好的热熔冷固性能（在室温下固化），而且在重复的“熔化—凝固”过程中，其物理和化学性质是稳定的，同时在熔融状态下具有良好的涂层性能和片材均匀性，还具有足够的黏合强度和良好的废弃物分离性能。

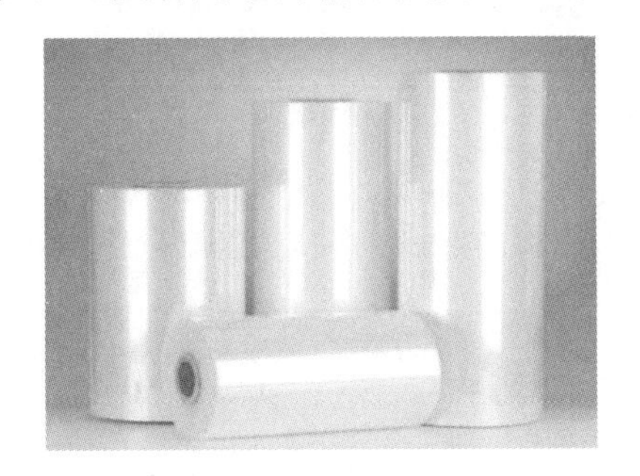

图 4-3　聚氯乙烯薄膜

图 4-4　EVA 热熔胶

4. LOM 3D 打印机的优缺点

LOM 3D 打印机具有如下优点。

1）成形速度快。由于激光束沿物体的轮廓切割，而不是扫描整个部分，因此成形速度快，故常用于加工内部结构简单的大型部件。

2）无须设计支撑，翘曲变形小，具有较好的硬度和机械性能。

3）废弃物易从主体上剥离，对制件损伤较小。

LOM 3D 打印机具有如下缺点。

1）难以构造具有精细形状和多个弯曲表面的部件，多用于简单构件。

2）在生产过程中，加工室内的温度过高，易引起火灾，需要特殊防护装置。

5. LOM 3D 打印机的应用

在实际的生产过程中，为了获得理想的产品结构，往往需要多次反复设计、修改和确认，过程较为烦琐，且成本较高。LOM 工艺可在较短时间内，以较低的成本将设计转化为实物，用于结构评测和优化，可辅助新产品的快速开发。该技术在产品概念设计可视化、造型设计评估、直接制模等方面都有着广泛应用。

4.1.2 陶瓷膏体光固化成形 3D 打印机

1. 陶瓷膏体光固化成形 3D 打印机简介

图 4-5 SLA 3D 打印机

陶瓷膏体光固化成形（SLA）3D 打印机如图 4-5 所示。通常 SLA 3D 打印机由以下关键部分构成：配有液体光聚合物的液槽（用于储存透明液态树脂）、升降工作台、大功率紫外激光器、控制平台和激光运动计算机控制系统。SLA 3D 打印机的工作原理是用光催化光敏树脂，将紫外线固化的树脂薄层按照设计好的方案连续打印堆叠，最终得到 3D 实体。SLA 3D 打印技术能够在一段时间内逐层制造复杂零件，目前在快速原型制造领域中不断发展，成为一种普遍应用的技术[4]。

2. SLA 3D 打印机的工作原理

SLA 3D 打印机的工作原理如图 4-6 所示，工作流程涉及前处理、原型制作以及后处理 3 个阶段。

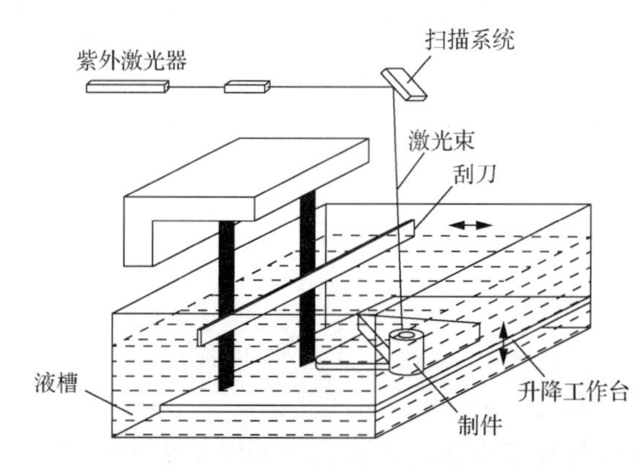

图 4-6 SLA 3D 打印机的工作原理

（1）前处理

与很多增材制造工艺相同，首先设计 3D 模型，得到的模型文件是目标产品的数字化表示。之后将模型文件转换为 STL 文件，并导入模型切片软件，将 STL 格式中的模型进行切片处理。

（2）原型制作

流程开始时，计算机控制反射棱镜将激光引导到正确的坐标，激光照射的树脂会发生固化。将激光对准升降工作台，该工作台从初始位置开始慢慢下降。工作台每次下降

一个打印层层厚（一般约 0.1mm），使得未固化的树脂在已打印部分的上方流动，激光随后固化下一个横截面，重复该流程直至整个产品制作完成。剩下的未固化树脂可以保存在液槽中并且能够重复使用。

（3）后处理

在完成打印材料的聚合之后，工作台从液槽中升起，将模型从工作台上取下，洗净多余的树脂，然后置于烘箱中进行最终固化，以使物体达到尽可能高的强度并变得更加稳定。

3. SLA 3D 打印机的成形材料

SLA 3D 打印机常用的材料是光敏树脂（见图 4-7），优点是强度好、易于研磨、电镀、涂色，缺点是韧性相对较小，断口小而薄脆。还有一些特殊的光敏树脂，具有强度高、耐高温、防潮、防水等性能。常用的还有防静电高韧性光敏树脂、UV 聚氨酯树脂、耐高温树脂等。

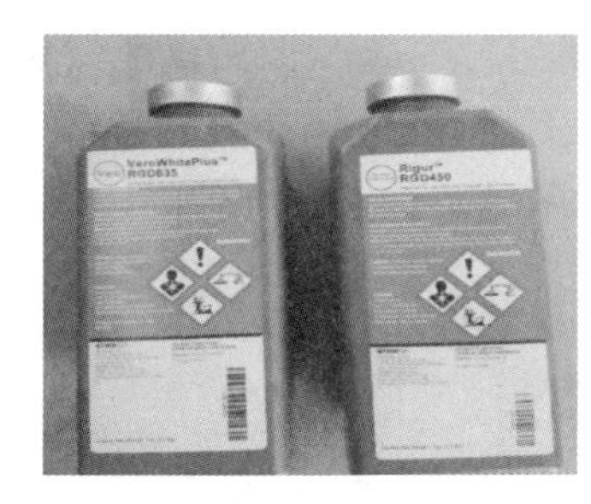

图 4-7 光敏树脂

4. SLA 3D 打印机的优缺点

SLA 3D 打印机具有如下优点。

1）陶瓷膏体光固化成形法是最早出现的快速原型制造工艺，成熟度高，经过了时间的检验。

2）加工速度快，产品生产周期短，无须切削工具与模具。

3）可以加工结构外形复杂或使用传统手段难以成形的原型。

4）可联机操作，可远程控制，生产自动化。

SLA 3D 打印机具有如下缺点。

1）SLA 3D 打印系统造价高昂，使用和维护成本高。

2）SLA 3D 打印机是对液体进行精密操作的设备，对工作环境要求较为苛刻。

3）成形件多为树脂制件，强度、刚度、耐热性有限，不利于长期保存。

5. SLA 3D 打印机的应用

陶瓷膏体光固化成形过程自动化程度高、制件表面质量好、尺寸精度高，且技术工艺发展时间充分，成熟度高。在概念设计、产品模型、医疗保健等诸多方面备受青睐，广泛应用于航空航天、生物医药、汽车、电器、模具制造等行业。

4.1.3 熔丝沉积成形 3D 打印机

1. 熔丝沉积成形 3D 打印机简介

熔丝沉积成形（FDM）3D 打印机如图 4-8 所示。FDM 3D 打印机系统主要由喷头、送丝机构、运动机构、加热工作室、工作台等部分构成。FDM 3D 打印机的原理是把熔融态的材料堆叠沉积，冷却后成形。材料在喷头内被加热熔化，喷头沿零件截面轮廓和填充轨迹运动，同时将熔化的材料挤出，熔融态材料会迅速冷却凝固，并与周围的材料黏结在一起，最终获得三维实体[5]。

图 4-8 FDM 3D 打印机

2. FDM 3D 打印机的工作原理

FDM 3D 打印机的工作原理如图 4-9 所示，成形制造工艺分为前处理、熔丝沉积成形和后处理 3 个主要步骤。

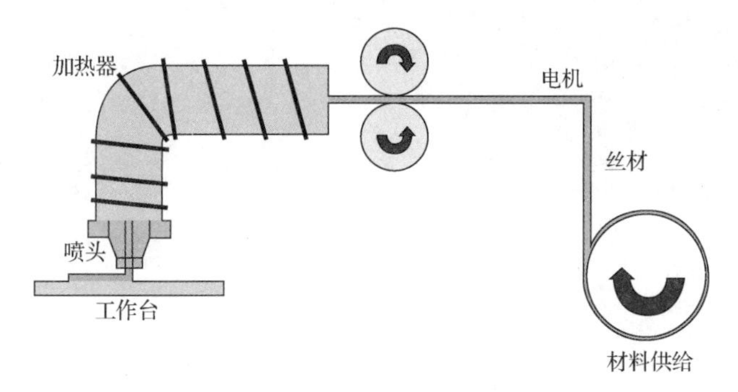

图 4-9 FDM 3D 打印机的工作原理

（1）前处理

FDM 3D 打印过程从建立数字模型开始，随后使用模型切片软件将数字模型分成多个切片（层），并输出适用于打印机的 G 代码文件。

（2）熔丝沉积成形

导入代码文件并设置相关参数后，就可以开始打印工作了。FDM 3D 打印机加热固体塑料细丝，将其熔化并按预先设计的路径从喷嘴中逐层挤出到成形平台上，根据所需的分辨率，每层厚度可为 0.1～0.5mm。由于热塑性塑料的特性，冷却后与周边的材料黏结形成整体，自身也会硬化从而具有一定的强度，材料不断地挤出、冷却、固化、黏结、堆叠，最终获得三维实体。

（3）后处理

后处理包括残余材料去除和产品处理。打印完成后，需要移除产品周围的多余材料，并将产品进行打磨和抛光，以保证最终产品的质量。

3. FDM 3D 打印机的成形材料

FDM 3D 打印中最常见的两种材料是丙烯腈-丁二烯-苯乙烯共聚物（acrylonitrile butadiene styrene copolymer，ABS）和聚乳酸（polylactic acid，PLA）。两者价格不高，且有多种颜色可供选择。

ABS 是一种常见的塑料，具有良好的强度和热特性，如图 4-10 所示。ABS 在打印过程中有毒物质的释放量很高，因此在打印 ABS 时打印机需要放置在通风良好的区域，或者打印机采用封闭机箱并配备空气净化装置。另外，它的熔点比较高，因此在打印 ABS 过程中，为了防止打印第一层冷却太快，避免翘曲和收缩，还必须对平台进行加热。

（a）丝状 ABS 材料

（b）颗粒状 ABS 材料

图 4-10　ABS 材料

PLA 是一种可生物降解的热塑性塑料，来源于可再生资源，如玉米、甜菜、木薯和甘蔗，因此也被称为“绿色塑料”，如图 4-11 所示。PLA 在打印时不会产生有毒气体，所以它相对安全，适合在家里或者教室使用。这种材料的冷却收缩没有 ABS 那么强烈，所以即使打印机没有配备加热平台也能较好地完成打印工作。

（a）丝状 PLA 材料

（b）颗粒状 PLA 材料

图 4-11　PLA 材料

4. FDM 3D 打印机的优缺点

FDM 3D 打印机具有如下优点。

1）成本低。FDM 3D 打印机不采用激光器，设备运营维护成本较低，而其成形材料也多为 ABS、PLA 等热塑性塑料，材料成本不高。

2）成形材料范围较广。ABS、PLA、聚碳酸酯（polycarbonate，PC）、聚丙烯（polypropylene，PP）等热塑性材料均可作为 FDM 3D 打印技术的成形材料，这些都是常见的工程塑料，易于获得。

3）设备、材料体积较小。FDM 3D 打印机体积较小，耗材也是成卷的丝材，便于搬运，适合办公室、家庭、教室等环境。

4）原料利用率高。没有使用或者使用过程中废弃的成形材料和支撑材料可以进行回收、加工再利用，能够有效提高原料的利用率。

FDM 3D 打印机具有如下缺点。

1）成形时间较长。由于喷头运动是机械运动，成形过程中速度受到一定的限制，因此一般成形时间较长，不适合制造大型部件。

2）需要支撑结构。在成形过程中需要设置支撑结构，打印完成后要进行剥离，对于一些复杂构件来说，剥离存在一定的困难。但随着技术的进步，该缺点正被逐步克服。

5. FDM 3D 打印机的应用

熔丝沉积成形系统结构简单，易于操作，运营维护成本低，材料价格适中且损耗较少，是面向个人的 3D 打印机首选。该工艺可以在较短的时间内设计并制作出产品模型，并通过模型对产品进行改进，加快产品的设计研发进程，常用于概念建模以及功能性原型的制作等，广泛应用于电子、医学、建筑等领域。

4.1.4 激光选区烧结 3D 打印机

1. 激光选区烧结 3D 打印机简介

激光选区烧结（SLS）3D 打印机如图 4-12 所示。SLS 3D 打印机主要由高能激光系统、光学扫描系统、加热系统、供粉及铺粉系统等部分组成。SLS 技术是一种以红外激光作为热源来烧结粉末材料的快速成形技术，根据材料的不同，具体的工艺和参数会有调整。该技术与其他快速成形技术一样，借助计算机辅助设计与制造，主要工艺为：混合固体粉末材料在激光作用下，低熔点的材料熔化，把高熔点的材料黏结在一起或者直接对单组分材料进行烧结，得到三维实体。该技术不受目标实体形状复杂程度的限制，也不需要任何工装模具[6]。

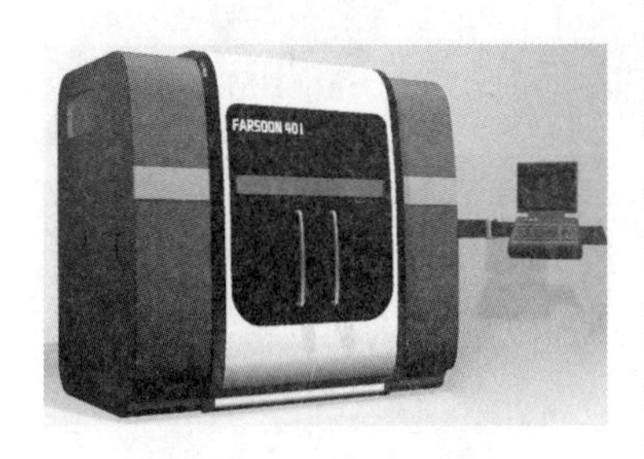

图 4-12 SLS 3D 打印机

2. SLS 3D 打印机的工作原理

SLS 3D 打印机的工作原理如图 4-13 所示，成形制造工艺分为前处理、激光烧结和后处理 3 个主要步骤。

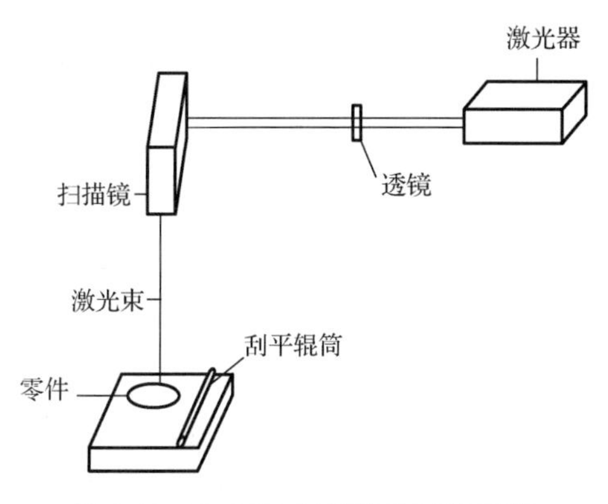

图 4-13　SLS 3D 打印机的工作原理

（1）前处理

首先，在计算机中建立目标实体的数字模型，然后用模型切片软件对其进行处理，得到包含每一加工层面数据信息的代码文件。

（2）激光烧结

开始成形前，要设定好预热温度、激光功率、扫描速度、扫描路径、单层厚度等基本参数。成形时先在工作台上用辊筒铺一层粉末材料。由激光器发出的激光束在计算机的控制下，有选择地对粉末层进行扫描。在激光照射的位置上，粉末材料中起黏结作用的低熔点材料熔化，作为黏结剂将主体材料（高熔点粉末）黏结在一起或者单组分材料直接烧结为整体。未被激光照射的粉末仍呈松散状，作为成形件和下一层粉末的支撑。一层烧结完成后，工作台下降一层的高度，再进行下一层铺粉、烧结，新的一层和前一层自然地烧结在一起，层层堆叠最终得到三维实体。

（3）后处理

全部烧结完成后需除去未被烧结的多余粉末，以得到制件。SLS 技术成形实体存在孔隙，力学性能较差，故还需进行浸渍、高温烧结、热等静压等后处理，以得到符合相关性能要求的制件。

3. SLS 3D 打印机的成形材料

从理论上说，任何加热后能够形成原子间黏结的粉末材料基本都可以作为 SLS 的成形材料。常用的材料包括蜡粉、聚合物（如聚苯乙烯粉末），以及金属、陶瓷、石膏、尼龙和其他粉末材料，如图 4-14 所示。

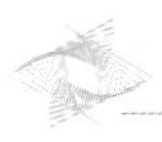

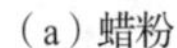

（a）蜡粉　　（b）聚苯乙烯粉末

图 4-14　SLS 3D 打印机使用的蜡粉和聚苯乙烯粉末

4. SLS 3D 打印机的优缺点

SLS 3D 打印机具有如下优点。

1）可以采用多种材料，而且材料利用率高，未烧结的粉末可重复使用。

2）过程与零件复杂程度无关，成形效率较好。

3）无须支撑结构，每层的铺粉可作为打印实体和成形材料的支撑。

SLS 3D 打印机具有如下缺点。

1）原型结构疏松、多孔，且有内应力，力学性能较差。成品的表面粗糙多孔，并受粉末颗粒大小及激光光斑尺寸的影响。

2）打印过程中需要预热和冷却，而且成形过程产生有毒气体及粉尘，会污染环境。

3）生成陶瓷、金属制件的后处理较为复杂。

5. SLS 3D 打印机的应用

SLS 3D 打印成形时不需要设置支撑结构，可以轻松制造结构复杂的产品，为产品的拓扑优化、定制设计提供了极大助力。该工艺广泛应用于产品的尺寸测试、外观测试、装配测试以及功能性测试等研发环节，康复、保健产品及临床医疗用具的制造，零件生产、工具改良、模具制造等。

4.1.5 激光选区熔化 3D 打印机

1. 激光选区熔化 3D 打印机简介

激光选区熔化（SLM）3D 打印机如图 4-15 所示。SLM 3D 打印机主要由激光器、光路传输系统、成形缸、传动机构、供粉缸、铺粉机构和气体净化系统等部分构成。SLM 技术是金属材料增材制造中的一种主要技术。该技术选用激光作为能量源，按照三维切片模型中规划好的路径在金属粉末床层进行逐层扫描，扫描过的金属粉末通过熔化、凝固达到冶金结合的效果，最终获得模型所设计的金属零件[7]。该技术与 SLS 技术的主要区别在于，SLM 技术通过激光器对金属粉末直接进行热作用，不依赖黏结剂，金属粉

末自身熔化、凝固，从而获得所设计的金属零件。

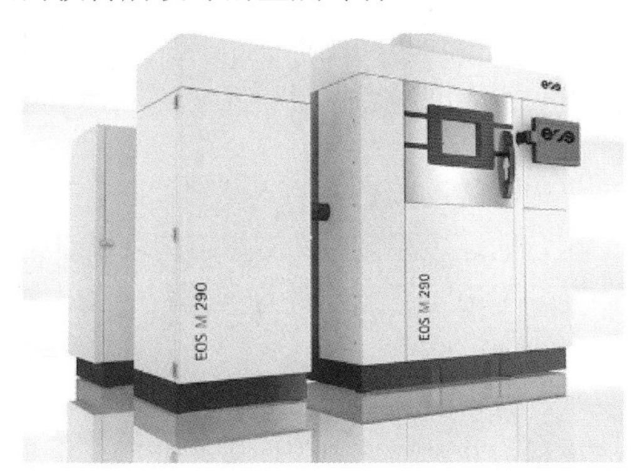

图 4-15　SLM 3D 打印机

2. SLM 3D 打印机的工作原理

SLM 3D 打印机的工作原理如图 4-16 所示，成形制造工艺分为前处理、激光熔化成形和后处理 3 个主要步骤。

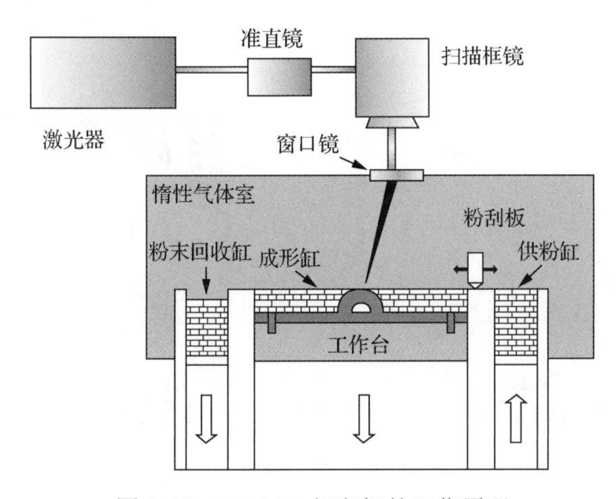

图 4-16　SLM 3D 打印机的工作原理

（1）前处理

首先，需要在计算机中建立所要制备零件的数字模型，根据制件的特点，设置相应的支撑结构以帮助散热和防止过大的翘曲变形。得到基本的三维信息之后，用模型切片软件对其进行处理，获得控制代码文件。

（2）激光熔化成形

在设定好相关的基本参数后，就可以启动设备开始打印工作了。打印机会先在工作台上用铺粉辊筒铺一层粉末材料。激光器在计算机的控制下发出激光束，有选择地对粉末层进行扫描。在激光照射的位置上，粉末材料颗粒完全熔化，冷却后相互黏结成一个整体，未被激光照射的粉末仍呈松散状。通常工作空间内充有惰性气体，避免金属粉末被氧化，有些设备还配备有空气循环系统来消除激光产生的火花。一层完成熔化、冷却和黏结后，工作台下降一个打印层的高度，再进行下一层铺粉、熔化、黏结，最终得到金属零件。

在激光选区熔化的过程中，需设置必要的支撑结构。这有以下原因：支撑结构可以支撑零件并加强零件和工作台的连接稳定性；支撑结构可以带走零件打印过程中多余的热量；支撑结构可以防止零件翘曲，降低零件打印过程中的失败概率。

（3）后处理

由于制件通常较为复杂，因此在 SLM 技术的打印过程中，往往需要设置支撑结构，制件完成后需要除去支撑结构，并对制件的表面进行处理。除此之外，还需清除粘连在制件表面的多余金属粉末。

3. SLM 3D 打印机的成形材料

SLM 3D 打印机常采用金属单质或合金的粉末材料作为成形材料，如不锈钢粉末、铜粉末（见图 4-17），以及铁、高温镍基合金、钴铬合金、钛合金等金属粉末。除此之外，设备还需配置氩气、氮气等惰性气体，作为防止金属粉末熔化时发生氧化反应的保护气。

（a）不锈钢粉末

（b）铜粉末

图 4-17　SLM 3D 打印机使用的不锈钢粉末和铜粉末

4. SLM 3D 打印机的优缺点

SLM 3D 打印机具有如下优点。

1）成形的金属零件致密度可接近 100%，且材料利用率高，未烧结的粉末可以回收再利用。

2）抗拉强度等机械性能指标优于铸件，甚至可达到锻件水平。

SLM 3D 打印机具有如下缺点。

1）由于支撑结构和粉末的粘连，精度和表面质量会受影响。随着技术的不断升级，该缺点正在逐步被克服，当前常采用后期加工的方式以提高精度和表面质量。

2）零件造价较高，打印制造速度偏低，常用于小批量零件生产。

5. SLM 3D打印机的应用

激光选区熔化技术采用高能激光，能快速熔化直径为25～48μm的预置粉末，既克服了传统技术制造金属零部件的复杂工艺难题，也在一定程度上解决了激光选区烧结成形件致密度低的问题，是一种可以得到高致密度金属零件的增材制造工艺，在航空航天、汽车、模具等领域得到了广泛应用。

4.1.6 3DP打印机

1. 3DP打印机简介

3DP打印机如图4-18所示。3DP打印机主要由黏结剂喷射系统、工作台、供粉及铺粉系统等部分组成。3DP技术使用陶瓷、石膏粉末等材料进行成形。打印机将粉末以薄层的形式铺在作业平台上，打印头沿预设路径喷射透明或者彩色黏结剂将粉末黏结在一起，未被黏结剂黏结的粉末呈松散状。一层黏结完毕后，平台下降一个层厚的高度，之后再铺设一层粉末进行黏结，重复该过程直至打印完成[7]。

图4-18　3DP打印机

2. 3DP打印机的工作原理

3DP打印机的工作原理如图4-19所示，成形制造工艺分为前处理、黏结成形和后处理3个主要步骤。

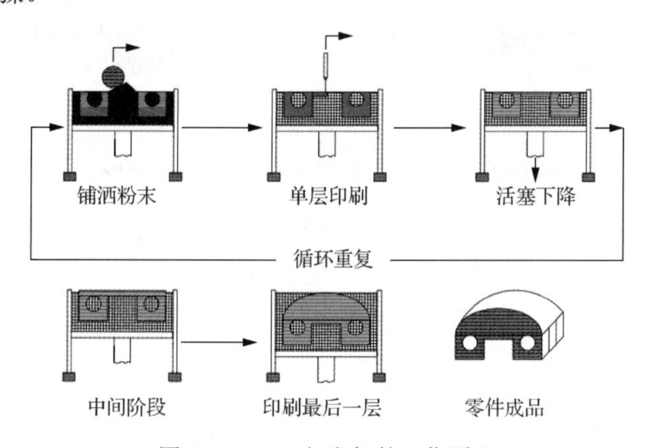

图4-19　3DP打印机的工作原理

（1）前处理

与大多数3D打印工艺类似，在打印产品之前，需要在计算机中建立产品的数字模型，得到基本的三维信息之后，分层切片获得代码文件，之后将代码文件导入计算机控制系统中。

（2）黏结成形

在打印工作开始前，需要将预先制备好的强力胶水通过充压的方式传输至打印头中储存，并保证在打印过程中胶水能够流畅地挤出。打印时，3DP 打印机使用水准压辊将粉末材料平铺于工作台上，然后操作系统会将胶水有选择性地喷在粉末薄层上，粉末在胶水的黏结作用下会粘在一起成为整体。一层黏结完毕后，工作台降低一个层厚的高度，水准压辊再度将粉末整平，并进行新一轮的黏结，如此不断地逐层打印，直到全部模型黏结完成。

（3）后处理

在打印完成之后，还需要进行后处理，包括回收未黏结的材料，去除模型表层的粉末，修补缺损位置等。

3. 3DP 打印机的成形材料

3DP 打印技术材料的选取范围很广，能够和现有黏结剂黏结良好的材料基本都可以作为打印材料。常用的粉末材料包括石英砂、陶粒砂（见图 4-20），以及覆膜砂、覆膜陶瓷粉末、金属粉末和其他粉末材料等。常用的黏结剂有呋喃树脂、硅胶、镁基胶等。

（a）石英砂

（b）陶粒砂

图 4-20 3DP 打印机使用的石英砂和陶粒砂

对粉末材料的要求：颗粒小而均匀，不能堵塞供料系统；受胶水液滴喷射冲击时不产生凹坑、溅散和空洞；与黏结剂作用后固化迅速等。

对黏结剂的要求：易分散且稳定，可以长期储存；不能有强烈的腐蚀性，以避免损坏打印头；黏度低，表面张力强等。

4. 3DP 打印机的优缺点

3DP 打印机具有如下优点。

1）无须激光器等昂贵元件，设备造价低。

2）成形速度快，打印过程中不需要支撑结构。

3）可以实现大型制件的打印。

4）可以使用多种粉末材料，也可以使用彩色的黏合剂。

3DP 打印机具有如下缺点。

1）制件精度和表面质量较差。

2）制件强度、韧性相对较差，难以适用于功能性试验。

5. 3DP 打印机的应用

3DP 工艺成形速度快，成形材料广泛，可以打印制作大型制件，非常适合制作多部件装配体、砂型砂芯、毛坯零件等。在机械制造、冶金、土木工程等领域均有应用。

4.1.7 传统的 3D 打印设备对比

3D 打印技术发展至今，先后诞生了分层实体制造（LOM）、陶瓷膏体光固化成形（SLA）、熔丝沉积成形（FDM）等成形工艺，并在此基础上不断产生出更加先进完善的新工艺。各种工艺的发展成熟，不断丰富着 3D 打印的制造模式。每种工艺都有各自的特点，表 4-1 总结了传统 3D 打印设备的常用材料和优缺点。

表 4-1 传统 3D 打印设备对比

设备名称	常用材料	优点	缺点
分层实体制造（LOM）3D 打印机	片材：纸片、金属片、陶瓷片、塑料膜等 热熔胶：EVA 热熔胶、聚酯热熔胶、尼龙热熔胶等	成形速度快；无须设计支撑结构；废弃物易从主体上剥离，对制件损伤较小	难以构造具有精细形状和多个弯曲表面的部件；需特殊防护装置
陶瓷膏体光固化成形（SLA）3D 打印机	光敏树脂、防静电高韧性光敏树脂、UV 聚氨酯树脂、耐高温树脂等	最早出现的快速原型制造工艺，成熟度高；加工速度快，产品生产周期短；可以加工结构外形复杂的原型和模具	打印系统造价高昂，使用和维护成本高；对工作环境要求较为苛刻；成形件强度、刚度、耐热性有限，不利于长期保存
熔丝沉积成形（FDM）3D 打印机	ABS（丙烯腈-丁二烯-苯乙烯共聚物）、PLA（聚乳酸）等。	成本低；成形材料范围较广；设备、材料体积较小；原料利用率高	成形时间较长，不适合制造大型部件；成形过程中需要设置支撑结构，打印完成后要进行剥离
激光选区烧结（SLS）3D 打印机	蜡粉、聚合物、金属、陶瓷、石膏、尼龙和其他粉末材料	可以采用多种材料；过程与零件复杂程度无关，成形效率较好；无须支撑结构	原型结构疏松、多孔，且有内应力，力学性能较差；打印过程中需预热和冷却，而且成形过程产生有毒气体及粉尘，会污染环境
激光选区熔化（SLM）3D 打印机	铁、铜、不锈钢、钴铬合金、钛合金、高温镍基合金粉末等	成形的金属零件致密度可接近 100%；抗拉强度等机械性能指标优于铸件，甚至可达到锻件水平	由于支撑结构和粉末的粘连，精度和表面质量会受影响；零件造价较高，打印制造速度偏低
3DP 打印机	粉末材料：覆膜砂、覆膜陶瓷粉末、石英砂、陶粒砂、金属粉末等 黏结剂：呋喃树脂、硅胶、镁基胶等	无须激光器等昂贵元件，设备造价低；成形速度快，打印过程中不需要支撑结构；可以实现大型制件的打印	制件精度和表面质量较差；制件强度、韧性相对较差，难以适用于功能性试验

4.2 新兴的 3D 打印设备

随着科学技术的不断进步，3D 打印设备日益完善。目前出现了许多新兴的 3D 打印设备，推动着 3D 打印技术不断发展。

4.2.1 龙门架式混凝土 3D 打印机

1. 龙门架式混凝土 3D 打印机简介

在建筑 3D 打印领域，龙门架式混凝土 3D 打印机的结构形式比较简单。龙门架式混凝土 3D 打印机如图 4-21 所示。它的形状为一个矩形龙门架，打印时龙门架的垂直螺杆带动打印设备在 Z 轴方向移动；固定打印设备的水平横杆和同一水平面上的纵杆，带动打印设备沿着 X 轴和 Y 轴方向移动；以实现打印设备在 3 个方向上均可自由移动。在控制系统的控制下，打印设备按照预先设置好的打印路径，挤出混凝土条带，条带逐层堆叠，最终完成三维实体的打印成形。

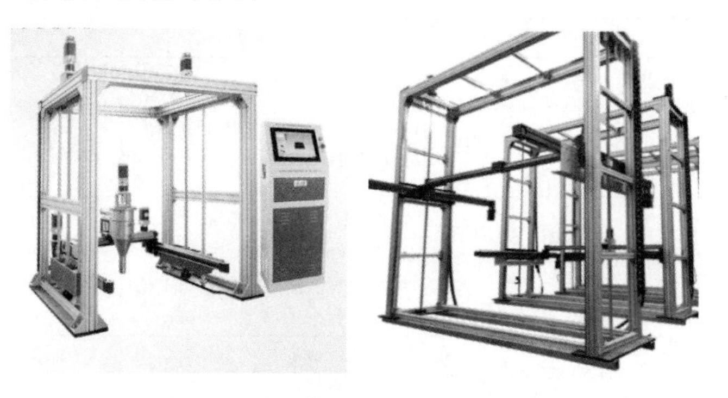

图 4-21　龙门架式混凝土 3D 打印机

目前，3D 打印商业公司或者建筑承包商多采用该形式的打印设备。此外，许多研究机构或者高校也采用该类型的打印设备。例如，我国的建研华测科技有限公司、河北工业大学，荷兰的埃因霍温理工大学等均采用此类设备开展混凝土的打印工作。

按照设备体量大小、目标成品的大小，龙门架式混凝土 3D 打印机可以分为桌面级、实验室级、工业级。下面以某实验室级龙门架式混凝土 3D 打印机为例进行介绍。

某实验室级龙门架式混凝土 3D 打印机的设备参数见表 4-2。该设备具有如下技术特点：可打印的材料有水泥砂浆、混凝土、地质聚合物等，并且打印材料中各组分的粒径须满足打印设备的适用粒径；最大打印尺寸由龙门架的大小和打印设备在各轴向的最大可移动距离决定，在选择打印设备时，要保证成形实体的尺寸不超过最大打印尺寸；X、Y、Z 三个轴向的移动速度在相应区间内可以进行调整，一般设有限位报警和抱闸功

能，以保护设备安全；重复定位精度是指在该打印设备上，应用相同代码打印一批实体，所得结果的一致程度。一般将连续多次重复定位后的定位点坐标最大差值作为设备参数，该参数是评价同批次实体打印一致性的重要指标；机身框架一般采用优质型材制作，以保证其较强的稳定性，使得打印过程安全可靠；伺服电机往往采用高扭矩同步带传动，为传动的稳定与准确性提供保证；系统控制软件要求界面简洁、操控方便；三维模型切片及打印路径规划软件支持多种区域填充方案和打印路径优化，以满足不同打印场景的需求。

表 4-2　某实验室级龙门架式混凝土 3D 打印机的设备参数

最大打印尺寸（长×宽×高）/（mm×mm×mm）	2000×2000×2000
适用粒径/mm	≤8
打印喷头直径/mm	15、20、25、30
X、*Y* 轴移动速度/（mm/s）	5～100（可调）
Z 轴移动速度/（mm/s）	5～25（可调）
驱动电机	伺服电机
操作系统	触屏操作、中英文显示
料筒加料方式	手动或自动
运动机构重复定位精度/mm	±0.05
支持的文件格式	GCode

2．龙门架式混凝土 3D 打印机的工作原理

龙门架式混凝土 3D 打印机使用的材料通常为混凝土或砂浆，其工作原理及流程如下：将目标结构的三维模型进行切片，得到 G 代码文件。之后将 G 代码导入到混凝土 3D 打印设备自带的软件中并设置打印参数。选取合适的混凝土配合比，根据三维模型的尺寸计算出各组分的质量，并将材料按顺序加入搅拌机中，搅拌均匀后获得 3D 打印所用混凝土材料，材料通过泵送的方式输送到 3D 打印设备的打印头中，材料填充完成后即可开始打印。打印喷头按照控制代码中规划好的路径进行移动，同时将材料挤出，并逐层堆叠，最终得到三维实体。

3．龙门架式混凝土 3D 打印机的成形材料

龙门架式混凝土 3D 打印机使用的成形材料主要有水泥砂浆、纤维混凝土、超高性能混凝土、地质聚合物、石膏、黏土等。常采用湿料挤出的形式进行打印，打印过程中需要对打印材料的凝结速度、早期强度、工作性能等进行综合考虑，以保证其能顺利地挤出和支撑后续打印部分。在选用打印设备时，应充分考虑其工作温度、打印头的移动范围和材质等因素，并在正式打印前进行材料工作性能测试和条带测试，以确保最终构件的成形质量。

4. 龙门架式混凝土 3D 打印机的优缺点

龙门架式混凝土 3D 打印机具有如下优点。

1）普适性较好，入门门槛较低，操作较为简单，设备成熟，稳定性好，适合入门者使用。

2）其结构形式简单，安装便捷，可以模块化组装成大型打印设备，适合大型结构构件的打印。

龙门架式混凝土 3D 打印机具有如下缺点。

1）龙门架式混凝土 3D 打印机的框架结构在装配过程中容易存在偏差。

2）较大的作业域使得每层打印时间较长，影响了打印精度。

5. 龙门架式混凝土 3D 打印机的应用

龙门架式混凝土 3D 打印机普适性较好，入门门槛较低，可以模块化组装成大型打印设备，常应用于大型结构构件的原位打印、复杂曲面结构建造以及拓扑优化结构建造等场景。

4.2.2 机械臂式混凝土 3D 打印机

1. 机械臂式混凝土 3D 打印机简介

目前的机械臂式混凝土 3D 打印机，大多是基于传统的多轴机械臂改装或设计而来的，如图 4-22 所示。由于机械臂臂展范围有限，其可打印范围相比于龙门架式混凝土 3D 打印机较小。因此，目前用于建筑领域的机械臂式混凝土 3D 打印机，除工厂打印小型构件所采用的固定式机械臂外，其余的机械臂式混凝土 3D 打印机多是安装在可移动的履带支座或履带车上，通过履带的移动来扩大设备的作业范围。

图 4-22　机械臂式混凝土 3D 打印机

此外，由传统的机械臂式打印机派生出的动臂旋转式混凝土 3D 打印机，其形式类似于施工现场的塔式起重机，采用上旋转式或下旋转式，依靠旋转完成平面内的移动。此外，塔身也可升降，以完成竖直方向上的移动。动臂旋转式混凝土 3D 打印机操作简单、性能稳定，占地面积较小。

下面结合机械臂式混凝土3D打印机的设备参数介绍其技术特点。

某机械臂式混凝土3D打印机的设备参数见表4-3。该设备具有如下技术特点：可打印的材料有水泥砂浆、混凝土、地质聚合物等；最大打印尺寸由机械臂半径、滑轨有效行程以及打印设备在各方向的最大可移动距离决定，在选择打印设备时，要保证成形实体的尺寸不超过最大打印尺寸；打印设备应配备独立的搅拌输送系统，便于维护；打印时在机械臂供料装置中单次堆放打印材料的重量不应超过其最大负载能力，避免出现由于负载过大，而导致的成形质量差、打印连续性差以及设备损坏的状况；机械臂一般采用垂直多关节设计，往往具备6个独立自由度，应采用优质材料制作，以保证其较强的稳定性；系统控制软件要求界面简洁、操控方便；三维模型切片及打印路径规划软件，应支持多种区域填充方案和打印路径优化，以满足不同打印场景的需求。

表4-3　某机械臂式3D打印机的设备参数

最大打印尺寸（长×宽×高）/（m×m×m）	15×3×3
打印喷头直径/mm	20、30、40
机械臂半径/m	2.7
滑轨有效行程/m	12
最大负载能力/kg	210
动作自由度	6

2. 机械臂式混凝土3D打印机的工作原理

机械臂式混凝土3D打印机的工作原理及流程和龙门架式混凝土3D打印机类似。首先通过CAD等三维软件进行电脑建模，导出相应的STL文件和代码文件。之后将相关文件导入到打印机和机械臂的控制端，设置合适的打印参数，将打印喷头调整到合适的初始位置。根据配合比计算各组分用量，将材料按顺序加入搅拌机，输料系统将拌和好的打印材料输送到打印喷头中，打印喷头按照预设路径开始打印，最终得到目标构件。

3. 机械臂式混凝土3D打印机的成形材料

机械臂式混凝土3D打印机使用的成形材料与龙门架式混凝土3D打印机基本一致。主要有水泥砂浆、纤维混凝土、超高性能混凝土、地质聚合物、石膏、黏土等。但由于两类设备实际工作情况的不同，应当结合具体设备的参数对打印材料的工作性能进行综合考虑，选择合适的原材料及配合比，以确保打印进程的顺利进行。

4. 机械臂式混凝土3D打印机的优缺点

机械臂式混凝土3D打印机具有如下优点。

1）自由度高，灵活精确，作业过程中由设备自身引起的打印偏差较小。

2）打印大型复杂构件时，打印路径可以灵活调整。

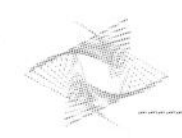

3）占地面积较小，可在一个工作区域内使用多台打印机，能够大幅提高打印效率。

机械臂式混凝土 3D 打印机具有如下缺点。

1）打印设备的控制主要依赖于机械臂，对使用人员的编程能力要求较高。

2）进行源代码开发时，受到的限制较多。

3）机械臂有负重限制，供料装置中不能一次性堆放太多的打印材料，对打印和输料的连续性要求较高。

5．机械臂式混凝土 3D 打印机的应用

机械臂式混凝土 3D 打印机自由度高，占地面积小，可在一个工作区域内使用多台打印机，打印路径可以灵活调整，常用于中小型构件的打印及建造复杂曲面结构、拓扑优化结构等。

4.2.3 电子束熔融 3D 打印机

1．电子束熔融 3D 打印机简介

电子束熔融（electron beam melting，EBM）3D 打印机如图 4-23 所示。EBM 3D 打印机主要由电子束发射系统、粉末材料容器、供料装置、真空室及成形平台等组成。EBM 3D 打印技术是近年来一种新兴的金属快速成形制造技术，现已广泛应用于快速原型制作、快速制造、工装和生物医学工程等领域。EBM 3D 打印机的工作原理是：在设备的工作舱内平铺一层微细金属粉末，利用高能电子束在偏转聚焦后所产生的高密度能量，使被扫描到的金属粉末产生高温，金属微粒熔融，电子束的连续扫描使得一个个微小的金属熔池相互融合并凝固，连接形成线状和面状的金属层，金属层不断堆叠，最终得到三维实体[8]。

图 4-23　EBM 3D 打印机

2．EBM 3D 打印机的工作原理

EBM 3D 打印机的工作原理如图 4-24 所示。首先将制件的三维模型进行切片，得到打印机可以识别的 G 代码，并将代码输入打印机中。设备中有位于真空腔顶部的电子束枪，电子束枪中的灯丝加热到一定温度时，就会放射电子。打印开始前先在工作舱内平铺一层金属粉末，电子束枪会生成可以受控转向的电子束，利用电子束经偏转聚焦后在焦点所产生的高密度能量，使粉末层中被扫描到的微小区域产生高温，金属微粒在高温作用下熔融，电子束的释放结束，熔融的材料冷却凝固成形，重复铺粉操作和电子束熔融成形过程，最终得到目标制件。

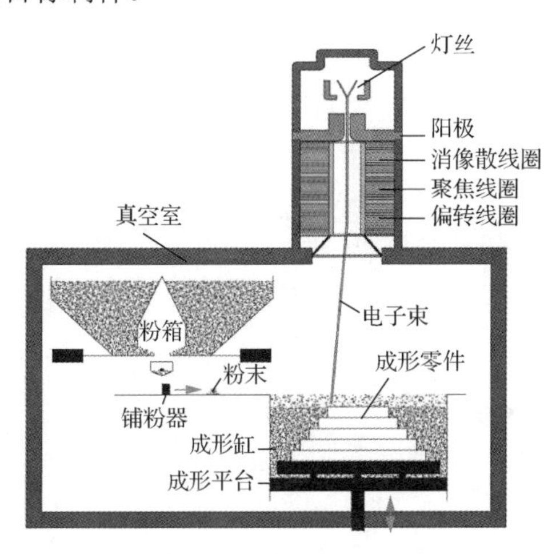

图 4-24　EBM 3D 打印机的工作原理

3. EBM 3D 打印机的成形材料

EBM 3D 打印机利用偏转聚焦高能电子束所产生的高密度能量，使被扫描到的区域产生高温，通过金属微粒的熔融、凝固进行成形。常使用的成形材料有钴铬合金粉末、钛合金粉末（见图 4-25），以及不锈钢、镍合金等微细金属粉末。

（a）钴铬合金粉末

（b）钛合金粉末

图 4-25　EBM 3D 打印机使用的钴铬合金粉末和钛合金粉末

4. EBM 3D 打印机的优缺点

EBM 3D 打印机具有如下优点。

1）具有直接加工复杂几何形状的能力，尺寸精度高。

2）成形效率较高，与砂模铸造或熔模精密铸造相比，显著缩短生产周期。

3）能熔炼难熔金属，并且可以将不同的金属熔合。

4）真空熔炼排除了杂质（如氧化物和氮化物等），保证材料的高强度。

5）成形环境温度高，零件残余应力小。

6）成形后的剩余粉末可以回收再利用。

EBM 3D 打印机具有如下缺点。

1）成形设备需另配抽真空系统，而且需要维护，增加了成本。

2）打印过程会产生 X 射线，但可通过合理设计真空腔达到屏蔽 X 射线的效果。

5. EBM 3D 打印机的应用

EBM 技术具有能量利用率高、易于加工高熔点材料、无反射、真空环境无污染等优点，常用于快速原型制作、定制设计、零件制造等，在生物医学、机械制造、航空航天等领域均有应用。

4.2.4 激光近净成形 3D 打印机

1. 激光近净成形 3D 打印机简介

激光近净成形（laser engineered net shaping，LENS）3D 打印机如图 4-26 所示。LENS 3D 打印机主要由控制系统、激光束发射系统、保护气供应系统、供料装置、成形平台及同轴送粉熔覆装置等组成。LENS 3D 打印机使用激光在沉积区域产生熔池以持续熔化粉末材料，并逐层沉积材料生成三维实体。LENS 3D 打印技术主要应用于航空航天、汽车、船舶等领域，可以实现金属零件的制造和修复，节约成本，缩短生产周期。当前该技术在实现梯度材料和复杂曲面修复上正不断地发挥作用[8-9]。

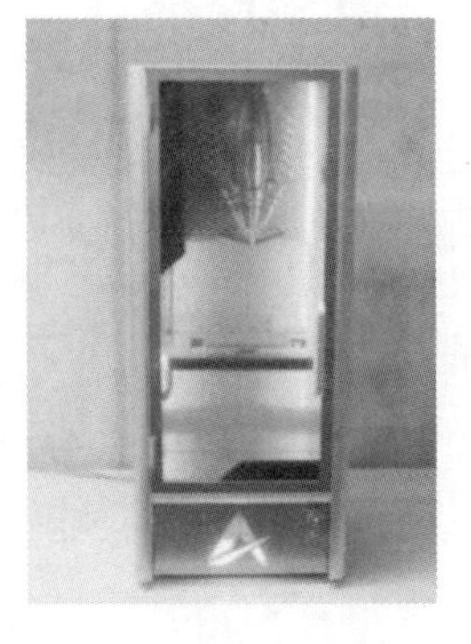

图 4-26　LENS 3D 打印机

2. LENS 3D 打印机的工作原理

LENS 3D打印机的工作原理如图4-27所示。在打印过程中，先将数字模型按照一定的厚度切片分层，将每一层的二维平面信息转化为打印设备可以识别的G代码。LENS 3D打印机中设置有高能量激光发射器，高能量激光束会使得沉积区域内生成熔池，金属粉末经由输料系统被送入熔池中并快速熔化，并按照由点到线、由线到面的顺序凝固，从而完成一个截面层的打印工作。重复上述的步骤，层层叠加，最终得到目标制件。

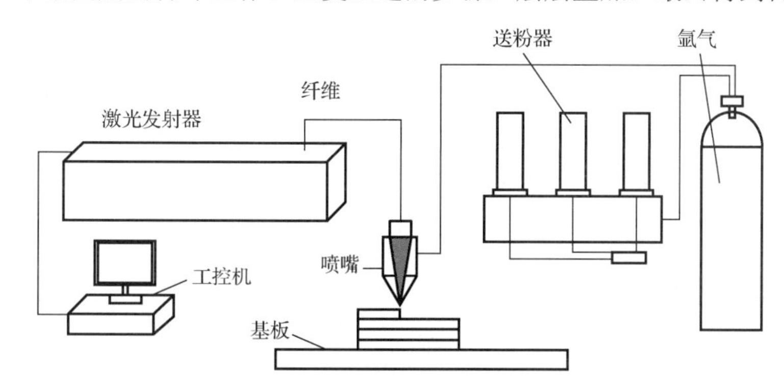

图4-27 LENS 3D打印机的工作原理

3. LENS 3D 打印机的成形材料

LENS 3D打印机使用高能量激光束在沉积区域生成的熔池熔化金属粉末，熔化的金属冷却凝固成形。常使用的成形材料有镍基合金粉末（见图4-28），以及不锈钢、钛合金等金属粉末。随着研究不断深入，也出现了使用不锈钢丝材（见图4-29）、钛合金等金属丝材的设备。

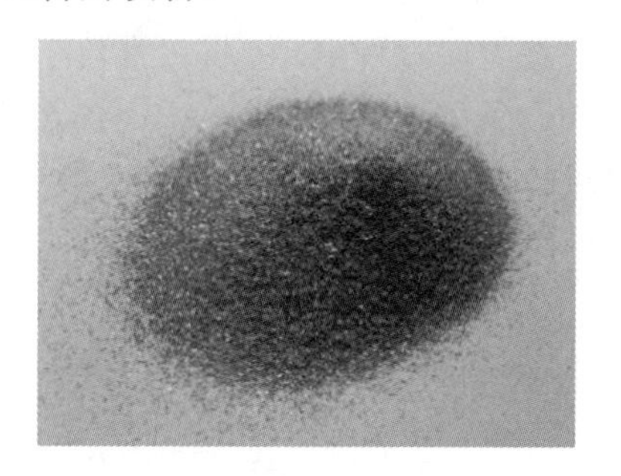

图4-28 镍基合金粉末

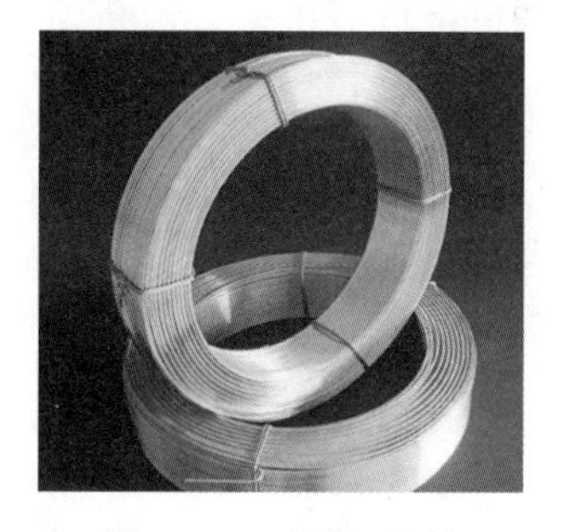

图4-29 不锈钢丝材

4. LENS 3D 打印机的优缺点

LENS 3D打印机具有如下优点。

1）可以解决复杂曲面零部件在传统制造工艺中存在的切削加工困难、材料去除量大、刀具磨损严重等一系列问题。

2）LENS 3D 打印技术是无须后处理的金属直接成形方法，成形得到的零件组织致密度高，力学性能较好，并可实现非均质和梯度材料零件的制造。

LENS 3D 打印机具有如下缺点。

1）成形过程中热应力大，会产生开裂现象。

2）由于激光光斑大小和工作台运动精度等因素的限制，制件的尺寸精度和表面平整度会受到影响。

3）成形设备需另配抽真空系统，增加了维护成本。

5. LENS 3D 打印机的应用

LENS 3D 打印技术主要应用于航空航天、汽车、船舶等领域，用于制造或修复航空发动机部件、重型燃气轮机的叶轮叶片以及汽车零部件等。LENS 3D 打印技术可以对磨损或破损的部件进行修复和再制造，从而大大降低部件的制造成本，提高生产效率。

4.2.5 丝材电弧增材制造 3D 打印机

1. 丝材电弧增材制造 3D 打印机简介

丝材电弧增材制造（wire arc additive manufacturing，WAAM）3D 打印机如图 4-30 所示。WAAM 3D 打印机通常由送丝机构、焊枪及控制系统等组成。WAAM 技术以电弧为热源，通过熔化金属丝材实现金属结构件逐层堆焊成形，尤其适用于以低成本生产高完整性的中大型金属结构件，在航空航天、船舶、能源动力、国防军工等领域有着突出的优越性[8-9]。

2. WAAM 3D 打印机的工作原理

WAAM 3D 打印机的工作原理如图 4-31 所示。在打印过程中，先将三维数字模型导入模型切片软件中，进行切片分层，得到打印控制设备可以识别的 G 代码。WAAM 3D 打印机大多使用金属丝材，按照 G 代码中的预设路径，将金属材料堆焊成形，层层叠加，最终得到目标制件。除此之外，WAAM 3D 打印机还可以对磨损零件、失效部件等进行定点精确修复。

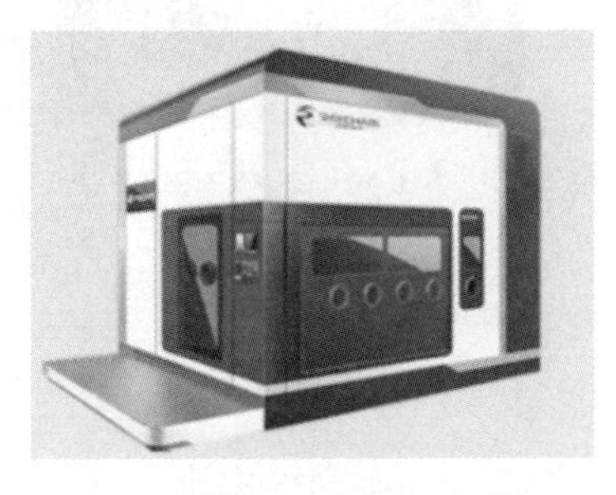

图 4-30　WAAM 3D 打印机

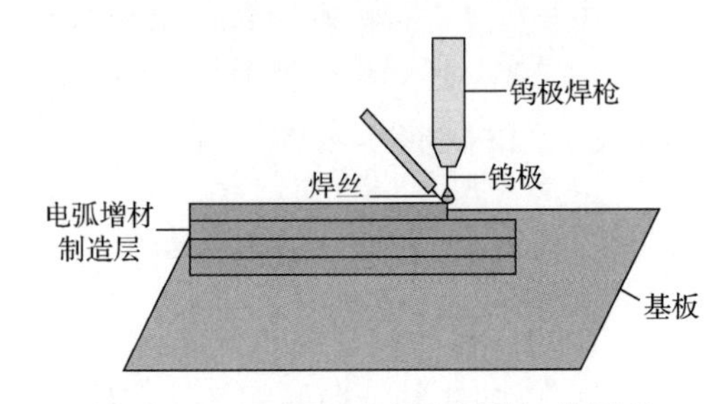

图 4-31　WAAM 3D 打印机的工作原理

3. WAAM 3D 打印机的成形材料

WAAM 技术以电弧为热源，主要使用金属丝材，通过熔化、堆积金属丝材实现金属结构件的堆焊成形。常用材料有铝合金丝材、ER4043 铝硅焊丝（见图 4-32），以及钛合金、铁基合金、模具钢、不锈钢、铜合金等金属丝材。

（a）铝合金丝材

（b）ER4043 铝硅焊丝

图 4-32　WAAM 3D 打印机材料

4. WAAM 3D 打印机的优缺点

WAAM 3D 打印机具有如下优点。

1）成形结构件由全焊缝金属构成，化学成分均匀、致密度高，材料适应性强，成形速率较快。

2）该技术支持在无封闭仓的环境下自由成形，结构件尺寸不受限制。

3）设备成本较低，金属丝材利用率高。

WAAM 3D 打印机具有如下缺点。

1）成形过程中随着堆焊层数的增加，热积累严重，散热条件变差，熔池凝固时间增加。

2）熔池形状难以控制，尤其在零件边缘，由于液态熔池的存在，边缘形貌与成形尺寸的控制更加困难。

5. WAAM 3D 打印机的应用

近年来，诸多高校、大型航空航天企业及智能建造公司积极开发 WAAM 技术，成功制造了许多金属结构件，如钛合金框架构件、高强钢材大型结构件、用 ER4043 铝硅焊丝制造的锥形筒体、大型飞机肋板等，应用前景十分广阔。

4.2.6　超声波增材制造 3D 打印机

1. 超声波增材制造 3D 打印机简介

超声波增材制造（ultrasonic additive manufacturing，UAM）3D 打印机如图 4-33 所

示。UAM 3D 打印机通常由超声波发生器、成形基板及控制系统等组成。UAM 增材制造技术的原理是：借助连续超声波振动产生的压力，将金属箔片连接成形，结合机制是两片金属片之间的黏滑运动，在 UAM 增材制造的过程中，不需要高温环境，对外界热源的依赖较小[8]。

图 4-33　UAM 3D 打印机

2．UAM 3D 打印机的工作原理

UAM 3D 打印机的工作原理如图 4-34 所示。在打印过程中，先得到目标制件的三维模型，之后切片分层，得到 G 代码。将代码导入打印机控制系统，并设定好相关参数。UAM 3D 打印机内部设有超声波发生器，通过超声波振动的压力，使两层金属箔片之间产生高频率的摩擦，金属箔片表面覆盖的氧化物和污染物剥离脱落，然后通过超声波的能量辐射，将较为纯净的金属材料软化、填充至已连接完成的金属箔片的表面，两层金属箔片的原子相互渗透融合，连接面的强度进一步提高，不断重复连接操作，层层叠加，最终得到目标制件。

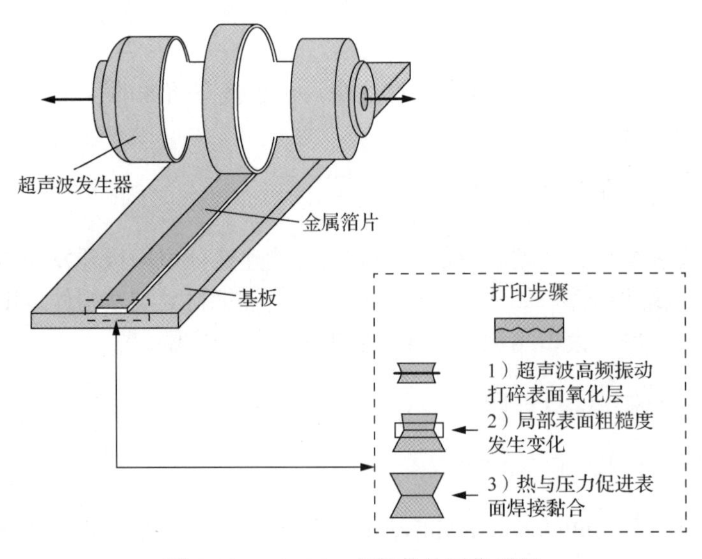

图 4-34　UAM 3D 打印机的工作原理

3. UAM 3D 打印机的成形材料

UAM 3D 打印机通过超声波的能量辐射和超声波振动的压力，使金属箔片连接成为整体。常用的成形材料有铜箔片、铝箔片（见图 4-35），以及不锈钢、钛合金等金属箔片。

（a）铜箔片

（b）铝箔片

图 4-35　UAM 3D 打印机使用的铜箔片和铝箔片

4. UAM 3D 打印机的优缺点

UAM 3D 打印机具有如下优点。

1）以金属箔片为材料，加工时不需要高温环境就可以实现制造过程。对于在高温下会改变本身特性的材料而言，UAM 技术有着很大优势。

2）UAM 3D 打印技术可以对需要封装的嵌入结构进行制造。

3）通过统筹规划增材和减材两种加工模式，UAM 3D 打印技术可以制造出深槽、中空、栅格状、蜂窝状，以及其他复杂几何形状的内部结构。

4）超声波可以将金属箔片表面的氧化物薄膜击碎，同时界面局部区域可发生晶粒再结晶，局部生长纳米簇，使得材料的结构性能得以提高。

UAM 3D 打印机具有如下缺点。

1）由于换能器转换效率的限制，实际输出超声能量的大幅提高较为困难。

2）超声波所引发的共振，会导致成形平台上已完成部分与待连接金属箔片间的摩擦大幅减弱，影响产品的成形质量。

3）UAM 3D 打印过程中无法自动放置或取出支撑结构，在制造有较大悬空面积的结构时，支撑结构的缺少加大了产品制造的难度。

5. UAM 3D 打印机的应用

UAM 3D 打印工艺在低温下实现制造过程，使用的金属材料并没有经历熔化凝固的过程，对金属材料内部的晶粒结构影响较小。因此，UAM 3D 打印工艺在智能材料的加工、嵌入结构的完全封装、多种材料的一体化制造等方面有着巨大优势。

4.2.7 新兴的3D打印设备对比

新兴的3D打印设备有龙门架式混凝土3D打印机、机械臂式混凝土3D打印机、电子束熔融3D打印机、激光近净成形3D打印机、丝材电弧增材制造3D打印机、超声波增材制造3D打印机等，表4-4总结了这些设备的常用材料和优缺点。

表4-4 新兴的3D打印设备对比

设备名称	常用材料	优点	缺点
龙门架式混凝土3D打印机	水泥砂浆、纤维混凝土、超高性能混凝土、地质聚合物、石膏、黏土等	普适性较好，操作较为简单，设备成熟，稳定性好；可以模块化组装成大型打印设备，适合大型结构构件的打印	装配过程中一般会存在偏差；因较大的作业域而延长了单层打印时间等，这些因素使得打印精度较低
机械臂式混凝土3D打印机	水泥砂浆、纤维混凝土、超高性能混凝土、地质聚合物、石膏、黏土等	自由度高，灵活精确，作业过程中由设备自身引起的打印偏差较小；打印路径调整灵活；占地面积小	机械臂有负重限制；控制代码开发限制较多等
电子束熔融（EBM）3D打印机	钛合金、不锈钢、钴铬合金、镍合金等微细金属粉末	可直接加工复杂构件，尺寸精度高；成形效率高，生产周期短；可以熔炼难熔金属，并且可以将不同的金属熔合；真空熔炼排除了杂质，保证材料的高强度；零件残余应力小；剩余粉末可以回收再利用	成形设备需另配抽真空系统，需要维护，成本较高；打印过程会产生X射线，需设计真空腔，以屏蔽X射线
激光近净成形（LENS）3D打印机	镍基合金、不锈钢、钛合金等金属粉末，不锈钢、钛合金等金属丝材	可解决复杂曲面零部件在传统制造工艺中存在的诸多问题；无须后处理，成品组织致密度高，力学性能较好，并可实现非均质和梯度材料零件的制造	成形过程热应力大，制件会发生开裂；激光光斑大小和工作台运动精度等因素会影响制件的尺寸精度和表面平整度；设备需另配抽真空系统，维护成本增加
丝材电弧增材制造（WAAM）3D打印机	铝合金、钛合金、铁基合金、模具钢、不锈钢、铜合金以及ER4043铝硅焊丝等金属丝材	成形结构的化学成分均匀、致密度高，材料适应性强，成形速度较快；结构件尺寸不受限制；设备成本较低，金属丝材利用率高	成形过程中随着堆焊层数的增加，热积累严重、散热条件变差，熔池凝固时间增加；熔池形状难以控制，尤其是在零件边缘，由于液态熔池的存在，边缘形貌与成形尺寸的控制更加困难
超声波增材制造（UAM）3D打印机	铝箔片、铜箔片、不锈钢和钛合金等金属箔片	加工时无须高温；可以制造需要封装的嵌入结构；可以制造复杂几何形状的内部结构；超声波可以将金属表面的氧化物薄膜击碎，界面局部区域可发生晶粒再结晶，材料的结构性能得以提高	换能器转换效率限制了实际输出超声能量的大幅提高；超声波所引发的共振，会减弱成形平台上已完成部分与待连接金属箔片间的摩擦，造成成形质量下降；打印过程中无法自动放置或取出支撑结构，在制造有较大悬空面积的结构时，支撑结构的缺少加大了产品制造的难度

本章小结

本章从打印设备的组成、工作原理、使用材料、优缺点以及应用等方面对传统和新兴的3D打印技术相关设备进行介绍，并将各类设备使用材料以及优缺点进行了总结和对比。

1）传统的3D打印设备按照主要成形工艺的不同，可分为分层实体制造3D打印机、陶瓷膏体光固化成形3D打印机、熔丝沉积成形3D打印机、激光选区烧结3D打印机、激光选区熔化3D打印机、3DP打印机等。各类打印设备使用的材料及优缺点有所不同，在实际制作过程中，应根据目标制件的特点和性能要求进行选择。

2）新兴的打印设备有龙门架式混凝土3D打印机、机械臂式混凝土3D打印机、电子束熔融3D打印机、激光近净成形3D打印机、丝材电弧增材制造3D打印机、超声波增材制造3D打印机等。对于混凝土的打印设备，需要对打印机的参数、材料配比等进行综合考虑。对于金属材料打印设备，应充分考虑其工作温度、附属设备和材料选择等因素。

思考题

1．简述激光选区烧结和激光选区熔化两种成形工艺的异同。

2．熔丝沉积成形3D打印机的常用材料有哪些？其优缺点是什么？

3．陶瓷膏体光固化成形3D打印机的优缺点有哪些？

4．3D打印混凝土材料时有哪些注意事项？

5．机械臂式混凝土3D打印机相比于龙门架式混凝土3D打印机有哪些优点，哪些不足？

6．3D打印技术中打印机金属的工艺有哪些？

7．简述超声波增材制造3D打印机的特点和原理。

参考文献

[1] 克里斯·安德森．创客：新工业革命[M]．萧潇，译．北京：中信出版社，2012．
[2] 姚俊峰．3D打印理论与应用[M]．北京：科学出版社，2017．
[3] 吴怀宇．3D打印：三维智能数字化创造[M]．3版．北京：电子工业出版社，2017．
[4] 聂俊，朱晓群．光固化技术与应用[M]．北京：化学工业出版社，2021．
[5] 杨卫民，魏彬，于洪杰．增材制造技术与装备[M]．北京：化学工业出版社，2022．
[6] 闫春泽，史玉升，魏青松，等．激光选区烧结3D打印技术：上下册[M]．武汉：华中科技大学出版社，2019．

[7] 吴国庆. 3D 打印技术基础及应用[M]. 北京：北京理工大学出版社，2021.
[8] 刘少岗，金秋. 3D 打印先进技术及应用[M]. 北京：机械工业出版社，2020.
[9] 陈继民. 3D 打印技术概论[M]. 北京：化学工业出版社，2020.

第二篇

应　用　篇

第 5 章　3D 打印制造技术

本章学习目标

- 了解常用 3D 打印制造领域材料特点，知悉其应用场景。
- 掌握 7 种常用 3D 打印技术工艺特点。
- 明确 3D 打印成形构件质量评价要求。

5.1　3D 打印制造成形材料

5.1.1　常用 3D 打印金属材料

理论上凡能在常用工艺条件下熔化的金属都可作为 3D 打印的材料，从形式上主要有粉末和丝材两种[1]。其中，粉末是最常用的材料，可用于激光选区熔化、激光近净成形、电子束熔融等多种 3D 打印工艺；丝材则主要适用于电弧增材制造等工艺。

为满足 3D 打印的工艺需求，金属粉末必须满足一定的流动性要求。流动性是粉末的重要特性之一，所有使用金属粉末作为耗材的 3D 打印工艺在制造过程中均涉及粉末的流动，金属粉末的流动性直接影响打印过程中的铺粉是否均匀和激光近净成形中的送粉是否稳定。若粉末流动性太差会造成打印精度降低甚至打印失败。粉末的流动性受粉末粒径、粒径分布、粉末形状、所吸收的水分等多方面影响，一般为保证粉末的流动性，要求粉末是球形或近球形，粒径在十几微米到一百微米之间，过小的粒径容易造成粉体的聚集，而过大的粒径会导致打印精度降低，如图 5-1（a）所示。

3D 打印所使用的金属丝材与传统焊丝基本相同，丝材制造的工艺比较成熟，材料成本比粉材要低。除了由纯金属直接制成的金属丝材之外，还有将金属粉末混入到聚合物中的特殊丝材。这种丝材可以通过 FDM 技术打印，极大降低了金属打印的门槛。但这种间接成形的金属打印件，需要在打印完成后进行烧结，去除模型中的聚合物，使金属更加致密，丝材示意如图 5-1（b）所示。

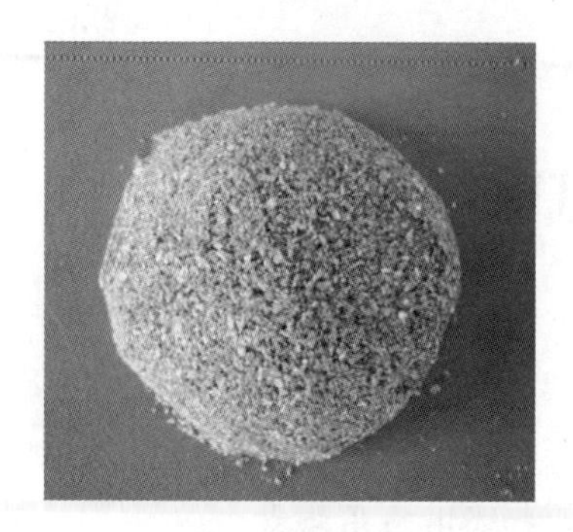

（a）金属粉末

（b）金属丝材

图 5-1　3D 打印所用的金属粉末与丝材

按照材料种类，3D 打印金属材料可分为工具钢、马氏体钢、不锈钢、钛合金、铝合金、镁合金、高温合金、镍基合金、铜基合金、钴铬合金等。

1．钛合金

钛合金[2]作为轻质金属结构材料，具有耐高温、耐腐蚀性、高强度、低密度以及生物相容性等优点，在航空航天、船舶、化工、生物、医疗等领域获得了较广泛的应用。使用传统锻造和铸造方法生产大型钛合金零件存在产品成本高、工艺复杂、材料利用率低及后续加工困难等缺点，导致钛合金的进一步应用受到了阻碍。由于 3D 打印钛合金能提高材料利用率，因此钛合金在金属 3D 打印中得到了广泛应用。

随着 3D 打印技术的不断成熟和完善，钛合金 3D 打印已成为航空航天领域的重点研究对象，以航空航天用钛合金为例，3D 打印甚至可以比传统工艺节省 30%的材料成本，一些 3D 打印钛合金大型件、复杂件在航空航天等领域得到工程验证，如图 5-2（a）所示。

由于良好的生物相容性，3D 打印钛基材料在医学领域也得到了重要应用。3D 打印颅骨、胸骨、牙齿、关节等在临床手术中已有多个成功案例，以髋臼杯为代表的部分 3D 打印产品已实现批量生产，如图 5-2（b）所示。

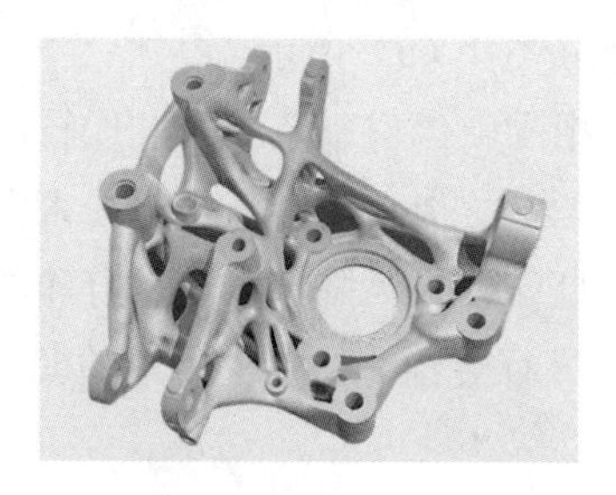

（a）大型航空钛合金零件/（转向节）

（b）髋臼杯

图 5-2　3D 打印钛合金部件

2. 铝合金

铝合金通常具有质轻、强度高、塑性好、耐腐蚀性等优点，在航空航天、汽车、船舶等领域扮演着极为重要的角色，铝合金3D打印技术是目前的研究热点。铝合金具有优良的物理、化学和力学性能，在许多领域得到了广泛应用，但铝合金的易氧化、高反射和导热等特性，导致激光选区熔化制造的难度增大。

采用SLM技术成形的铝合金打印件在氧化、残余应力、空隙缺陷及致密度等方面存在问题，通过选用氩气或氮气作为气氛控制系统中的惰性气体，增加激光功率和降低扫描速度等可进行改善。

SLM技术成形铝合金材料主要集中在Al-Si-Mg系合金，主要有AlSi12和AlSi10Mg两种。AlSi12粉末是具有良好的热性能的轻质增材制造金属粉末，可应用于薄壁零件，如换热器或其他汽车零部件，还可应用于航空航天及航空工业级的原型及生产零部件。硅/镁组合使铝合金具有更高的强度和硬度，适用于薄壁以及复杂的几何形状的零件，如图5-3（a）所示，尤其是在具有良好的热性能和低重量场合中。

3. 不锈钢、工具钢、马氏体钢等铁基合金

（1）不锈钢

不锈钢具有耐化学腐蚀、耐高温和力学性能良好等特性，其粉末成形性好、来源广泛、制备工艺简单且成本低廉，是最早应用于3D打印的金属材料之一，如图5-3（b）所示。

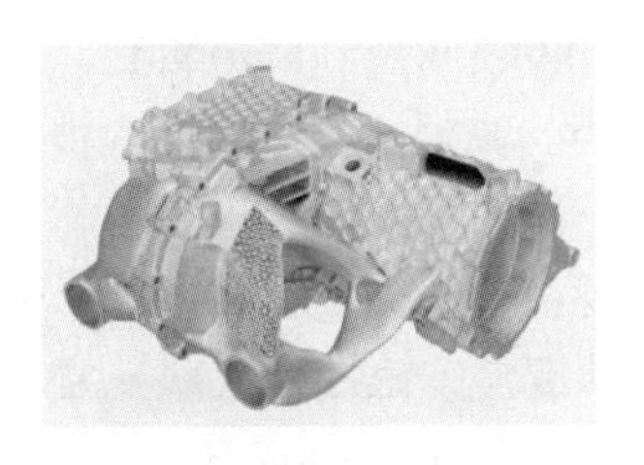

（a）3D打印铝合金发动机外壳

（b）3D打印轻量化不锈钢模型

图5-3　3D打印铝合金、不锈钢部件

（2）工具钢

工具钢可用于制造切削刀具、量具、模具和耐磨工具，具有较高的硬度和能在高温下保持高硬度、高耐磨性和适当韧性的特性。工具钢一般可分为碳素工具钢、合金工具钢和高速工具钢。

（3）马氏体钢

马氏体钢具有高强度，且韧性和尺寸稳定性良好。因其高硬度和耐磨性，马氏体钢适用于制造模具，如注塑模具，轻金属合金铸造、冲压和挤压模具等。同时，也广泛应用于航空航天中高强度机身部件和赛车零部件等。

4. 镁合金

镁合金[3]作为最轻的结构合金，因其高强度和特殊的阻尼性能，在诸多应用领域有替代钢和铝合金的可能，如镁合金在汽车及航空器组件方面的轻量化应用，可降低燃料使用量和废气排放。镁合金还具有原位降解性和杨氏模量低、强度接近人骨等特性。因其优异的生物相容性，镁合金在外科植入方面比传统合金更具有应用前景，如图 5-4 所示。但目前镁合金 3D 打印工艺尚不成熟，暂未进行大范围的推广。

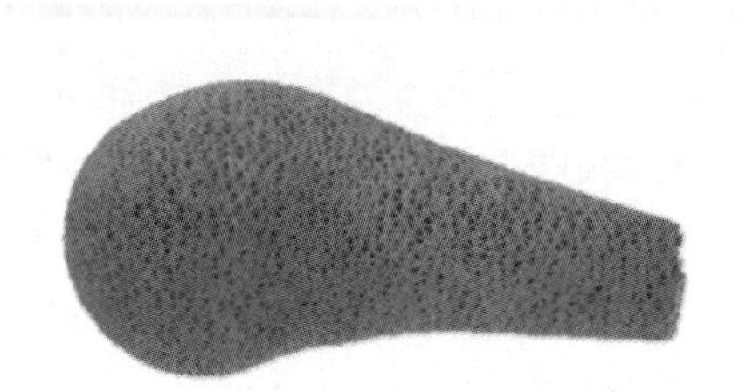

（a）镁合金骨关节植入物

（b）电子显微镜下的 3D 打印镁合金方块

图 5-4　3D 打印镁合金部件

5. 高温合金

高温合金是指以铁、镍、钴为基体，能在 600℃以上的高温及一定应力环境下长期工作的一类金属材料。高温合金具有较高的强度、良好的抗热腐蚀性和抗氧化性能及良好的塑性和韧性，在航空航天、煤电、核电、石油化工等领域受到广泛青睐。目前按合金基体种类，大致可分为铁基、镍基和钴基合金三大类。高温合金 3D 打印技术主要应用于高性能发动机，如图 5-5 所示，在现代先进的航空发动机中，高温合金材料的使用量占发动机总质量 40%以上。随着现代高性能航空发动机的发展，对高温合金的使用温度和性能的要求越来越高。传统的铸锭冶金工艺冷却速度慢，铸锭中某些元素和第二相偏析严重，热加工性能差，组织不均匀，导致材料性能不稳定，而高温合金在 3D 打印技术中的成形能避开这类缺陷，从而得到充分利用。

（a）镍基高温合金航空发动机叶轮

（b）航空发动机风扇叶片

图 5-5　3D 打印高温合金部件

5.1.2　常用3D打印聚合物材料

常用3D打印聚合物材料主要包括光敏树脂、热塑性塑料及水凝胶等。纸张、淀粉、糖、巧克力等也可纳入聚合物材料的范畴，本章暂不讨论。

1. 光敏树脂

光敏树脂[4]是最早应用于3D打印的材料之一，其主要成分是小分子树脂，能在特定的光照（一般为紫外光）和光引发剂、阻聚剂、流平剂等助剂下发生聚合反应实现固化。应用于3D打印的树脂固化厚度一般大于传统涂料的涂布厚度，配方组成与传统的光固化涂料、油墨有所区别。

光敏树脂按照聚合体系可分为自由基聚合和阳离子聚合两种，两者的聚合机理和依靠的活性基团不同。自由基聚合依靠光敏树脂中的不饱和双键进行聚合反应，固化速度快、原料成本低，但在空气中存在一定程度的氧阻聚效应，会对固化性能及零件性能产生影响。阳离子聚合依靠光敏树脂中的环氧基团进行聚合反应，无氧阻聚效应、固化收缩小，但对水分敏感，且原料成本较高，因此目前3D打印中使用的光敏树脂以自由基聚合体系为主。

3D打印使用的光敏树脂主要是指自由基聚合的丙烯酸酯和生物基树脂。商业化的丙烯酸酯有多种类型，可根据实际需求对配方进行调整。总体而言，3D打印用的光敏树脂有以下几点要求：固化前性能稳定、反应速度快、黏度适中、固化收缩小、毒性及刺激性小等。

除此之外，在一些特殊的应用场合还会有一些其他的需求，如应用于铸造的光敏树脂要求低灰分甚至无灰分，再如应用于牙科矫形器或植入物制造的树脂要求无毒或可生物降解等。目前，市面上销售的光敏树脂种类多样，其3D打印的物品如图5-6所示，能够满足不同领域的需求。

（a）树脂打印的动画角色模型

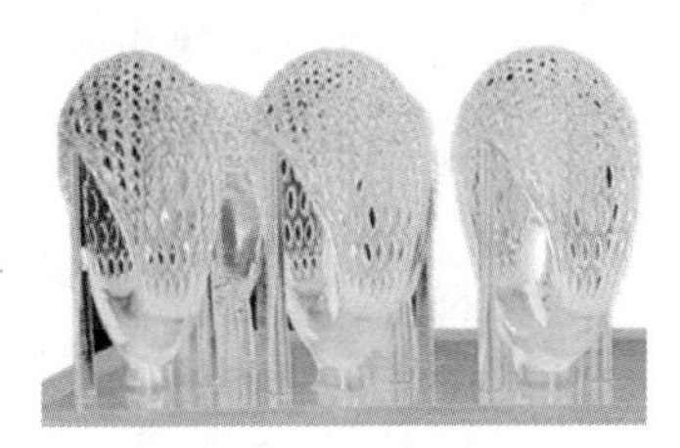

（b）用于结合失蜡法制作珠宝的树脂模型

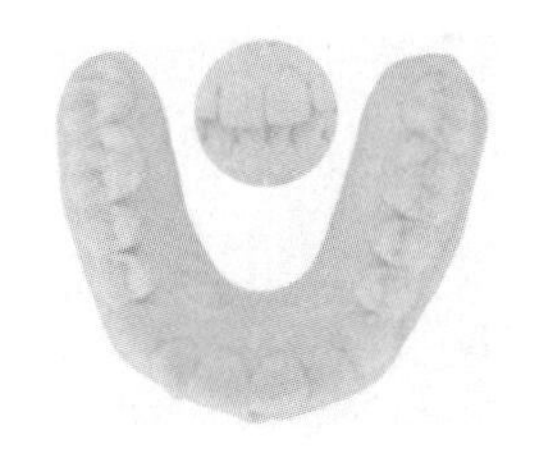

（c）用牙科树脂制作的牙模

（d）使用高刚性树脂制作的齿轮

图5-6　3D打印光敏树脂部件

2. 热塑性塑料

常见的3D打印用热塑性塑料聚合物有聚乳酸（PLA）、丙烯腈-丁二烯-苯乙烯

（ABS）、聚对苯二甲酸乙二醇酯-1,4-环己烷二甲酸酯（poly ethylene terephthalate-1, 4-cylclohexanedime thanolester terephthalate，PETG）、尼龙（polyamide，PA）、聚碳酸酯（polycarbonate，PC）、聚苯乙烯（polystyrene，PS）、聚己内酯、聚芳砜（polyarylsulfone，PASF）、热塑性聚氨酯（thermoplastic polyurethane，TPU）、聚醚醚酮（PEEK）等。

（1）PLA

PLA 是可降解的环保塑料，玻璃化转变温度约为 60℃，其处理方法简单，打印性能较好，是一种较为理想的 3D 打印热塑性聚合物，已广泛应用于教育、医疗、建筑、模具设计等行业。

PLA 作为消费级别的 3D 打印主力耗材，具有众多的改良类型：通过在普通 PLA 中加入粉末或者纤维，可成为 PLA 改良材料，如亚光 PLA、免喷涂金属光泽 PLA、夜光 PLA、仿丝绸 PLA、闪光 PLA、仿木制 PLA 等，如图 5-7 所示。

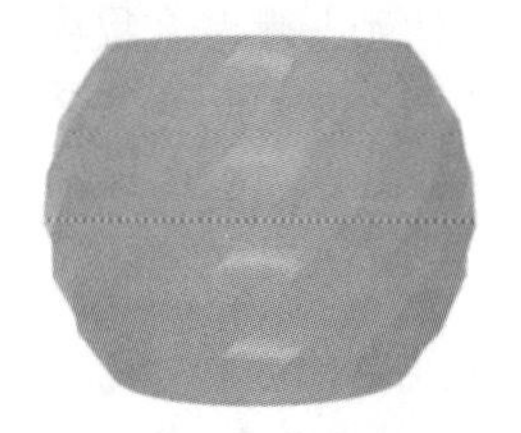

（a）普通 PLA、闪光 PLA、亚光 PLA 之间光泽的对比

（b）免喷涂金属光泽 PLA 模型

（c）紫外线照射后的夜光 PLA 模型

（d）仿丝绸 PLA 模型

（e）仿木制 PLA 模型

图 5-7　不同类型的 PLA 打印模型

发泡 PLA 会在打印时主动发泡，这导致加热挤出的材料密度降低。一般来说，发泡 PLA 的发泡率会随温度变化而产生变化，发泡率最高可达 200%，可使模型减重 50%，

适用于 3D 打印航模（见图 5-8）和虚拟世界中的角色模型。但由于其在受热后主动发泡的特性，发泡 PLA 在打印时需要进行特别的设置，以保证模型的正常制造。

图 5-8 发泡 PLA 制作的航模

（2）ABS 和 PETG

ABS 和 PETG 是 FDM 技术常用的工程材料，具有价格低廉和对打印的要求较低的优点。

ABS 是比较常见的工程塑料，玻璃化转变温度约为 105℃，耐用性和强度均高于 PLA，刚性较好，耐热性明显高于 PLA。但打印条件要求比 PLA 高，通常需要打印平台的温度在 80℃以上，并在平台上喷涂胶水或其他液体保证模型不会因收缩脱离打印平台，还需要对打印机进行密封处理保证打印室的温度，甚至关闭散热风扇降低模型散热速度以保证 ABS 在打印时不发生翘曲和断层，如图 5-9 所示。

图 5-9 因翘曲导致打印失败的 ABS 构件

因为 ABS 在打印时会受热产生苯乙烯等致癌的挥发性有机碳以及微小的 ABS 粉尘，所以在使用 ABS 进行打印时，须做好打印设备的保温、房间内的通风等措施。当需要在打印室停留时，应佩戴具有活性炭过滤功能的口罩或者面罩，防止将颗粒物吸入肺部。

PETG 是一种介于 ABS 和 PLA 之间的材料。PETG 具有和 PLA 一样的优点：收缩率不高，不易翘边，不会产生有害气体，多数在打印过程中没有味道，打印模型时出料畅顺，层与层之间的黏合性好。同时 PETG 的韧性远强于普通 PLA，耐热性也优于 PLA。

PETG 透光性好，在参数设置良好的情况下，甚至可以做到接近 80%的透光率。但 PETG 在软化之后流动性较差，很容易出现软化后的材料黏附在喷头上，导致打印时拉丝。如果任由受热软化后的材料长时间粘在喷头上持续受热，喷头则会产生焦糊。当打印平台和模型的第一层黏合不够紧密时，可能会出现喷头通过溢出的 PETG 直接将模型从打印平台上拖走的情况，如图 5-10 所示。

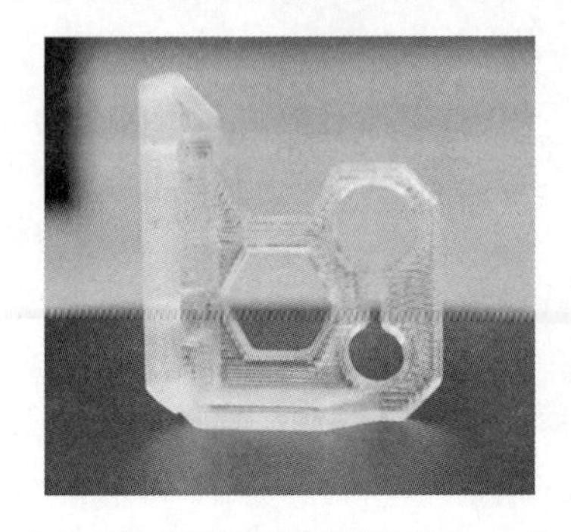

（a）参数正确设置制造的高透明 PETG 件

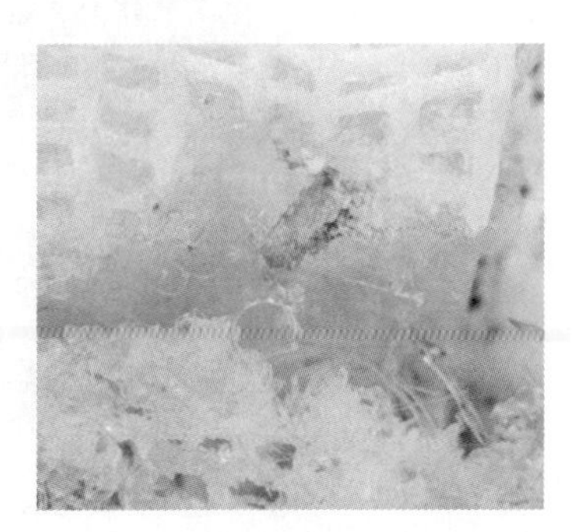

（b）参数错误设置导致打印失败的透明 PETG 件

图 5-10　使用特殊参数设置制造的高透明打印 PETG 件

一般来说，在打印 PETG 时可以采取以下措施来提高打印质量：减少或取消打印机 *Z* 轴抬升、降低风扇的散热效率和取消打印机的回抽、适当提高喷嘴和打印平台的距离、避免喷头材料和已加工完成模型之间的挤压等。

（3）PA

PA 是一种半晶态聚合物，具有吸水率低、耐湿性好、尺寸稳定、耐高温、自润滑、强耐磨、高韧性、耐冲击、抗疲劳性好、不易开裂等优点，是理想的工程材料。但是其对加工条件的要求比 ABS 和 PETG 更高，属于工业级材料。PA 的主要生产方式为 SLS 打印，适合大批量工业生产，如图 5-11 所示。

（a）SLS 打印的 PA 构件

（b）FDM 打印的碳纤维增强 PA 构件

图 5-11　3D 打印 PA 构件

使用 SLS 成形后的 PA 是具有高致密度、高强度的零件。对于 SLS 中所使用的 PA 需具有较高的球形度及粒径均匀性，通常采用低温粉碎法制备。在 PA 粉末中加入玻璃微珠、黏土、铝粉、碳纤维等无机材料可制备出 PA 复合粉末，这些无机填料的加入能显著提高材料某些方面的性能，如强度、耐热性能、导电性等，以满足不同领域的应用

需求。

除了用于 SLS 工艺的粉末状 PA 之外，还有用于 FDM 工艺的 PA 线材。对于某些特殊需求，市面上也有添加碳纤维、玻璃纤维增强的 PA 线材，如加入碳纤维可以显著提升 PA 的强度，加入玻璃纤维可以显著提高 PA 的韧性。汽车行业、运动用品、小型机械等在进行轻量化设计时，多采用 PA，尤其是碳纤维增强后的 PA 作为制造材料。

（4）PCL

PCL 是一种无毒、低熔点的热塑性塑料，因成形温度较低（80～100℃）而有较高的安全性。PCL 具有优异的生物相容性和降解性，可以作为生物医疗中制作工程支架的材料，通过掺杂纳米羟基磷灰石等材料还能改善力学性能及生物相容性。此外，PCL 材料还具有良好的形状记忆性能，在 4D 打印方面具有一定潜力。

（5）TPU

TPU 是聚氨酯材料的一员，具有许多特性，包括弹性、透明度以及耐油和耐磨性。TPU 可应用于汽车仪表板、脚轮、电动工具、体育用品、医疗设备、传动带、鞋类、充气阀和键盘保护器等。结合 3D 打印技术可以制造出传统成形工艺难以制造的复杂多孔结构，使制件拥有独特且可调控的力学性能。目前，研究人员开发了针对多种 3D 打印技术的 TPU 材料粉末，以满足不同应用场景的需求，如图 5-12 所示。

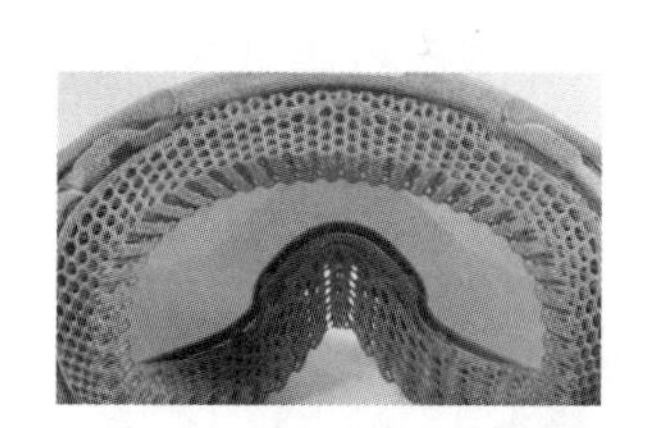

（a）TPU 打印的护目镜缓冲装置

（b）TPU 打印的具有晶格结构的鞋子

（c）TPU 打印的具有晶格结构的汽车座椅

图 5-12　TPU 材料的应用

TPU 打印件需要进行后处理，如二次加热固化或添加涂层等。合适的涂层不仅使弹性基底具有优异的附着力、耐磨损性，更可有效提高打印件的触感以及耐用性和柔韧性。

（6）PEEK

PEEK 是一种半晶态聚合物，具有强度高、耐高温、耐冲击、阻燃、耐酸碱、耐水解、耐磨、耐疲劳、耐辐照及良好的导电性能。PEEK 是目前研究较热门的 3D 打印材料。纯 PEEK 的杨氏模量为（3.86±0.72）GPa，经碳纤维增强后可达（21.1±2.3）GPa。PEEK 各方面的性能优势如下。

1）耐高温性：具有较高的玻璃化转变温度（143℃）和熔点（343℃），其负载热变形温度高达 316℃，瞬时使用温度可达 300℃。

2）力学特性：具有较好的刚性和柔性，特别是交变应力下的抗疲劳性非常突出，可与合金材料相媲美。

3）自润滑性：具有优良的滑动特性，适合于严格要求低摩擦系数和耐磨耗用途的场合，特别是用碳纤维、石墨各占一定比例混合改性的 PEEK 的自润滑性能更佳。

4）耐腐蚀性：除浓硫酸外，PEEK 不溶于任何溶剂和强酸、强碱，而且耐水解，具有很高的化学稳定性。

5）阻燃性：具有自熄性，即不加任何阻燃剂，可达到 UL 标准的 94V-0 级。

6）易加工性：具有高温流动性好，而热分解温度又很高的特点，可采用注射成形、挤出成形、模压成形及熔融纺丝等多种方式加工。

7）耐剥离性：耐剥离性很好，可制成包覆很薄的电线或电磁线，并可在苛刻条件下使用。

8）发烟性：在塑料中 PEEK 具有最低发烟性。

9）绝缘稳定性：具有良好的电绝缘性能，并保持到很高的温度范围。其介电损耗在高频情况下也很小。

10）稳定性：具有优越的尺寸稳定特性，这对某些应用的研发尤为重要。温度、湿度等环境条件的变化对 PEEK 零件的尺寸影响不大，可满足对尺寸精度要求比较高的工况下的使用要求。

PEEK 在航空航天和军工领域有较多的应用，PEEK-碳纤维复合材料常见于高性能要求的构件轻量化设计中，如图 5-13 所示。

（a）使用 PEEK 打印的小叶轮

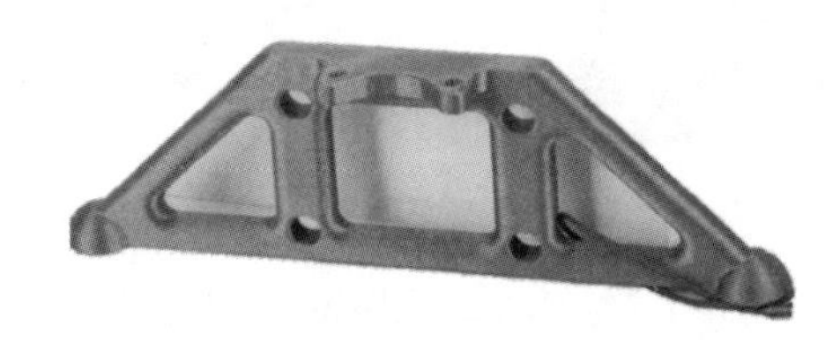

（b）使用 PEEK-碳纤维复合材料打印制作的汽车支架

图 5-13　PEEK 材料的应用

PEEK 与人骨的杨氏模量最为接近，可有效避免植入人体后与人骨产生应力遮挡及松动现象，是一种理想的骨科植入物材料。PEEK 可在 134℃下经受 3000 次循环高压灭菌，这一特性能满足灭菌要求高、需反复使用的手术和牙科设备的制造，加上它的抗蠕变性和耐水解性，用它可制造需高温蒸汽消毒的各种医疗器械。

由于 PEEK 材料的无毒、质轻、耐腐蚀性，利用 3D 打印技术可用 PEEK 代替金属制造人体骨骼。研究发现，PEEK 植入体能够很好地满足不同患者不同病情的个性化植入物定制需求，目前国内 3D 打印 PEEK 植入物已经在临床上取得了较好的效果，如图 5-14 所示。

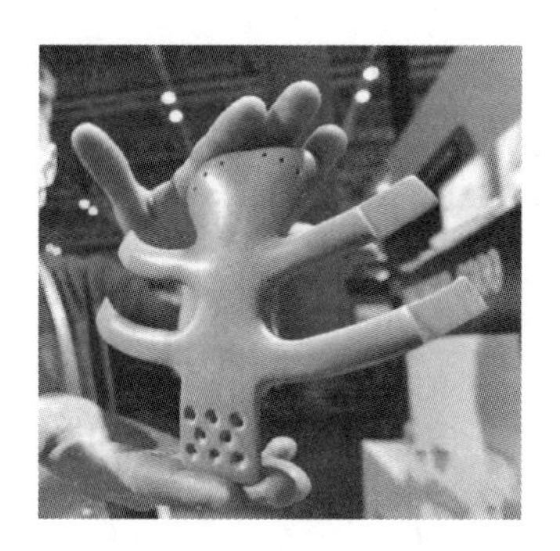

图 5-14 3D 打印制造的 PEEK 植入体模型

（图片来源于中新网。）

3. 水凝胶

水凝胶是亲水性聚合物依靠物理或化学交联形成的三维网络结构软材料，具有高含水量和高保湿功能，在水中可以溶胀，能高度模拟天然细胞外基质环境，已被广泛应用于多个领域。根据聚合物来源的不同，可分为天然水凝胶与合成水凝胶。天然水凝胶具有较高的溶胀性，机械性能相对较差，限制了其应用范围。合成水凝胶由于水凝胶的成分、结构、交联度可调，因此水凝胶的各项性能可以在较大范围内进行调控。同时，合成水凝胶重复性好，能够进行大规模的生产制造，得到了国内外研究人员的广泛关注。

水凝胶作为组织工程的理想材料，在该领域的应用前景十分广阔。除此之外，水凝胶还可以作为传感器的材料，这是利用了它的膨胀行为和扩散系数随着周围环境变化的特性。传统水凝胶成形主要依靠模具，无法制造复杂结构；而采用 3D 打印技术成形的水凝胶，不仅能够实现复杂形状的制造，还能实现复杂孔隙甚至梯度结构的制造，使得 3D 打印的水凝胶具有传统制造方式无法实现的性能。此外，水凝胶中可以加入活细胞，使得 3D 打印人体器官成为可能。

水凝胶的 3D 打印方法包括光固化成形及直写成形。用于光固化成形的水凝胶成分与光敏树脂类似，包括溶剂、单体、交联剂、光引发剂等，可以添加无机填料以实现水凝胶性能的调控。直写成形是 3D 打印水凝胶更普及的一种形式。打印时将水凝胶置于注射器中，根据设计的结构用计算机控制注射器运动及挤出，挤出的水凝胶在外界条件的刺激（如温度、水分、pH、光照等）下固化。为了满足 3D 打印的要求，通常要求水凝胶的固化速度足够快，或者流变性能满足在打印时不发生变形，才能实现成功的打印。目前，商业化的水凝胶打印材料较少，大多数都处于实验室研制阶段。

5.1.3 其他常用 3D 打印材料

1. 陶瓷材料

陶瓷材料[5]是人类使用的最古老的材料之一，具有耐高温、耐腐蚀、高硬度等一系列优点，在航空航天、生物医疗、电子信息等领域具有广阔的应用前景，但在 3D 打印领域属于比较“年轻”的材料。

在陶瓷 3D 打印中，除了采用天然矿物原料制备紫砂等艺术瓷外，应用最多的、较成熟的高性能陶瓷主要为 Al_2O_3 陶瓷、ZrO_2 陶瓷、SiC 陶瓷、Si_3N_4 陶瓷，它们使用的原料形态主要为陶瓷粉体、陶瓷丝材、陶瓷片材和陶瓷浆料/膏体，按组成可分为氧化物陶瓷和非氧化物陶瓷。

高性能陶瓷又称先进陶瓷、精细陶瓷、高技术陶瓷，是指采用高纯度、超细人工合成或精选的无机化合物为原料，具有优异的力学、声、光、热、电、生物等特性的陶瓷。先进陶瓷在原料、工艺方面有别于传统陶瓷，特定的精细结构使其具有高强度、高硬度、耐磨、耐腐蚀、耐高温、导电、绝缘、磁性、透光、半导体以及压电、铁电、声光、超导、生物相容等一系列优良性能，自诞生起 100 多年来不断发展，形成了多种类的高性能细分材料并被广泛应用于国防、化工、冶金、电子、机械、航空、航天、生物医学等国民经济的各个领域，已逐步成为新材料的重要组成部分，成为许多高技术发展不可或缺的关键材料。3D 打印技术突破了传统技术的极限，不需要模具，相比于传统的成形方式，3D 打印有更高的结构灵活性，可直接制造出复杂形状的制品，在文化创意、医疗、电子、汽车等领域都有着广泛的应用。

2. 玻璃材料

将 3D 打印技术用于玻璃器件的近净成形，可以极大地提高生产效率、减少材料浪费。同时，玻璃材料容易制成纤维、粉末和浆料，还可做成粒度分布均匀、流动性好的玻璃微珠或造粒粉，能够满足不同的 3D 打印成形方式。如图 5-15 所示，使用光固化的方式进行玻璃材料的增材制造，可以得到极高精度的玻璃结构，将对光学仪器内透镜等玻璃构件的生产方式产生重大影响。

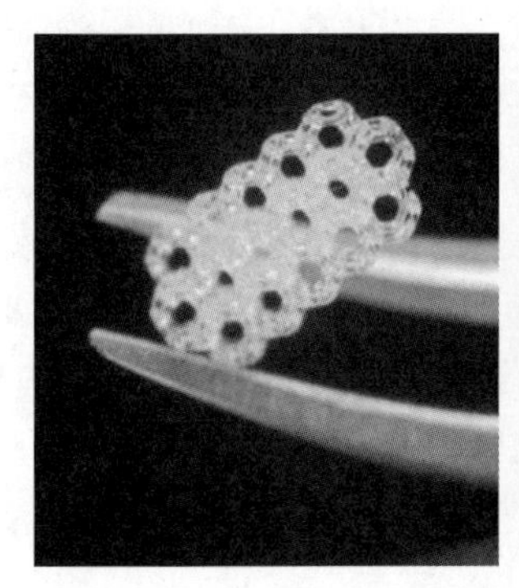
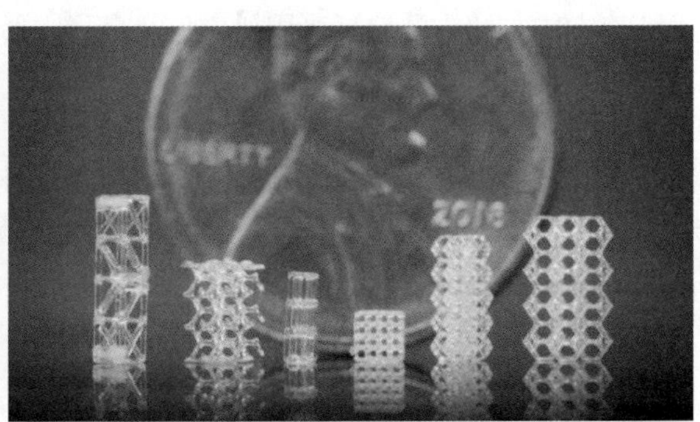

图 5-15　使用光固化打印的玻璃结构

5.2 3D 打印制造技术的工艺分类

5.2.1 增材制造工艺分类介绍

随着 3D 打印技术的不断进步，以及商标注册、专利申请和公司经营销售的需要，3D 打印技术的标准术语不断涌现。2012 年，美国材料与试验协会（American Society for Testing and Materials，ASTM）公布的 F2792-12a《增材制造技术标准术语》（*Standard Terminology for Additive Manufacturing Technologies*）将增材制造技术归为 7 类；2018 年，中国发布 GB/T 35021—2018《增材制造 工艺分类及原材料》，根据增材制造技术的成形原理，也将增材制造技术分为 7 种基本工艺。现将国内外两项标准的增材制造工艺分类归纳总结[6]，见表 5-1。

表 5-1 增材制造技术一览表

ASTMF2792-12a	GB/T 35021—2018	材料	应用领域
vat photopoly merization	立体光固化	光聚合物	原型制作
material extrusion	材料挤出	聚合物	原型制作
material jetting	材料喷射	多种聚合物、蜡、金属	原型制作、铸型制作
binder jetting	黏合剂喷射	石膏、聚合物、金属、铸造砂	原型、铸模、直接零件生产
powder bed fusion	粉末床熔融	聚合物、金属	原型制作、直接零件生产
sheet lamination	薄材叠层	纸、塑料膜、金属片材	原型制作、直接零件生产
directed energy deposition	定向能量沉积	金属	零件修复、直接零件生产

5.2.2 增材制造主要工艺介绍

1. 立体光固化工艺

立体光固化工艺的成形过程[7]如图 5-16 所示，液槽中盛满液态光敏树脂，激光器发出的紫外激光束在控制系统的控制下按零件的各分层截面信息在光敏树脂表面进行逐点扫描，使被扫描区域的树脂薄层产生光聚合反应而固化，形成零件的一个薄层。一层固化完毕后，工作台下移一个层厚的距离，以使原先固化好的树脂表面再敷上一层新的液态树脂，刮板将黏度较大的树脂液面刮平，然后进行下一层的扫描加工。新固化的一层牢固地黏结在前一层上，如此重复，直至整个零件制造完毕，最后得到一个三维实体原型。

当实体原型完成后，首先将实体取出，并将多余的树脂排净。之后去掉支撑，进行清洗，然后将实体原型放在紫外激光下进行整体后固化处理。因为树脂材料的高黏性，在每层固化之后，液面很难在短时间内迅速流平，这将影响实体的精度。采用刮板刮切后，所需数量的树脂便会被均匀地涂敷在上一叠层上，这样经过激光固化后可以得到较好的精度，使产品表面更加光滑和平整，并且可以解决残留体积的问题。

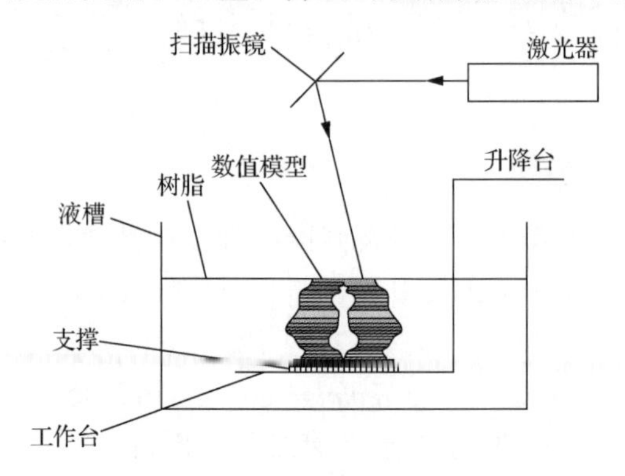

图 5-16　立体光固化工艺原理图

2. 材料挤出工艺

材料挤出工艺的成形原理是将半流态化的打印材料通过打印头挤出后固化，最后在立体空间上排列形成立体实物。工艺类型可根据材料挤出方式分为活塞式材料挤出工艺、螺杆式材料挤出工艺和气动式材料挤出工艺。

（1）活塞式材料挤出工艺

活塞式材料挤出工艺是以固态物体作为活塞，通过活塞在腔体中的推进，将流态材料经由喷嘴挤出，如图 5-17 所示。活塞式挤出方式出现最早，具有结构简单、能有效地减小挤出机构重量、更好采取隔热措施等特点。活塞式材料挤出工艺也是应用最广泛的材料挤出工艺。

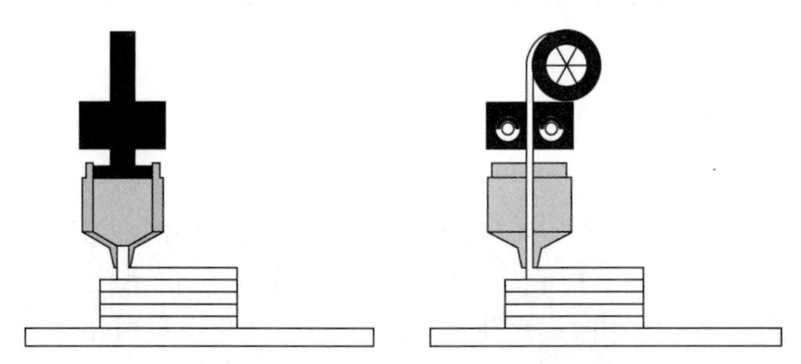

图 5-17　活塞式材料挤出工艺原理图

（2）螺杆式材料挤出工艺

螺杆式材料挤出工艺是指由螺杆旋转产生的驱动力将半流态物料从喷头挤出，螺杆式挤出方式的优点是喷头出丝稳定，能够加快挤出速度，可以挤出高黏度的材料，但是其结构相对复杂，制造成本高。螺杆式材料挤出工艺不仅适用于膏体材料，也常用于线材和颗粒类材料的挤出成形，如图 5-18 所示。

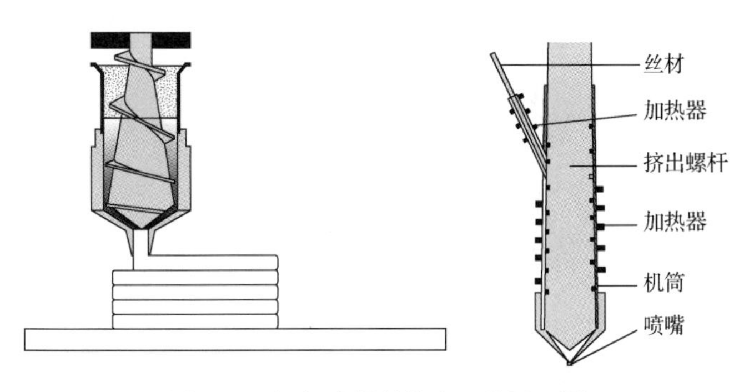

图 5-18　螺杆式材料挤出工艺原理图

（3）气动式材料挤出工艺

气动式材料挤出工艺的工作原理为：电磁阀控制气体通入机筒内，将机筒内的膏体材料或已熔融的熔体材料从喷嘴处挤出，如图 5-19 所示。相较于活塞式挤出喷头和螺杆式挤出喷头，气动式挤出喷头的结构相对简单，打印速度快，能够挤出高熔点的金属液，拓宽了成形材料的适用范围。但是，该工艺需要很多辅助设备，增加了打印机的整体成本，而且挤出的丝材尺寸不稳定。

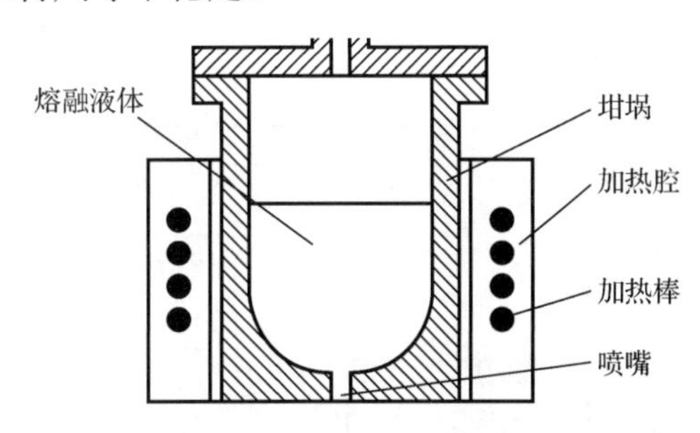

图 5-19　气动式材料挤出工艺原理图

3. 材料喷射工艺

材料喷射工艺是指将材料以微滴或粉末的形式按需喷射沉积的增材制造技术[8]。材料喷射工艺的固化方式主要有冷却凝固、光照固化和低温烧结，对应的材料分别为蜡等低熔点聚合物、光敏树脂和金属纳米颗粒。

通常材料喷射会使用光固化生产制造方式喷射出液体光聚合物液滴，液体光聚合物液滴在紫外光的照射下固化，由此制造零件。因为光聚合物树脂在固化之前以液滴形式喷射，所以材料喷射通常被比作 2D 喷墨工艺。两者的区别在于，喷墨打印机仅沉积单层墨滴，而材料喷射可逐层构建，直到部件完成。材料喷射也与光固化技术非常相似，因为它们都使用紫外线光源来固化树脂。不同之处在于材料喷射 3D 打印机一次喷射数百个微小液滴，而光固化 3D 打印机则通过激光选择性地逐点固化。材料微滴喷射工艺原理图如图 5-20 所示。

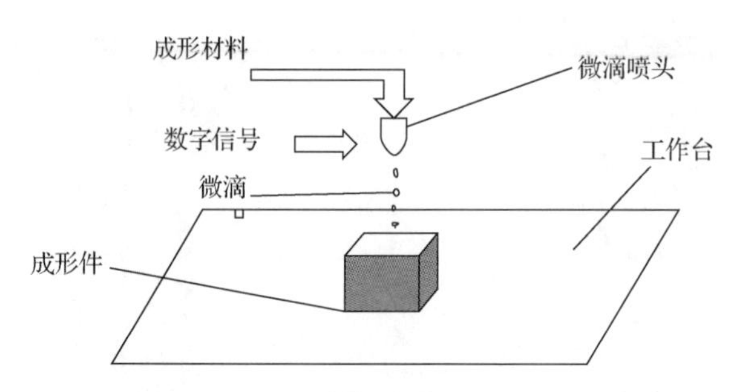

图 5-20　材料微滴喷射工艺原理图

4. 黏合剂喷射工艺

黏合剂喷射工艺是选择性喷射沉积液态黏合剂来黏结粉末材料的增材制造技术，其原理如图 5-21 所示。黏合剂喷射工艺使用喷墨打印头将黏合剂喷到成形截面的粉末中，将粉末在成形截面上黏合，每一层粉末同之前的粉层通过黏合剂的渗透结合为一体，如此层层叠加制造出三维结构的物体。

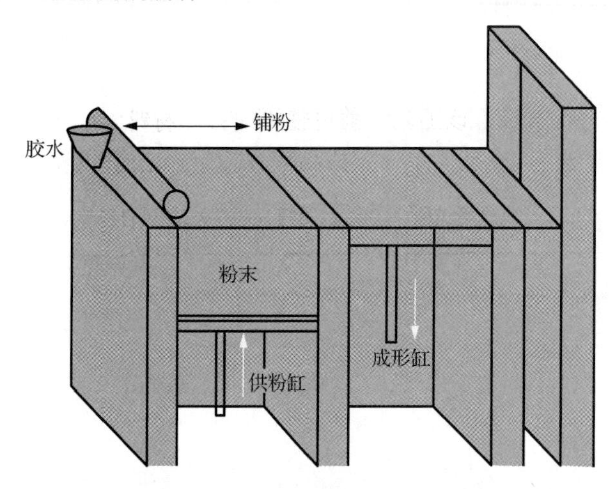

图 5-21　黏合剂喷射工艺原理图

黏合剂喷射工艺可用于高分子材料、金属、陶瓷材料的制造。当用于金属和陶瓷材料时，喷墨打印成形的原型件需要通过高温烧结将黏合剂去除并实现粉末颗粒之间的融合与连接，从而得到有一定密度与强度的成品。黏合剂喷射技术所用黏合剂主要有呋喃树脂、酚醛树脂、硅酸盐和醇酸。

5. 粉末床熔融工艺

粉末床熔融工艺是指通过热能选择性地熔化/烧结粉末床区域的增材制造技术。其工艺为先将一层金属粉末铺设到托盘上，然后能量源（激光或电子束）按当前层的轮廓信息选择性地熔化托盘上的粉末，加工出当前层的轮廓，然后下降一个层厚的距离，进行

下一层的加工。

（1）激光选区烧结

SLS打印技术采用二氧化碳激光器作为能源，首先在工作台上均匀铺一层很薄的粉末，将材料预热到接近熔点，再使用激光在该层截面上扫描，使粉末温度升至熔点，烧结成形，然后不断循环往复以上过程，直至完成整个零件的成形，原理如图5-22所示。

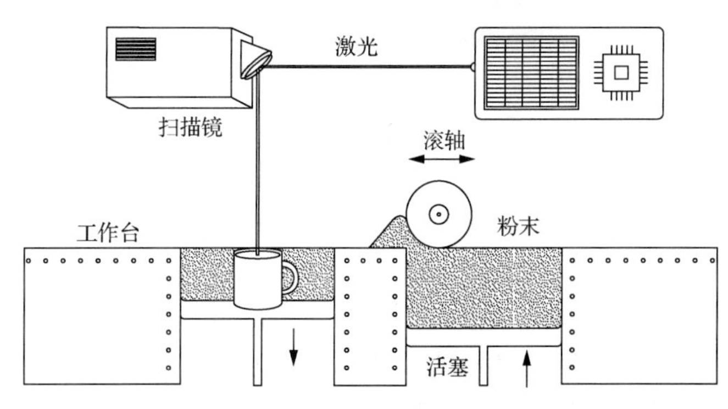

图5-22 激光选区烧结成形工艺原理图

激光选区烧结打印的方法主要有两种，分别为间接烧结原型件法和直接烧结金属原型件法，两者的区别见表5-2。该工艺目前可使用的打印材料为尼龙、塑料、陶瓷、蜡、砂以及金属等，用途广泛，工艺简单，但成品密度较差，表面较粗糙，力学性能较差。

表5-2 间接烧结原型件法和直接烧结金属原型件法区别

打印技术	材料	后处理工艺	特点
间接烧结原型件法	聚合物与金属的混合粉末，或者聚合物包覆金属粉末	脱脂、高温烧结、浸渍等	成形件中含有未熔固相颗粒，造成产品孔隙率高、致密度低、抗拉强度差、表面粗糙度高等
直接烧结金属原型件法	低熔点与高熔点金属粉末混合	浸渍低熔点金属、高温烧结、热等静压等	低熔点金属粉末首先熔化，用以黏结高熔点固相金属粉末，产品的相对密度可达到82%以上

（2）激光选区熔化

SLM技术是在SLS技术基础上发展起来的，是目前主流的金属3D打印技术之一。SLM与SLS的过程和原理非常类似，主要区别在于为了使金属粉末完全熔化，激光能量密度需求较大，目前SLM技术最常使用的激光器为光纤激光器，其技术原理如图5-23所示。

SLM成形材料多为金属粉末，包括奥氏体不锈钢、模具钢、铝合金、镍基合金、钛基合金、钴镍合金、钴铬合金和贵金属等。SLM技术成形件尺寸精度高、表面光滑、致密度高，成形过程中存在的主要问题是球化效应以及翘曲变形与裂纹。此外，SLM设备昂贵，工艺参数复杂，成形件尺寸受限制。

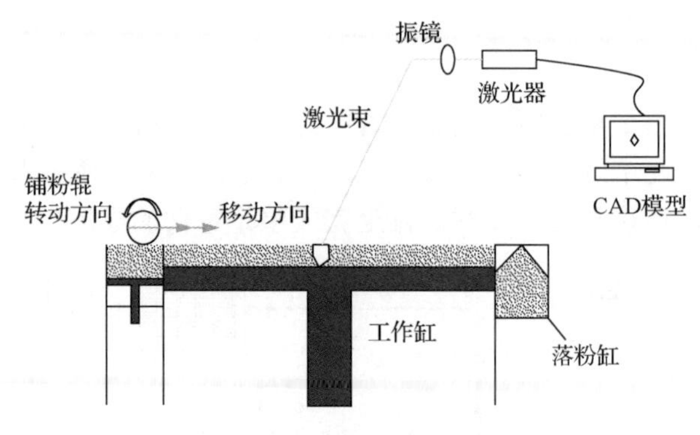

图 5-23　SLM 工艺原理图

（3）电子束熔融

EBM 技术与 SLM 技术非常相似，区别在于能量源为电子束，原理如图 4-24 所示。在真空环境中，利用高能快速的电子束选择性地熔化金属粉末，层层堆积直至整个零件成形。EBM 技术具有能量利用率高、无反射、真空环境无污染等优点；缺点是成本较高、打印零件尺寸有限、成形过程中会产生很强的 X 射线，需要采取有效的保护措施。

6. 薄材叠层工艺

薄材叠层工艺是指将薄层材料逐层黏结以形成实物的增材制造技术。薄材叠层的典型材料包括纸张、塑料、陶瓷膜、金属箔等。

叠层实体制造技术的工艺流程为：首先读取 STL 格式的三维模型，并沿垂直方向进行切片得到模型横截面数据，生成切割截面轮廓的痕迹，继而生成激光束扫描切割控制指令；材料送进机构将底面涂敷有热熔胶的原材料（纸或塑料薄膜等）送至工作区域上方；热压滚筒在热压粘贴机构等控制下滚过材料，使上下黏合在一起；随后位于其上方的激光器按照 CAD 模型切片分层所获得的数据，将薄层材料切割出零件该层的内外轮廓，同时将非模型实体区切割成网格，保留在原处，起支撑和固定作用，制件加工完毕后，可用工具将其剥离；激光每加工完一层后，工作台下降相应的高度，随后材料传送机构将材料送至工作区域，一个工作循环完成。如此反复，逐层堆积形成三维实体，如图 5-24 所示。

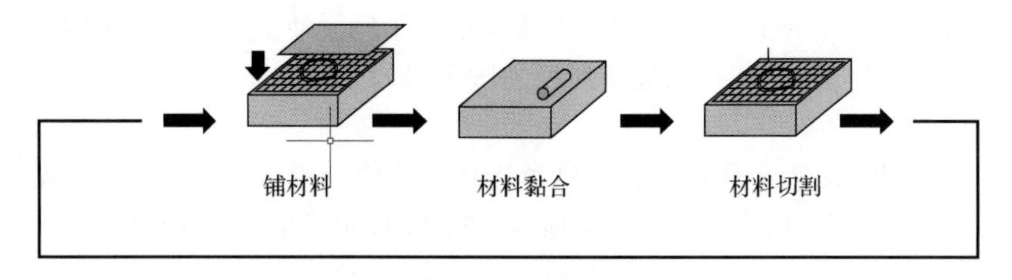

图 5-24　叠层实体制造原理图

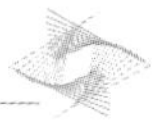

7. 定向能量沉积工艺

定向能量沉积工艺是指利用聚焦热将材料同步熔化沉积的增材制造技术。该工艺的原料为粉末或丝材，粉末或丝材被送入有能量源（激光、电子束或电弧）的预设路径，能量源在沉积区域产生熔池而熔化材料，其工艺原理如图 5-25 所示。

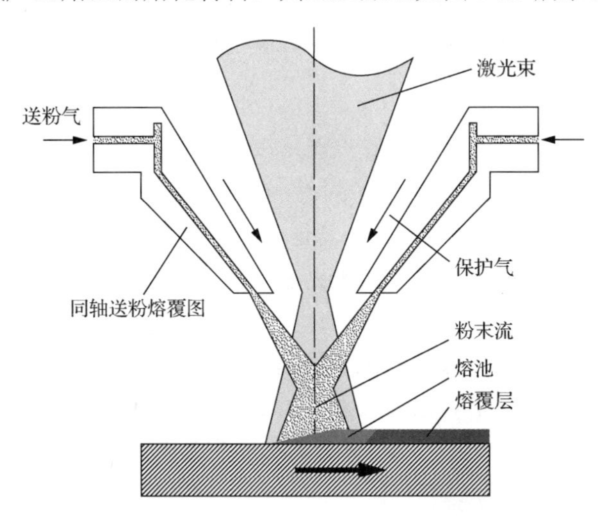

图 5-25 定向能量沉积工艺原理图

（1）激光近净成形技术

在激光近净成形技术中，首先利用模型切片软件将三维模型按照一定的厚度逐层切片，然后将每层的截面信息转化为扫描路径。激光束在底板或零件修复处形成熔池，与此同时将金属粉末同步送入熔池中并快速熔化凝固，激光束按照扫描路径由点到线、由线到面的顺序熔覆，从而完成一层的打印工作。然后沿着垂直方向提升一定的高度，进行下一层的打印工作，如此循环往复，直至制造出近净成形的零部件实体，其工艺原理如图 4-27 所示。

该技术只能成形出毛坯，然后依靠计算机数控（computer numerical control，CNC）加工达到需要的精度。LENS 技术可以实现对磨损或破损叶片的修复和再制造过程，大大降低了叶片的制造成本，提高了生产效率。

（2）电子束沉积快速成形技术

电子束沉积快速成形技术与激光近净成形技术类似，区别在于电子束沉积快速成形技术的能量源为高能量密度的电子束。

（3）丝材电弧增材制造技术

丝材电弧增材制造技术是采用熔化极气体保护焊（gas metal arc welding，GMAW）、非熔化极惰性气体钨极保护焊（tungsten inert gas welding，TIG）或等离子弧焊（plasma arc welding，PAW）作为能量源，利用逐层熔覆原理，以金属丝材为原料，根据三维数字模型，由线-面-体逐渐成形出金属零部件的技术，其工艺原理如图 4-31 所示。

丝材电弧增材制造技术具有金属丝材利用率高、沉积效率高、制造成本低、零件组织均匀等优点，可用于大尺寸、较复杂形状构件的低成本、高效快速成形。但该技术的成形精度稍低，后期需要对零件表面进行机加工。

5.3 3D 打印制造成形件检测项目及质量评价

在 3D 打印零件制备和使用过程中，某些缺陷的产生和扩展是无法避免的。国内外在 3D 打印技术的研究工作中发现，有 130 多个因素会对制件的最终成形质量产生影响，其中起决定作用的因素包括：材料因素，如材料成分、松装密度、粒径分布、粉末流动性等；激光器与光路系统相关因素，如激光器种类、激光模式、光斑直径、波长、功率等；扫描策略相关因素，如扫描速度、切片层厚、扫描策略、扫描间距等；外部环境，如湿度、氛围（主要指气氛中含氧量）、预热温度、成形温度、成形时间等；机械加工系统安装误差及工艺参数设定等相关因素，如零件空间特性、零件摆放方式、支撑添加方式等。其他 3D 打印制件质量[9]的影响因素还可参考图 5-26。

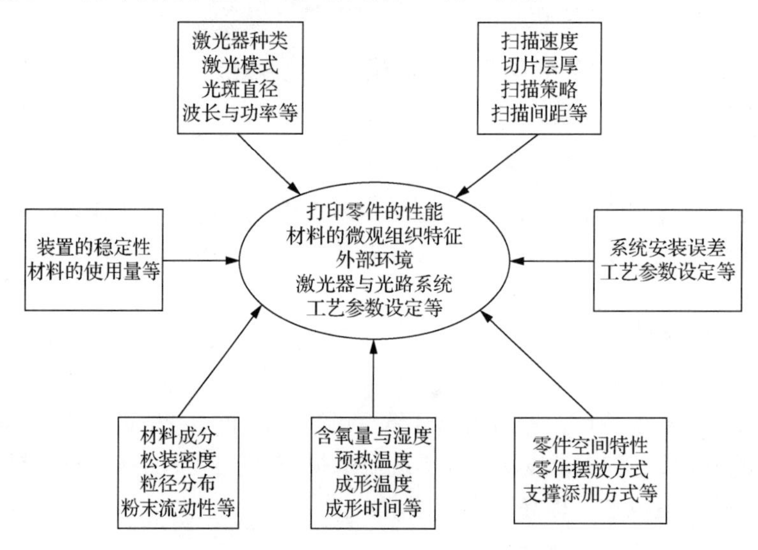

图 5-26 3D 打印制件质量的影响因素

5.3.1 3D 打印成形件的表面特性

1. 外观

成形件的外观特性可以通过目视检查的方法进行判断，观察成形件表面质量，有无明显的不符合设计模型的特征，如错层、翘曲、层间开裂、多余的支撑、表面裂纹、残

余材料等。

2. 颜色

对于金属成形件，可以通过观察成形件表面的颜色来分析判断材料成形过程中是否存在被氧化、氮化等现象。

对于塑料成形件，可以根据《物体色的测量方法》(GB/T 3979—2008)，采用光谱光度测色法、光电积分测试仪法、目视比较测量法等来测试塑料成形件的颜色。

3. 表面粗糙度

对于需要装配的成形件，配合面的表面粗糙度要求相对较高，一般需要再次机加工，而通过测量其表面粗糙度，可以确定需要加工的程度。3D 打印成形件的表面粗糙度可以依据《产品几何技术规范（GPS）表面结构　轮廓法　表面粗糙度参数及其数值》(GB/T 1031—2009)，适用中线制（轮廓法）评定被测样品的表面粗糙度，表面粗糙度参数可以用轮廓的算术平均偏差或轮廓的最大高度来表示，一般推荐用轮廓的算术平均偏差。

5.3.2　3D 打印成形件的几何特性

3D 打印成形件的几何特性越接近设计模型，效果越好，几何特性偏差较大的可能无法使用，偏差较小的可以通过机加工进行处理。通过科学的测量方式得到成形件的精确几何特性参数，结合用户要求判断零件是否可用。

对于几何形状比较规则、无复杂表面结构的成形件，可以使用经过计量认证的直尺、游标卡尺、千分尺、量角器等对成形件的尺寸、长度及角度公差进行测试分析。对于异形曲面、结构复杂的成形件，推荐使用较为先进、自动化程度高的三维坐标、高精度扫描仪等进行整体测量。但这些方法只能测量成形件外表面几何特性，内部的尺寸、长度及角度公差需要对成形件进行解剖，选取要测量的截面来测量。

对于外观尺寸不大的 3D 打印成形件，可以使用工业 CT 无损检测的方法来测试其尺寸、长度及角度公差，这种方法同时可以检测成形件内部的尺寸、长度及角度公差，特别适用于内部结构难以测量的成形件。

测试结果依据《产品几何技术规范（GPS）线性尺寸公差 ISO 代号体系　第 1 部分：公差、偏差和配合的基础》(GB/T 1800.1—2020)、《产品几何技术规范（GPS）线性尺寸公差 ISO 代号体系　第 2 部分：标准公差带代号和孔、轴的极限偏差表》(GB/T 1800.2—2020)、《一般公差　未注公差的线性和角度尺寸的公差》(GB/T 1804—2000）的规定进行标注说明。

综上，3D 打印成形件的几何公差可以采用上述测量尺寸、长度及角度公差的仪器设备来测量，并依据《产品几何技术规范（GPS）几何公差　形状、方向、位置和跳动公差标注》(GB/T 1182—2018）进行标注。

5.3.3 3D打印成形件内部缺陷及其无损检测方法

现有的3D打印材料、设备、工艺制备的成形件内部或多或少存在空隙、裂纹、夹杂等缺陷，影响成形件的机械性能。由于加工方式与传统生产方式不同，对于缺陷的评级行业内暂时没有定论。可以通过解剖成形件观看其内部结构，但是这种方式不适合单个加工成本和时间较长的3D打印成形件，推荐使用无损检测的方式来检测。

无损检测是指在不损害或不影响被检测对象使用性能，不伤害被检测对象内部组织的前提下，利用材料内部结构异常或缺陷引起的热、声、光、电、磁等反应的变化，以物理或化学方法为手段，借助现代化的技术和设备器材，对试件内部及表面的结构、性质、状态及缺陷的类型、性质、数量、形状、位置、尺寸、分布及其变化进行检查和测试的方法。

无损检测方法很多，常用的主要有射线检测、超声波检测、磁粉检测和液体渗透检测4种。其他无损检测方法有涡流检测、声发射检测、热像/红外、泄漏试验、交流场测量技术、漏磁检验、远场测试检测方法、超声波衍射时差法等。

5.3.4 3D打印成形件的力学性能检测

成形件的力学性能主要有硬度、拉伸性能、冲击性能、压缩性能、弯曲性能、弹性、疲劳性能、蠕变性能、抗老化性能、摩擦性能、剪切性能等，这些性能达不到设计或者使用要求，成形件将无法使用。这些项目中大部分参数可以依据现有的标准进行检测，根据不同材料类别，可参考的检测标准见表5-3。

表5-3 成形件的力学性能测试项目及推荐的检测标准

项目	金属	塑料	陶瓷
硬度	GB/T 4340.1—2009 GB/T 230.1—2018 GB/T 231.1—2018	GB/T 3398.1—2008 GB/T 3398.2—2008 GB/T 2411—2008	GB/T 16534—2009
拉伸性能	GB/T 228.1—2021 GB/T 228.2—2015	GB/T 1040.1—2018 GB/T 1040.2—2022 GB/T 1040.3—2006 GB/T 1040.4—2006	GB/T 23805—2009
冲击性能	GB/T 229—2020	GB/T 1043.1—2008 GB/T 1843—2008	ISO 11491：2017
压缩性能	GB/T 23370—2009 GB/T 7314—2017	GB/T 1041—2008	GB/T 8489—2006
弯曲性能	GB/T 3851—2015	GB/T 9341—2008	GB/T 6569—2006 GB/T 14390—2008 ISO 14610：2012
弹性	无	无	GB/T 10700—2006

续表

项目	金属	塑料	陶瓷
疲劳性能	GB/T 3075—2021 GB/T 4337—2015	ISO 13003：2003 ISO 15850：2014	ISO 22214：2006 ISO 28704：2011
蠕变性能	GB/T 2039—2012	GB/T 11546.1—2008	ISO 22215：2006
抗老化性能	无	GB/T 16422.1—2019 GB/T 16422.2—2022 GB/T 16422.3—2022 GB/T 16422.4—2022	无
摩擦性能	无	ISO 6601：2002	ISO 20808：2004
剪切性能	GB/T 229—2020	ISO 14129：1997	GB/T 31541—2015 JC/T 2172—2013

5.3.5 3D打印成形件的其他性能

上述所列成形件的检测项目主要是目前3D打印从业者关注的特性，3D打印成形件的其他特性主要如下。

1）热物特性：初熔温度、尺寸稳定性、软化温度、比热容、热导率、线性膨胀系数、泊松比等。

2）电学特性：击穿强度、介电性能、磁性、导电性等。

3）理化和生物特性：可燃性、毒性、化学组成、耐化学腐蚀性、吸水性、晶体结构、食品接触适应性、生物相容性、光稳定性、雾度、透光率、结晶温度、腐蚀性等。

在一些特定的应用场合，以上部分项目也可能需要进行检测，具体的检测方法可以参照3D打印成形件所替代的传统工艺制备的零件所执行的标准。

本章小结

本章简单介绍了3D打印制造领域常用原材料、主流3D技术工艺特点，以及3D打印成形件的质量好坏评价因素。

1）3D打印制造领域的常用材料有金属原料、聚合物原料等，材料形式分为粉末和丝材两种。其中，常用的3D打印金属原料有钛合金、铝合金、不锈钢、工具钢、马氏钢等铁基合金、镁合金与高温合金等；常用的3D打印聚合物原料主要有光敏树脂、热塑性塑料、水凝胶等。

2）根据美国材料与试验协会公布的《增材制造技术标准术语》与中国发布的《增材制造 工艺分类及原材料》，3D打印技术可分为立体光固化、材料挤出、材料喷射、黏合剂喷射、粉末床熔融、薄材叠层和定向能量沉积，共7类。各种工艺各有其特点和适用范围。

3）3D 打印成形件的质量好坏主要由其致密度、硬度、尺寸精度、强度、表面粗糙度与零件内部的残余应力等因素决定。可从其表面特性、几何特性、内部质量、力学性能检测以及其他性能等角度评价成形件的质量。

思　考　题

1．可用于 3D 打印制造领域的材料有哪几种？分别有什么特点？
2．请列举钛合金、光敏树脂、热塑性塑料在实际中的应用。
3．3D 打印技术分为哪几大类？其工艺原理各有什么特点？
4．3D 打印成形件的质量好坏由什么决定？
5．可以从哪些角度评价 3D 打印成形件的质量好坏？

参 考 文 献

[1] 陈双，吴甲民，史玉升．3D 打印材料及其应用概述[J]．物理，2018，47（11）：715-724．
[2] 柳朝阳，赵备备，李兰杰，等．金属材料 3D 打印技术研究进展[J]．粉末冶金工业，2020，30（2）：83-89．
[3] 段宣政，赵菲，王淑丹，等．国内外金属 3D 打印材料现状与发展[J]．焊接，2020（2）：49-55．
[4] 闫春泽，朗美东，连岑，等．3D 打印聚合物材料[M]．北京：化学工业出版社，2020．
[5] 沈晓冬，史玉升，伍尚华，等．3D 打印无机非金属材料[M]．北京：化学工业出版社，2020．
[6] 李安，刘世锋，王伯健，等．3D 打印用金属粉末制备技术研究进展[J]．钢铁研究学报，2018，30（6）：419-426．
[7] 周成候，李蝉，吴王平，等．金属材料增材制造技术[J]．金属加工（冷加工），2016（S1）：879-883．
[8] 陈继民，杨继全，李涤尘，等．3D 打印技术概论[M]．北京：化学工业出版社，2020．
[9] 杨永强，王迪．激光选区熔化 3D 打印技术[M]．武汉：华中科技大学出版社，2019．

第 6 章　3D 打印建造技术

本章学习目标

- 了解常用 3D 打印建造领域材料的组成。
- 熟悉 3D 打印混凝土材料的相关规范和标准。
- 能够进行 3D 打印混凝土配合比计算。
- 掌握 3D 打印混凝土构件的基本力学性能与建造性能。

6.1　3D 打印建造领域材料特点

6.1.1　3D 打印混凝土

由于 3D 打印无模板支撑[1]，3D 打印混凝土既要满足快速成形的要求，即从打印喷头出来后向周围流淌并快速凝结；又要实现层层混凝土之间的紧密连接，而不至于产生冷缝；此外，还要实现混凝土在管道内和喷头内自由流动而不堵塞管道和喷头。因此，3D 打印混凝土与传统混凝土对原材料和质量的要求有较大不同。3D 打印混凝土材料组成主要包括胶凝材料、骨料、水、外加剂以及纤维。其中，胶凝材料主要包括普通硅酸盐水泥和快硬早强水泥等，外加剂则包括减水剂、乳胶粉、消泡剂等，纤维的种类有钢纤维、聚丙烯纤维、玻璃纤维和碳纤维等。

1. 胶凝材料

胶凝材料，通常是指在物理、化学作用下，能从浆体变成坚固的石状体，并能胶结其他物料，形成具有一定机械强度的复合固体的物质。目前，3D 打印混凝土中使用的胶凝材料主要以硅酸盐水泥、干混砂浆、黏土类、专用石膏材料等无机材料为主，也有以环氧树脂为主要代表的有机材料。

配制 3D 打印混凝土宜选用硅酸盐水泥或普通硅酸盐水泥，并应符合国家标准《通用硅酸盐水泥》（GB 175—2007）的有关规定。在选取 3D 打印混凝土胶凝材料时，若只选用普通硅酸盐水泥，则不能满足打印构件的各项性能要求，通过掺加聚合物等材料对硅酸盐水泥的性能进行改性，减少收缩，提高黏结性，可使打印构件满足要求。此外，还可加入快硬早强水泥来提高材料的早期强度。

（1）硅酸盐水泥

3D 打印要求普通硅酸盐水泥的初凝时间（水泥加水至水泥浆流动性减小，开始失去塑性所需的时间称为初凝时间）不小于 45min，终凝时间（当其完全失去塑性并出现一定结构强度所需的时间称为终凝时间）不大于 390min。通用硅酸盐水泥的组分应符合附表 1 的规定，化学成分应符合附表 2 的规定，强度等级应符合附表 3 的规定。普通硅酸盐水泥粉末如图 6-1 所示。

（2）快硬早强水泥

快硬早强水泥主要由适当的硫铝酸盐水泥熟料和少量石灰石、适量石膏共同磨细制成，是具有早期高强度的水硬性胶凝材料，对于提高 3D 打印混凝土早期强度有重要作用，如图 6-2 所示。快硬硫铝酸盐水泥各个强度等级应不低于附表 4 的要求，硫铝酸盐水泥的物理性能、碱度和碱含量应不低于附表 5 的要求。

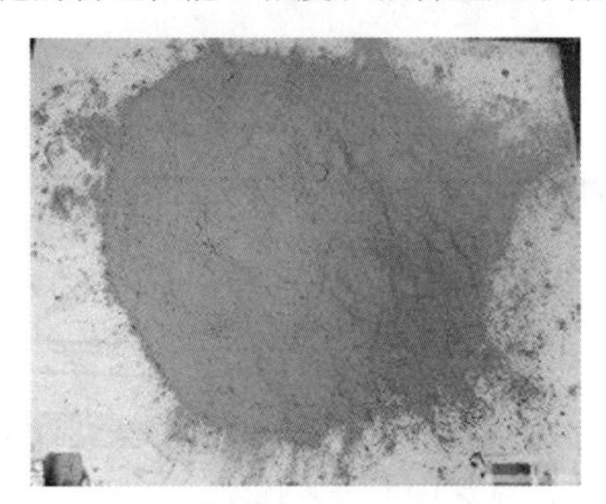

图 6-1　普通硅酸盐水泥粉末

图 6-2　快硬早强水泥粉末

2. 骨料

骨料亦称“集料”，指在混凝土及砂浆中起骨架和填充作用的粒状材料，可分为细骨料和粗骨料。

加入骨料有助于保持混凝土的体积稳定性，且骨料所占比例越高，体积稳定性越好。骨料提高混凝土体积稳定性的原因有两点。其一，在使用骨料后，混凝土中浆体体积大量减少，即减少混凝土中有收缩性能材料的体积，总的收缩量将明显减少。其二，骨料不仅自身的体积很稳定，还能将水泥浆分割阻断。浆体包裹细骨料形成砂浆，细骨料把浆体分割成很小的部分，将水泥浆的收缩分散。分散的浆体收缩较小，难以达到开裂的收缩量。粗骨料又将砂浆分割阻断，进一步限制砂浆的收缩，使混凝土的体积稳定性进一步提高。

粗骨料宜选用级配合理、粒型良好，质地坚固的碎石或卵石，最大公称粒径不宜超过 16mm，且应根据打印头出口直径和试验确定；细骨料宜选择级配 II 区的中砂。当 3D 打印混凝土中无粗骨料时，细骨料的最大公称粒径应根据打印头出口直径和试验确定。

3. 外加剂

混凝土外加剂是指为改善和调节混凝土的性能而掺加的物质。常用的外加剂主要有减水剂、乳胶粉和消泡剂等，如图 6-3 所示。

（a）减水剂

（b）乳胶粉

（c）消泡剂

图 6-3　3D 打印常用外加剂粉末

（1）减水剂

减水剂是一种在维持混凝土坍落度不变的条件下，能减少拌和用水量的混凝土外加剂。将减水剂加入混凝土拌和物对水泥颗粒有分散作用，能改善其工作性能，减少单位用水量，改善混凝土拌和物的流动性，节约水泥。其通常适应性优良，与不同品种水泥和掺合料均具有很好的相容性。

3D 打印混凝土常用的减水剂为聚羧酸减水剂，其化学组分为两大类：一类以丙烯酸或甲基丙烯酸为主链，接枝不同侧链长度的聚醚；另一类是以马来酸酐为主链，接枝不同侧链长度的聚醚。聚羧酸减水剂绿色环保，不易燃，不易爆，可以安全使用火车和汽车运输。

（2）乳胶粉

乳胶粉是改性高分子聚合物乳液经喷雾干燥加工而成的粉状分散体，其具有良好的可再分散性，加水后仍可再乳化成稳定的聚合物乳液，其化学性能与初始乳液完全相同。在 3D 打印混凝土中加入乳胶粉，主要是与水化后的水泥彼此联系构成一种网状结构，对发泡混凝土内部孔隙起到一定的填充和密封效果，从而使发泡混凝土的抗压强度有所增加。

（3）消泡剂

消泡剂的主要成分为聚醚、高级醇、矿物油等，其对混凝土力学性能的影响主要有两个方面：一是在混凝土搅拌过程中只加入减水剂时，会使体系黏度较大，搅拌施工较为困难，加入消泡剂后可降低搅拌难度；二是混凝土基材表面以及内部的孔洞结构大大地影响了材料的力学性能，加入消泡剂可减少混凝土内部的孔洞与含气量。

通过加入消泡剂前后测量混凝土的坍落度以及坍落度损失和抗压强度来进行对比，

进而评估消泡剂对混凝土性能的影响：发现消泡剂的加入可以显著降低混凝土的含气量，对混凝土坍落度以及一段时间过后的坍落度损失影响不大，而混凝土的强度显著增加。除此之外，加入消泡剂能快速降低减水剂的含气量，也能快速消除混凝土搅拌过程中产生的气泡。

4. 纤维

纤维的掺入会对 3D 打印混凝土的工作性能产生显著影响，如纤维的种类、长度、掺量不仅决定了材料打印硬化后的力学性能，还会对流变性能产生显著影响，从而对 3D 打印混凝土的可挤出性及可建造性产生影响，过多的纤维会使材料的流动性能下降，可能导致泵送和打印过程出现间断甚至阻塞。目前可用于增强 3D 打印混凝土材料的纤维种类繁多，主要有钢纤维、聚丙烯纤维、玻璃纤维、碳纤维、玄武岩纤维、聚乙烯醇纤维、聚乙烯纤维等，如图 6-4 所示。

（a）钢纤维

（b）聚丙烯纤维

（c）玻璃纤维

图 6-4　3D 打印常用纤维

6.1.2　3D 打印石膏

石膏是目前能实现全彩打印的无机材料之一[2]，在综合性能和打印成本等方面具有巨大优势，因此在文创、设计、医疗等领域具有较大的应用潜力。由于 3D 打印工艺的特点，3D 打印石膏粉体材料需具有极佳的流动性、精准的粒度级配和适宜的水化速率等特性。

3D 打印石膏的主要组分包括石膏材料、功能性外加剂和填料等，如图 6-5 所示。其中，石膏材料为主体组分，一般为形貌规整、粒径小于 100μm 并且级配良好的 α–半水石膏，质量占整个材料质量的 90%左右。为了提高打印石膏的流动性及发挥黏结剂的作用，可通过添加功能性外加剂（包括聚乙烯醇、纤维素醚等）对石膏粉体材料进行表面改性，主要可改善 3D 打印石膏材料的流动性、黏结性等。在 3D 打印石膏材料中加入一定的白炭黑、硅微粉等白色超细无机粉体，可以提高石膏材料的密实性。除此之外，通过在 3D 打印石膏材料中加入短切纤维，可以提高打印制品的强度等力学性能。

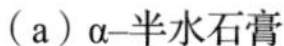

（a）α–半水石膏

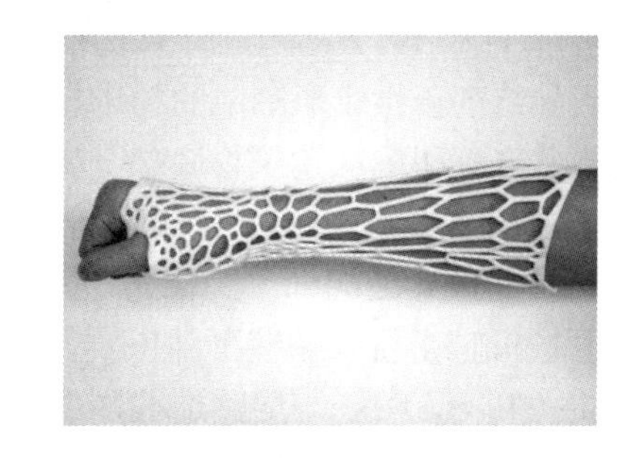

（b）石膏 3D 打印骨折矫正器

图 6-5　3D 打印使用的 α–半水石膏及打印的模型

（1）α–半水石膏

α–半水石膏是二水石膏在饱和蒸气压的环境下通过结晶生成的，具有规则颗粒形貌，比表面积小，流动性好。对于石膏材料的 3D 打印，流动性是决定石膏粉体能否实现良好铺展的关键因素。具有规则颗粒形貌和良好流动性的 α–半水石膏是目前商业化 3D 打印石膏材料的主体材料，也是决定 3D 打印石膏制品质量好坏的关键因素。规则的、短柱状石膏颗粒是 α–半水石膏制备过程中需要优先考虑的因素。在 α–半水石膏制备方法中，水溶液法比蒸气压法更能自由控制半水石膏颗粒形貌和大小，已成为 3D 打印 α–半水石膏的主要制备方法。

（2）纤维素醚

纤维素醚作为常用的聚合物外加剂，是由植物纤维素与烧碱反应、再经醚化后得到的纤维素衍生物。纤维素醚质量掺量在 0%～0.4%时，聚合物的保水率与纤维素醚掺量呈良好的线性关系，纤维素醚掺量越高，保水率越大。由于甲基羟丙基纤维素醚具有黏结、保持悬浮液稳定和保水等性能，因此被用于 3D 打印中以提高打印件的黏聚力和黏聚性。

6.2　3D 打印建造成形工艺与发展趋势

6.2.1　3D 打印建造技术的主要成形工艺

1. 黏结沉降成形工艺“D-Shape”（粉末黏合成形类）

2010 年 3 月，意大利建筑师和设计师恩里克 • 蒂尼（Enrico Dini）设计研发了世界上第一台以砂子和黏结剂为主要原料打印“油墨”的立体建筑 3D 打印机——D-Shape 打印机。D-Shape 打印机与三维打印技术有着异曲同工之妙，D-Shape 技术以黏结沉降成形工艺为核心原理，采用粉末材料成形，常用材料有陶瓷粉末、金属粉末、砂子等。粉末不是通过烧结连接起来的，而是通过喷头用黏结剂（如硅胶、镁基胶等）将材料粉末按照设计进行黏结。

打印的具体工艺[3]如下：通过计算机控制打印机，当打印机开始工作时，喷嘴中会喷出黏结剂。黏结剂会将成形缸中的粉末材料黏结成具有一定强度的整体，并按照设计形成特定的形状。打印机从建筑物底部开始，沿着水平轴梁和 4 个垂直柱移动，逐层往上，每打印一层形成 5～10mm 的厚度。上一层黏结完毕后，成形缸下降一个距离或供粉缸上升一个距离（此处的一个距离一般等于层厚），而后供粉缸推出若干粉末，铺粉辊推送材料到成形缸，粉末被铺平并压实，铺粉辊铺粉时多余的粉末被集粉装置收集。喷头在计算机控制下，按下一层建造截面的成形数据有选择地喷射黏结剂建造层面。如此周而复始地送粉、铺粉和喷射黏结剂，最终完成一个三维粉体的黏结过程，得到一个完整的构筑物或者建筑。黏结剂未喷射的地方为干粉，在成形过程中起支撑作用，当成形结束后可将其去除，如图 6-6 所示。

（a）D-Shape 打印机打印现场

（b）黏结沉降成形工艺打印模型

图 6-6　黏结沉降成形工艺

这种新型 3D 打印建造技术能使成形建筑具有良好的密实度和抗拉强度，且打印建筑比常规建造方法要快，所使用的原料一般只有原来的 1/3～1/2，更重要的是几乎不会产生任何废弃物。

D-Shape 打印机能够很容易地打印其他建造方式较难实现的曲线建筑。目前，这种打印机已成功地建造出内曲线、分割体、导管和中空柱等建筑结构。

2. 轮廓工艺（湿料挤出成形类）

美国南加利福尼亚大学的贝洛克·霍什内维斯（Behrokh Khosnevis）教授提出的“轮廓工艺”是一项通过计算机控制喷嘴，按层挤出材料的建造技术。该技术先打印出建筑或构件轮廓，再对轮廓内部进行填充以实现房屋建造，目标是实现整个结构和附属构件的定制设计和自动化建造，还可以实现复杂曲线结构的设计和建造。该技术中的湿料挤出成形工艺使用预制拌和好的纤维混凝土、地质聚合物等，通过压力差或者电机搅拌，“油墨”材料可以顺畅地从打印头中挤出。不难发现，相较于第 4 章介绍的熔丝沉积成形工艺，湿料挤出成形把热塑性材料替换成了预制拌和好的湿料，并在挤出的模式上也根据材料的特性做了一些优化和更改。

如图 6-7 所示，“轮廓工艺”的机械原理是通过龙门架行走机构实现 X 轴方向的运动；通过横梁实现 Y 轴方向的运动。通过打印头上部的打印杆实现 Z 轴方向的运动。依靠打印头自身的伸缩和转动，实现打印喷嘴在打印过程中的局部运动，并按事先设计的立体模型导入 3D 打印系统，装载在行车上的“打印”设备通过一个可移动的喷嘴在建筑场地上打印出构建的整体轮廓。同时喷嘴附带的泥刀对打印的外表面进行修整，使之形成较光滑的表面。

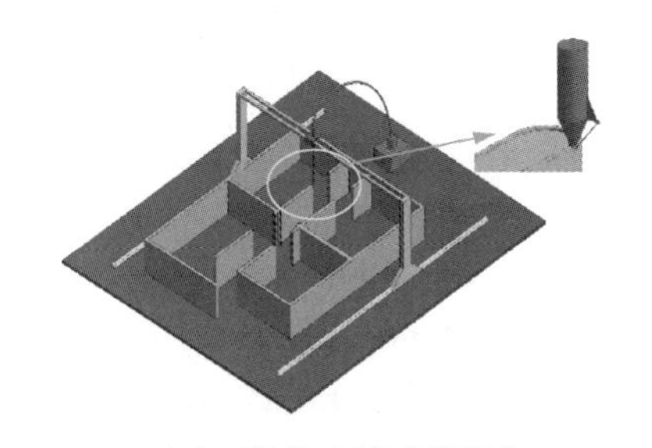

（a）“轮廓工艺”打印设备

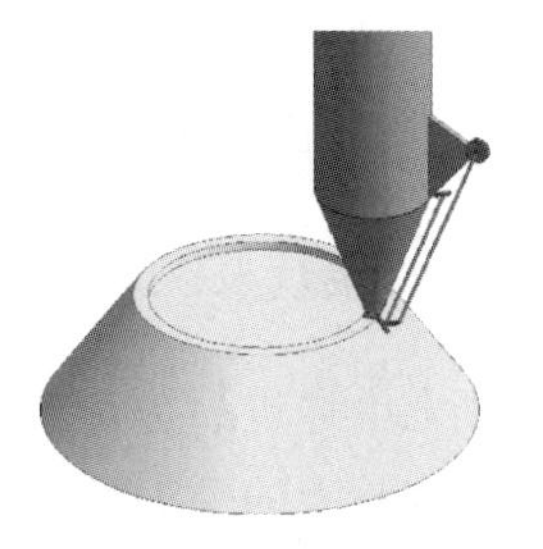

（b）“轮廓工艺”泥刀示意

图 6-7　轮廓工艺

“轮廓工艺”是一个有前景的新自动化方向，有材料选择范围广、绿色环保可持续、施工作业速度快、空腔结构更易实现内部配筋和加固等优点。除此之外，该技术的出现还为复杂曲面结构的建造提供了新的思路。“轮廓工艺”目前仍处于试验研究阶段，各国专家学者对各种不同的材料（如塑料、陶瓷、复合材料和混凝土）进行了试验，取得了许多研究成果。目前，已经通过轮廓工艺打印建造出一些结构构件，如内部结构复杂的墙体、中空墙体、永久模板叠合梁、扭曲面柱等。

6.2.2　3D 打印建造技术的发展趋势

目前，针对 3D 打印混凝土建造技术，国内外都取得了一定的研究成果，但仍然处于研究初级阶段，现有的研究和应用在材料、设计、工艺和应用等方面均尚有不足。为更好地适应建造技术智能化需求，还需在以下方面进一步发展。

1. 3D 打印混凝土的材料优化设计

在骨料选用方面，均采用细骨料或者无骨料的砂浆材料作为 3D 打印的混凝土材料，为降低建材成本、提高力学性能，还需要进行含粗骨料的混凝土打印。首先应研发适合打印粗骨料混凝土的打印头；其次为协调粗骨料混凝土的可塑性和输送性，可以将现有的单通道打印扩展到多通道打印，将流动性能良好的混凝土输送到打印头部位；然后在打印头部位通过额外注入添加剂的方式提升混凝土的可挤出性和可建造性。同时，掺入纤维以提高 3D 打印混凝土的力学性能，通常外加聚丙烯纤维、聚乙烯纤维、玻璃纤维、钢纤维等，在未来的发展过程中，将会有更多性能更好的纤维出现，可以大幅增强混凝土的各项性能。

除骨料选用方面外，国内外还在配合比设计等方面进行了一定研究。相对于传统混凝土，3D 打印混凝土在输送性、可挤出性、可建造性等方面具有更高的要求，且打印构件由于层叠堆积的影响，力学性能和普通混凝土也有所差别。因此，现有的混凝土配合比设计方法不再适用于 3D 打印混凝土。首先，应充分研究水灰比、骨料、添加剂等各种组分在不同打印工艺情况下对新拌混凝土和硬化混凝土的工作性能影响；然后基于现有的混凝土配合比，建立以工作性能为核心的 3D 打印混凝土配合比设计体系，并形成相应设计规程和标准。

2. 钢筋增强增韧技术

虽然在混凝土中通过添加剂或者设计新型混凝土材料（纤维混凝土、超高性能混凝土等）可以提高混凝土的受力性能，但目前仍然不能使 3D 打印混凝土完全取代传统的钢筋混凝土。因此如何布置钢筋仍然是 3D 打印混凝土推广应用的技术难点。应当充分分析打印构件或者建筑物的传力模式，比较各种植筋技术的适用情况，通过 BIM 技术结合使用各种植筋技术，提升 3D 打印混凝土结构的施工效率和构件强度。

除了直接布置钢筋之外，网格模具（mesh mold）技术也是增韧的方法之一。网格模具技术是通过将模板和钢筋结合，利用机器人自动化建造完成曲面混凝土结构的无模板工艺。该技术已在瑞士某住宅楼中长为 14m 的双弯承重墙得到应用。使用网格模具技术，无须额外成本，并且能高效生产复杂几何形状的结构，同时在施工过程中可减少建筑废料，助力数字化、绿色化建造的实现。

瑞士还研发了一种采用拉索与聚氯乙烯（polyvinylchloride，PVC）布结合的混凝土 3D 打印建造方法，并在一座名为 Hilo 公寓的曲面屋顶中使用，用钢丝绳网取代原本的木结构模板，通过机械臂辅助形态搭建，最后在上面打印浇筑混凝土，该方法通过钢丝绳与 PVC 布对结构进行增强增韧，如图 6-8 所示。

（a）布置钢筋笼

（b）采用网格模具技术

图 6-8　3D 打印过程中植入钢筋

3. 现场组装式打印设备和平台集成

目前，多数打印设备只能实现室内打印或者室外小型建筑打印，距离实现施工现场直接打印尚有一定差距。可考虑将打印设备与目前现场建筑施工平台集成，拓宽混凝土 3D 打印技术的应用范围，如将可分解组装的打印设备与建造爬升钢平台相结合以实现现场打印高层建筑。目前的打印设备中，龙门式打印设备由于架体重量大、组装烦琐，因此不适合现场集成打印；桁架、机械臂和塔式打印设备由于架体结构重量较轻，因此均可与工业化建造平台集成。

4. 3D 打印装配式建筑

与传统的装配式建筑概念相似，3D 打印装配式建筑也可在工厂打印好构件和配件（如楼板、墙板、楼梯、阳台等），然后运输到建筑施工现场，通过绑扎、焊接等连接方式在现场进行装配安装。

打印预制构件前需要在计算机信息模型中提前定义好管道和窗户等开放空间的位置和大小，同时预留拉结筋和预埋件的位置，待构件运输到现场后通过二次灌注混凝土以实现墙体连接。在力学性能方面，需要在打印构件中加入钢筋形成钢筋混凝土结构体系，以增强构件的抗拉性能。在构件连接方面，墙柱和梁柱的节点连接可采用普通装配式灌浆套筒或螺栓连接等方法，打印装配式构件布置的腹杆钢筋与顶部、底部钢筋可采用焊接方式进行连接，区域之间的直筋可使用钢筋连接器进行连接，区域之间的弯折钢筋采用搭接方式进行连接。除此之外，3D 打印装配式墙体的内部结构还可以根据环境要求，按声学、机械等原理进行优化。例如，3D 打印墙体可以定制为自由形式的空腔结构，不仅可以减轻自身质量，还可以填充不同的保温或隔音等功能材料。

2019 年 10 月，由河北工业大学马国伟教授团队设计建造的装配式混凝土 3D 打印赵州桥在北辰校区落成，该桥梁跨度 18.04m，总长 28.1m，按照原赵州桥尺寸 2∶1 缩小打印，打印时各部分分开打印，最后现场组装。桥梁的结构构件采用 3D 打印永久模板，加上内部配筋并浇筑混凝土建造而成，而非结构构件完全使用 3D 打印混凝土技术建造。

虽然 3D 打印装配式建筑有较多的优势和光明的发展前景，但仍存在一些问题。3D 打印混凝土结构和普通混凝土结构形式不同，现有的混凝土结构设计施工标准和国家规程并不适合 3D 打印混凝土技术，缺乏面向 3D 打印建筑的标准和验收规范。另外，在预制构件的打印过程中实现同步的支撑设置和孔道预留，克服装配式建筑现场组装的尺寸及定位偏差等，都是对 3D 打印装配式建筑的种种挑战。

3D 打印装配式建筑是建筑行业的发展趋势，同时形成体系完整、行之有效的设计施工验收标准和规范，实现打印过程中同步设置支撑和预留管道，克服现场拼装的种种问题和构件内部优化设计等更是 3D 打印装配式建筑发展的重中之重。

6.3 3D打印混凝土的主要性能及其影响因素

6.3.1 3D打印混凝土的配合比设计

1. 一般规定

按《混凝土3D打印技术规程》（T/CECS 786—2020）[4]，3D打印混凝土应根据3D打印建筑的结构形式、施工工艺以及环境因素进行配合比设计，并在综合考虑混凝土的可打印性、强度、耐久性及其他性能的基础上优化配合比。根据3D打印混凝土的凝结时间、工作性能、力学性能以及耐久性能要求，可使用矿物掺合料替代胶凝材料中部分水泥，调节混凝土的可打印性，矿物掺合料的品质和掺量应通过试验确定。3D打印混凝土外加剂的品种和掺量应通过试验确定，外加剂与胶凝材料的适应性应满足可打印要求。

2. 配制强度的确定

（1）混凝土立方体抗压强度标准值

混凝土立方体抗压强度标准值取决于3D打印混凝土立方体抗压强度标准值和3D打印混凝土抗压强度折减率，按下式计算：

$$f_{cu,k} = f_{cu,k}^{3D} / (1 - x) \tag{6.1}$$

式中，$f_{cu,k}$——混凝土立方体抗压强度标准值（MPa）；

$f_{cu,k}^{3D}$——3D打印混凝土立方体抗压强度标准值（MPa）；

x——3D打印混凝土抗压强度折减率（%）。

（2）混凝土配制强度

混凝土配制强度应按下列规定确定。

1）当混凝土的设计强度等级小于C60时，配制强度应按下式确定：

$$f_{cu,0} \geqslant f_{cu,k} + 1.645\sigma \tag{6.2}$$

式中，$f_{cu,0}$——混凝土配制强度（MPa）；

$f_{cu,k}$——混凝土立方体抗压强度标准值（MPa）；

σ——混凝土强度标准差（MPa）。

对于设计强度等级不大于C30的混凝土，当混凝土强度标准差计算值不小于3.0MPa时，应按式(6.4)计算结果取值；当混凝土强度标准差计算值小于3.0MPa时，应取3.0MPa。

对于设计强度等级大于C30且小于C60的混凝土，当混凝土强度标准差计算值不小于4.0MPa时，应按式（6.4）计算结果取值；当混凝土强度标准差计算值小于4.0MPa时，应取4.0MPa。

2）当混凝土的设计强度等级不小于C60时，配制强度应按下式确定：

$$f_{cu,0} \geqslant 1.15 f_{cu,k} \tag{6.3}$$

（3）3D 打印混凝土强度标准差

混凝土强度标准差应按下列规定确定。

1）当具有 3 个月以内的同一品种、同一强度等级的混凝土强度资料，且试件组数不小于 30 组时，其混凝土强度标准差应按下式计算：

$$\sigma = \sqrt{\frac{\sum_{i=1}^{n} f_{cu,i}^2 - nm_{f_{cu}}^2}{n-1}} \tag{6.4}$$

式中，σ——混凝土强度标准差（MPa）；

$f_{cu,i}$——第 i 组的试件强度（MPa）；

$m_{f_{cu}}$——n 组试件强度平均值（MPa）；

n——试件的组数。

2）当没有近期的同一品种、同一强度等级的混凝土强度资料时，混凝土强度标准差可按表 6-1 取值。

表 6-1　混凝土强度标准差取值表

混凝土强度标准差	≤C20	C25～C45	C50～C55
σ /MPa	4.0	5.0	6.0

3. 配合比设计参数

3D 打印混凝土配合比设计的水胶比应根据混凝土的设计强度按表 6-2 选取；3D 打印混凝土配合比设计的胶凝材料和骨料的体积比可按表 6-3 选取；3D 打印混凝土配合比设计中的矿物掺合料掺量可按表 6-4 选取；不同种类矿物掺合料的最大掺量宜符合表 6-5 的规定。

表 6-2　不同强度等级的 3D 打印混凝土的水胶比范围

强度等级	C20	C30	C40	C50	C60
水胶比	0.40～0.46	0.36～0.42	0.34～0.40	0.30～0.36	0.28～0.34

表 6-3　胶凝材料与骨料的体积比

强度等级	C20	C30	C40	C50	C60
胶凝材料	0.52～0.65	0.57～0.70	0.65～0.74	0.70～0.81	0.74～0.87

表 6-4　不同强度等级的 3D 打印混凝土中的矿物掺合料掺量

强度等级	C20～C30	C30～C40	C40～C50	C50～C60	C60～C70
掺合料	≤50%	≤40%	≤30%	≤20%	≤10%

表 6-5　不同种类矿物掺合料的最大掺量

矿物掺合料种类	最大掺量/%			
	采用硅酸盐水泥时	采用普通硅酸盐水泥时	采用其他通用硅酸盐水泥时	采用非硅酸盐水泥时
粉煤灰	45	35	15	30
粒化高炉矿渣粉	50	45	20	30
钢渣粉	30	20	10	20
磷渣粉	30	20	10	20
硅灰	10	10	10	10
复合掺合料	50	45	20	30

注：1）采用其他通用硅酸盐水泥时，宜将水泥混合材掺量 20%以上的混合材量计入矿物掺合料。
2）复合掺合料各组分的掺量不宜超过单掺时的最大掺量限值。
3）在混合使用两种或两种以上矿物掺合料时，矿物掺合料总掺量宜符合表中掺合料的规定限值。

4. 混凝土配合比计算

3D 打印混凝土配合比设计宜按下列步骤进行。

1）计算 3D 打印混凝土配制强度。

2）选取 3D 打印混凝土的水胶比。

3）每立方米 3D 打印混凝土中胶凝材料和骨料的体积比应按表 6-3 选择，并按下式计算：

$$V_b/V_s = \frac{m_b/\rho_b}{m_s/\rho_s} \tag{6.5}$$

式中，V_b——胶凝材料的体积（m^3）；

V_s——骨料的体积（m^3）；

m_b——每立方米 3D 打印混凝土中胶凝材料的用量（kg）；

ρ_b——胶凝材料的表观密度（kg/m^3）；

m_s——每立方米 3D 打印混凝土中骨料的用量（kg）；

ρ_s——骨料的表观密度（kg/m^3）。

4）每立方米混凝土中用水的质量应根据每立方米混凝土中胶凝材料的质量以及水胶比确定，并按下式计算：

$$m_w = m_b(m_w/m_b) \tag{6.6}$$

式中，m_w——每立方米 3D 打印混凝土中水的质量（kg）；

m_b——每立方米 3D 打印混凝土中胶凝材料的用量（kg）。

5）每立方米混凝土中矿物掺合料的掺量应根据表 6-4 选择，并按下列公式计算矿物掺合料用量和水泥用量：

$$m_f = m_b\beta_f \tag{6.7}$$

$$m_c = m_b - m_f \tag{6.8}$$

式中，m_f——每立方米3D打印混凝土中矿物掺合料的用量（kg）；

m_b——每立方米3D打印混凝土中胶凝材料的用量（kg）；

β_f——矿物掺合料的用量占比（%）；

m_c——每立方米3D打印混凝土中水泥的用量（kg）。

6）根据3D打印混凝土拌和物性能需求，选取外加剂种类并根据试验确定用量，并按下式计算：

$$m_a = m_b \alpha \tag{6.9}$$

式中，m_a——每立方米3D打印混凝土中外加剂的质量（kg）；

m_b——每立方米3D打印混凝土中胶凝材料的用量（kg）；

α——每立方米3D打印混凝土中外加剂占胶凝材料总量的质量百分数（%）。

7）3D打印混凝土的配合比可按下式进行计算。

$$m_{cp} = m_w + m_b + m_s + m_a \tag{6.10}$$

式中，m_s——每立方米3D打印混凝土中骨料的质量（kg）；

m_{cp}——每立方米3D打印混凝土中拌和物的假定质量（kg）。当含有粗骨料时，每立方米混凝土拌和物质量可取2350～2450kg；当不含粗骨料时，每立方米混凝土拌和物质量可取2150～2250kg。

8）3D打印混凝土配合比设计中各材料用量应根据式（6.1）～式（6.10）联立方程组得出。

5. 配合比计算例题

某3D打印混凝土在室温环境下进行配合比设计，外加剂选取减水剂，强度要求在C35，流动度要求在170～190mm（混凝土机械搅拌，机械振捣），施工单位无混凝土强度历史统计资料。材料：普通硅酸盐水泥，强度等级42.5号，密度3000kg/m³，细砂，表观密度2500kg/m³，粉煤灰密度2200kg/m³，细砂为干燥状态，请设计该打印混凝土的配合比。

解：根据T/CECS 786—2020，水胶比取0.36，胶砂比取0.6，$\rho_{砂} = 2500\text{kg/m}^3$，$\rho_{水泥} = 3000\text{kg/m}^3$，$\rho_{粉煤灰} = 2200\text{kg/m}^3$，矿物掺合料选取粉煤灰$\beta_f = 30\%$，减水剂含量取$\alpha = 0.2\%$。初定胶凝材料为$m_b = 500\text{kg}$，进行配合比计算。

$$m_f = m_b\beta_f = 500\text{kg} \times 30\% = 150\text{kg}, \quad m_c = m_b - m_f = 500\text{kg} - 150\text{kg} = 350\text{kg}$$

$$V_b/V_s = \frac{m_b/\rho_b}{m_s/\rho_s} = \frac{\dfrac{350}{3000} + \dfrac{150}{2200}}{m_s/2500} = 0.6 \Rightarrow m_s = 770.2\text{kg}$$

$$m_a = m_b\alpha = 500\text{kg} \times 0.2\% = 1\text{kg}, \quad m_w = m_b\left(m_w/m_b\right) = 500\text{kg} \times 0.36 = 180\text{kg}$$

实验室设计配合比为

$$m_w : m_b : m_s : m_a = 180 : 500 : 770.2 : 1 = 1 : 2.78 : 4.28 : 0.0055$$

6.3.2 3D 打印混凝土的工作性能及其影响参数

1. 工作性能简介

3D 打印混凝土的工作性能主要包括流动性、可挤出性和可建造性等。

（1）流动性

由于 3D 打印混凝土材料是通过喷嘴挤出的，因此打印材料需要是流动性好的拌和物，且易振捣和成形，这有利于打印材料的挤出。在打印过程中，为确保浆料能顺利通过喷嘴连续挤出、不间断及易于沉积成形，需要控制其具有良好的流动性能。因此，浆体不能过稠或过稀，并且能迅速固化形成一定强度，以承受下一层浆料的压力。

目前，3D 打印混凝土流动性的测试方法与普通混凝土流动性测试方法基本一致，即采用坍落度或跳桌试验等直观表征流动性大小。流动性对浆料挤出后性能的好坏起决定作用，因此流动性应控制在合理范围内，使得浆料能正常输送以及在打印过程中能正常堆叠成形。

随时间变化的流动性称为流动度。坍落度和流动度好的打印材料不仅具有光滑的成形面，而且具有优异的建造性，可保证构件的连续打印，如图 6-9 所示。目前，国内外对 3D 打印混凝土的跳桌流动度范围意见不一，材料组分及配合比不同是影响流动度的主要原因，流动度的选择范围在 170～190mm。同时，搅拌速度、泵送技术等工艺因素与流动性的大小密切相关。

（a）跳桌试验装置

（b）流动性较小（155mm）

（c）流动性适宜（172mm）

（d）流动性较大（199mm）

图 6-9　跳桌试验测流动性

（2）可挤出性

可挤出性是指新拌混凝土在打印过程中能通过料斗和泵送系统，并且以连续长丝的形式输送到喷嘴并被连续挤出及赋予沉积层一定几何形状的能力，其主要受骨料粒径、喷嘴的形状和尺寸、挤出条件等因素影响。3D打印条带效果如图6-10所示。

（a）条带打印成形效果较好

（b）条带打印成形效果较差

图6-10 3D打印条带效果

可挤出性同样受材料组分及配合比、搅拌速度、泵送技术等因素的影响。因此，进行3D打印建造时，首先要考虑材料的可挤出性，其首要内容为打印材料的选用和配合比设计以及施工工艺等。

（3）可建造性

由于3D打印混凝土的建造过程中无模板支撑，因此3D打印混凝土须具备自身支撑的能力。在自重和后续打印层重力作用下，下层支撑上层抵抗变形不发生坍塌的能力，被称为3D打印混凝土的可建造性。可建造性不但是3D打印混凝土工作性能中最为重要的指标，也是3D打印混凝土技术能否实现的前提。

当3D打印混凝土具有足够的早期强度时，下层混凝土可支撑上层不发生明显变形或塌陷；当3D打印混凝土的延迟时间短于混凝土表面泌水蒸发所需时间时，可保证层与层之间具有足够的黏结强度，能够逐层堆积成形。因此，可建造性与浆体的早期强度和开始受力时间等因素有关。可建造性不同的圆环构件将直接影响工作性能，如图6-11所示。

（a）圆环可继续堆积

（b）圆环开裂

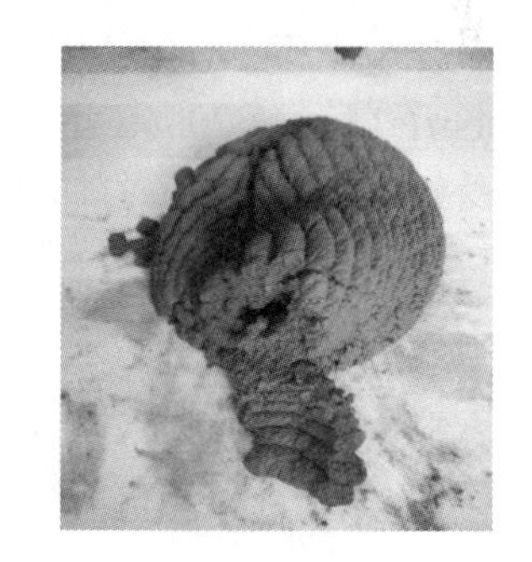

（c）圆环倒塌

图6-11 不同建造过程中的圆环构件

2. 工作性能影响参数

相邻层条间的黏结性能是挤压式轮廓成形3D打印混凝土力学性能评估的重要指标之一，构件层条间界面的缺陷将直接影响打印混凝土的工作性能。层条间的黏结性能受打印工艺影响显著，与打印时间间隔、打印头形状尺寸和打印头高度、打印速度等参数有关。

（1）打印时间间隔

打印时间间隔是层条间黏结强度的主要影响因素之一。近几年国内外试验研究发现：打印时间间隔越久，层间黏结强度越低。

层间黏结强度主要取决于挤压层之间的黏附，而该黏附是层间打印时间间隔的函数，被称为延迟时间。随着延迟时间的增长，层间黏结强度将会降低。当延迟时间增长，底层打印条带的模量增加，刚度增大而引起界面硬化，覆盖层打印条带沉积应力不足以打破界面硬化应力时，将不利于上下层触变成形，最终导致打印界面孔隙率增大。通过微观结构观测发现：当打印时间间隔过长时，层与层之间的面易形成裂纹多孔的疏松区域，从而引起宏观力学性能层间黏结强度的下降。

（2）打印头形状尺寸和打印头高度

3D 打印混凝土通过泵送挤出、堆叠成形，因此打印工艺也会影响打印混凝土的层条间黏结性能。将打印工艺中影响层间黏结性能的打印头参数分为两类：打印头形状尺寸和打印头高度。

打印头的形状、尺寸直接影响构件的成形及力学性能[5]。一般来说，方形、矩形打印头打印的混凝土具备较好的建造稳定性；圆形打印头能适应各个打印角度，不足的是会产生更多的层条孔隙；三角形打印头能更好地利用重力促进层条间压实，提高打印混凝土界面机械咬合力。

当打印试件截面相同时，采用三角形打印头打印的混凝土试件抗压强度和抗折强度比方形、圆形打印头打印的试件高。当打印头形状相同时，大尺寸的打印头在同体积流量下，其打印出的构件一般拥有更少的层条间缺陷，力学性能也更强。

打印头高度对构件成形后的力学性能有着重要影响，如对圆形打印头，采用 5mm、10mm、15mm、20mm 4 种不同打印头高度进行条带打印。当打印头高度为 5mm 时，材料受到过多的挤压，打印条带外表不一致，无法均匀成形；当打印头高度为 20mm 时，材料受到的挤出力较小，材料挤出后无法很好地贴合工作台。4 种不同打印头高度打印的条带质量如图 6-12 所示。

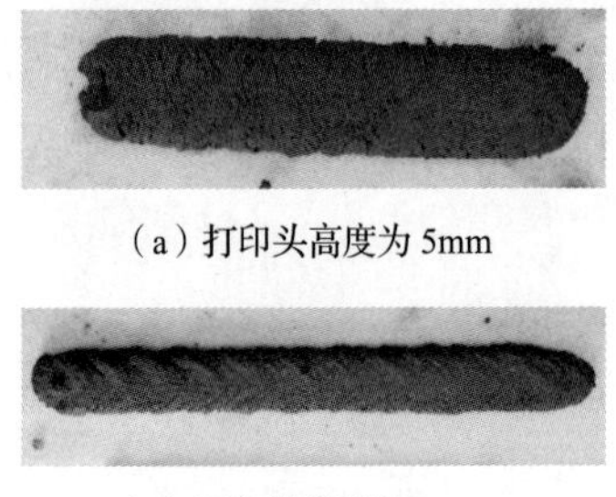

（a）打印头高度为 5mm

（b）打印头高度为 10mm

（c）打印头高度为 15mm

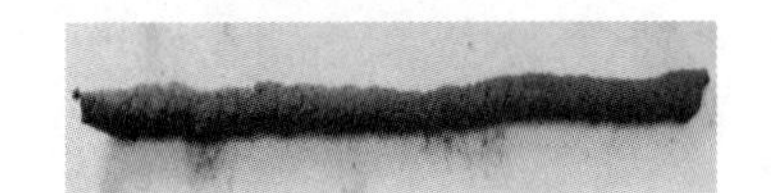

（d）打印头高度为 20mm

图 6-12　不同打印头高度打印的条带质量

从总体趋势来分析，可知层间黏结强度一般随打印头高度的增加而降低。打印头高度较低时，条带受挤压作用接触面积有所增大，上下层接触更为紧密；打印头高度较高时，容易引起条带落位误差，降低层条有效接触面积，从而使层间黏结强度降低。

（3）打印速度

层间黏结强度还与打印条带尺寸/面积相关。受材料收缩、挤出速率等因素影响，打印条带尺寸与目标尺寸之间存在差值，而打印条带宽度误差在 10%以内时打印效果较好。

打印速度作为主要打印工艺参数，对构件成形及相关力学性能具有显著影响。一般随着打印速度的增加，打印条带面积减小，从而导致层间黏结强度降低，因此层拉伸黏结强度与打印速度呈负相关。

6.3.3　3D 打印混凝土强度试验测试

1. 3D 打印混凝土立方体抗压强度试验

本方法[6]适用于测定 3D 打印混凝土立方体试件的抗压强度、3D 打印混凝土的抗压强度。

3D 打印混凝土的抗压强度区分为 X、Y 和 Z 三个方向的抗压强度值。宜根据工程中构件实际受力情况确定测试的方向。

（1）试件尺寸与数量

测定 3D 打印混凝土立方体抗压强度时，试件的尺寸和数量应符合下列规定。

1）采用符合规定的横截面尺寸的立方体试件进行试验。

2）每个测试方向的试件一组应为 6 块。

试验仪器设备应符合《混凝土物理力学性能试验方法标准》（GB/T 50081—2019）的规定。

对 3D 打印混凝土立方体试件进行抗压强度试验之前，应对同批浇筑成形的混凝土试件进行抗压强度测试，测试方法应符合 GB/T 50081—2019 的规定，测试结果记入检测（试验）报告中。

（2）试验步骤

3D 打印混凝土立方体抗压强度试验的步骤如下。

1）试件到达试验龄期时，从养护地点取出后检查其尺寸及形状，尺寸公差应满足标准规定，并尽快进行试验。

2）试件放置于试验机前，将试件表面与上下承压板面擦拭干净。

3）试件应安放在试验机的下压板或垫板上，试件的中心应与试验机下压板中心对准。

4）按照图 6-13 所示的加载方向进行试验得到的抗压强度分别称为 X 方向、Y 方向和 Z 方向的抗压强度。

5）试验过程中应连续均匀加荷，加荷速率取 0.3～1.0MPa/s。以 Z 方向加载为例，

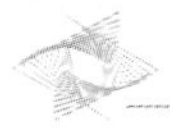

当立方体 Z 方向抗压强度小于 30MPa 时，加荷速率宜取 0.3～0.5MPa/s；当立方体 Z 方向抗压强度为 30～60MPa 时，加荷速率宜取 0.5～0.8MPa/s；当立方体 Z 方向抗压强度不小于 60MPa 时，加荷速率宜取 0.8～1.0MPa/s。

6）手动控制压力机加荷速率时，若试件接近破坏开始急剧变形，应停止调整试验机油门，直至破坏，并记录破坏荷载。

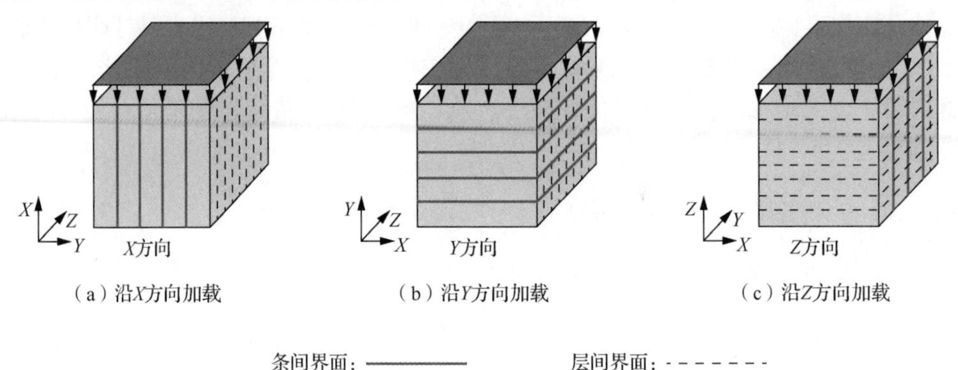

图 6-13　立方体抗压强度试验各方向加载示意图

（3）试验结果计算及确定

3D 打印混凝土立方体抗压强度的试验结果计算及确定按下列方法进行。

1）3D 打印混凝土立方体试件抗压强度应按下式计算：

$$f_{cc}=\frac{F}{b^2} \tag{6.11}$$

式中，f_{cc}——混凝土立方体试件抗压强度（MPa），计算结果应精确至 0.1MPa；

F——试件破坏荷载（N）；

b——立方体试件承压面边长（mm）。

2）3D 打印混凝土立方体试件抗压强度值的确定应符合下列规定。

① 施荷工况取 6 个试件测值的算术平均值作为该工况试件的抗压强度值，应精确至 0.1MPa。

② 当测值中的最大值或最小值与平均值的差值超过平均值的 15%时，则应把最大值及最小值剔除。

③ 检查剩余测值，重复第②步。

④ 当剩余测值个数大于 3 个时，取剩余测值的平均值作为该组试件的抗压强度值；若剩余测值个数小于 3 个，则该组试件的试验结果无效。

3）3D 打印混凝土的抗压强度区分为 X、Y、Z 三个方向的抗压强度值，应在试验（检测）报告中注明所测试的方向。

4）当采用其他横截面尺寸试件进行试验时，应使用尺寸换算系数进行强度值换算，尺寸换算系数宜由试验确定。

2. 3D 打印混凝土抗折强度试验

本方法[6]适用于测定 3D 打印混凝土棱柱试件的抗折强度。

（1）试件尺寸与数量

测定 3D 打印混凝土棱柱体试件抗折强度时，试件的尺寸和数量应符合下列规定。

1）应采用符合规定的横截面尺寸的棱柱体试件进行试验。

2）当试件横截面尺寸为 70.7mm×70.7mm 时，棱柱体试件的长边边长为 300mm；试件横截面尺寸为 100mm×100mm 时，棱柱体试件的长边边长为 400mm；试件横截面尺寸为 150mm×150mm 时，棱柱体试件的长边边长为 550mm。

3）在试件长向中部 1/3 区段内表面不得有直径超过 5mm、深度超过 2mm 的孔洞。

4）根据工程中构件实际受力情况确定测试的方向，每个测试方向以 6 块试件为一组。

试验仪器设备应符合 GB/T 50081—2019 的规定。加载形式和加载装置参数见表 6-6。

表 6-6　3D 打印混凝土棱柱体试件抗折强度试验加载形式和参数

试件尺寸/（mm×mm×mm）	加载形式	支座跨距/mm	加载跨距/mm
70.7×70.7×300	四点弯	212.1	70.7
100×100×400	四点弯	300	100
150×150×550	四点弯	450	150

对 3D 打印混凝土立方体试件进行抗折强度试验之前，应对同批浇筑成形的混凝土试件进行抗压强度测试，测试方法应符合 GB/T 50081—2019 的规定，测试结果记入检测（试验）报告中。

（2）试验步骤

3D 打印混凝土棱柱体试件抗折强度试验的步骤如下。

1）试件到达试验龄期时，从养护地点取出后检查其尺寸及形状，尺寸公差应满足标准规定，并尽快进行试验。

2）试件放置于试验机前，应将试件表面擦拭干净，并在试件侧面画出加荷线位置。

3）试件安装时，可调整支座和加荷头位置，安装尺寸偏差不得大于 1mm。支座及承压面与圆柱的接触面应平稳、均匀，否则应垫平。

4）根据工程中构件实际受力情况确定测试的方向，测试时沿试件的 X 方向、Y 方向和 Z 方向施加荷载（见图 6-14）进行抗折强度试验。

5）试验过程中应连续均匀加荷。以 Y 方向加载为例，当对应的立方体 Y 方向抗压强度小于 30MPa 时，加荷速率宜取 0.02～0.05MPa/s；对应的立方体 Y 方向抗压强度为 30～60MPa 时，加荷速率宜取 0.05～0.08MPa/s；对应的立方体 Y 方向抗压强度不小于 60MPa 时，加荷速率宜取 0.08～0.10MPa/s。

6）手动控制压力机加荷速率，当试件接近破坏开始急剧变形时，应停止调整试验机油门，直至破坏，并记录破坏荷载及试件下边缘断裂位置。

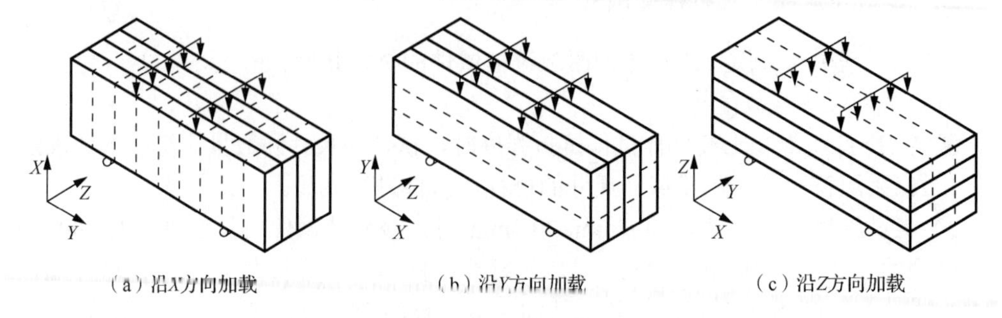

图 6-14　抗折强度试验各方向加载示意图

（3）试验结果计算及确定

3D 打印混凝土棱柱体试件抗折强度的试验结果计算及确定应按下列方法进行。

1）3D 打印混凝土棱柱体试件抗折强度应按下式计算：

$$f_{\mathrm{f}}=\frac{FL}{bh^2} \tag{6.12}$$

式中，f_{f}——棱柱体试件抗折强度（MPa），计算结果应精确至 0.1MPa；

F——试件破坏荷载（N）；

L——支座间跨度（mm）；

b——试件截面宽度（mm）；

h——试件截面高度（mm）。

2）3D 打印混凝土抗折强度值的确定应符合下列规定。

① 各施荷工况取 6 个试件测值的算术平均值作为该工况试件的抗折强度值，应精确至 0.1MPa。

② 当测值中的最大值或最小值与平均值的差值超过平均值的 15%时，应把最大值及最小值剔除。

③ 检查剩余测值，重复第②步。

④ 当剩余测值个数大于 3 个时，取剩余测值的平均值作为该组试件的抗折强度值；若剩余测值个数小于 3 个，则该组试件的试验结果无效。

3）当有少于 3 个试件折断面位于两个集中荷载之外时，混凝土抗折强度值应按其余试件的试验结果计算。当若干个测值的差值不超过其平均值的 15%时，该组试件的抗折强度值应按该若干个测值的平均值计算，否则该组试件的实验结果无效。当超过 3 个试件的下边缘断裂位置位于两个集中荷载作用线之外时，该组试件试验结果无效。

4）当采用其他横截面尺寸试件进行试验时，应使用尺寸换算系数进行强度值换算。尺寸换算系数宜由试验确定。

3. 3D打印混凝土劈裂抗拉强度和界面黏结强度试验

本方法[6]适用于测定3D打印混凝土立方体试件的劈裂抗拉强度和界面黏结强度试验。

（1）试件尺寸与数量

测定3D打印混凝土立方体试件劈裂抗拉强度或界面黏结强度时，试件的尺寸和数量应符合下列规定。

1）应采用符合规定的横截面尺寸的立方体试件进行试验。

2）根据工程中构件实际受力情况确定测试的方向，用于测试劈裂抗拉强度时，每个测试方向以6块试件为一组；测试界面黏结强度时，每种测试界面以6块试件为一组。

试验仪器设备应符合GB/T 50081—2019的规定。

对3D打印混凝土立方体试件进行劈裂抗拉强度或界面黏结强度试验之前，应对同批浇筑成形的混凝土立方体试件进行劈裂抗拉强度或界面黏结强度测试，测试方法应符合GB/T 50081—2019的规定，测试结果记入检测（试验）报告中。

（2）试验步骤

3D打印混凝土立方体试件劈裂试验的步骤如下。

1）试件到达试验龄期时，从养护地点取出后检查其尺寸及形状，并尽快进行试验。

2）试件放置于试验机前，应将试件表面与上下承压板面擦拭干净。

3）试件应安放在试验机的下压板的中心位置；上下压板与试件之间垫以圆弧形垫块及垫条各一个，垫块与垫条应与试件上下面的中心线或界面对准。宜把垫条及试件安装在定位架上使用，定位架符合GB/T 50081—2019的规定。

4）进行立方体试件劈裂抗拉强度测试时，应根据工程中构件实际受力情况确定测试的方向，试件加载位置应为相对两端面的中间部位，且应避开界面处加载；沿试件的X方向施加荷载时，施加劈裂荷载的劈裂面应与层间界面垂直、与条间界面平行，如图6-15（a）所示；沿试件的Y方向和Z方向施加荷载时，施加劈裂荷载的劈裂面应与层间界面和条间界面垂直，如图6-15（b）和（c）所示。

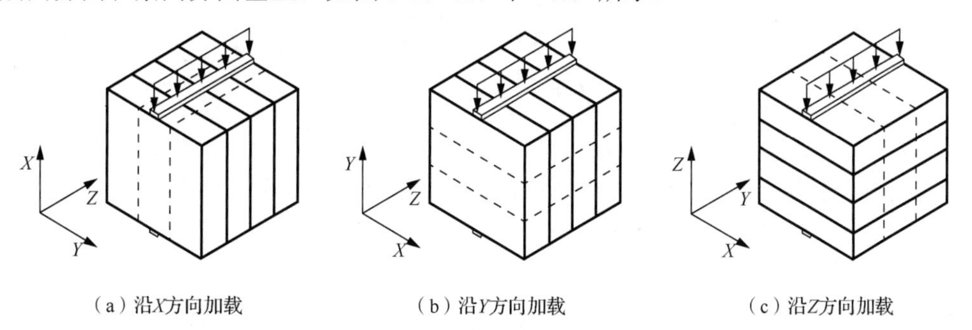

图6-15　立方体劈裂抗拉强度试验加载方向示意图

5）进行立方体试件界面黏结强度测试时，应根据工程中构件实际受力情况确定测试的界面，试件加载位置应为测试界面处；沿试件的 X 方向对层间界面施加劈裂荷载，测试层间界面黏结强度，如图 6-16（a）所示；沿试件的 Z 方向对条间界面施加劈裂荷载，测试条间界面黏结强度，如图 6-16（b）所示。

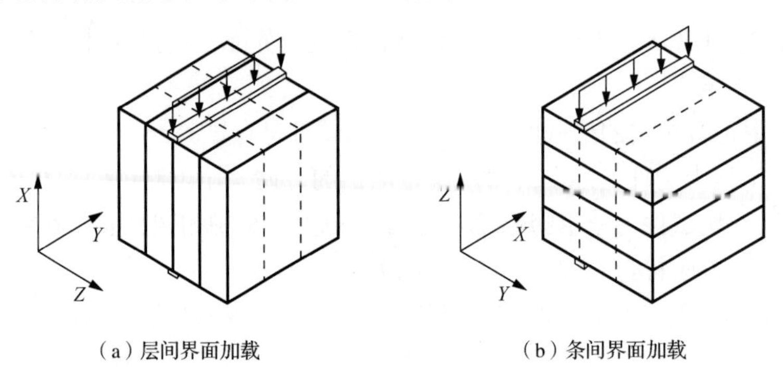

（a）层间界面加载　　（b）条间界面加载

图 6-16　界面黏结强度试验加载方向示意图

6）开启试验机，试件表面与上下承压板或钢垫板应均匀接触。

7）试验过程中应连续均匀加荷。以 Y 方向加载为例，当对应的立方体 Y 方向抗压强度小于 30MPa 时，加荷速率宜取 0.02～0.05MPa/s；当对应的立方体 Y 方向抗压强度为 30～60MPa 时，加荷速率宜取 0.05～0.08MPa/s；当对应的立方体 Y 方向抗压强度不小于 60MPa 时，加荷速率宜取 0.08～0.10MPa/s。

8）手动控制压力机加荷速率，当试件接近破坏开始急剧变形时，应停止调整试验机油门，直至破坏，并记录破坏荷载。

9）试件断裂面应垂直于承压面。当断裂面不垂直于承压面时，应做好记录。

（3）试验结果计算及确定

3D 打印混凝土立方体试件劈裂抗拉强度和界面黏结强度的试验结果计算及确定应按下列方法进行。

1）3D 打印混凝土立方体试件劈裂抗拉强度或界面黏结强度应按下式计算：

$$f_{\mathrm{ts}}=\frac{2F}{\pi A}=0.637\frac{F}{A} \tag{6.13}$$

$$f_{\mathrm{b}}=\frac{2F}{\pi A}=0.637\frac{F}{A} \tag{6.14}$$

式中，f_{ts}——混凝土劈裂抗拉强度（MPa），计算结果应精确至 0.1MPa；

f_{b}——混凝土界面黏结强度（MPa），计算结果应精确至 0.1MPa；

F——试件破坏荷载（N）；

A——试件劈裂面面积（mm^2）。

2）3D 打印混凝土立方体试件劈裂抗拉强度值或界面黏结强度值的确定应符合下列规定。

① 各施荷工况取 6 个试件测值的算术平均值作为该工况试件的劈裂抗拉强度值或

界面黏结强度值，应精确至 0.1MPa。

② 当测值中的最大值或最小值与平均值的差值超过平均值的 15%时，则应把最大值及最小值剔除。

③ 检查剩余测值，重复第②步。

④ 当剩余测值个数大于 3 个时，取剩余测值的平均值作为该组试件的劈裂抗拉强度值或界面黏结强度值；若剩余测值个数小于 3 个，则该组试件的试验结果无效。

3）当采用其他横截面尺寸试件进行试验时，应使用尺寸换算系数进行强度值换算，尺寸换算系数宜由试验确定。

4. 3D 打印混凝土抗剪强度试验

本方法[6]适用于采用双面剪切法测定 3D 打印混凝土的抗剪强度。

（1）试件尺寸与数量

测定 3D 打印混凝土棱柱体试件抗剪强度时，试件的尺寸和数量应符合下列规定。

1）采用符合规定的横截面尺寸的棱柱体试件进行试验。

2）当试件横截面尺寸为 70.7mm×70.7mm 时，棱柱体试件的长边边长为 200mm；试件横截面尺寸为 100mm×100mm 时，棱柱体试件的长边边长为 300mm；试件横截面尺寸为 150mm×150mm 时，棱柱体试件的长边边长为 450mm。

3）根据工程中构件实际受力情况确定测试的界面，每种测试界面以 6 块试件为一组。

试验仪器设备应符合 GB/T 50081—2019 的规定。

（2）试验设备与装置

测试 3D 打印混凝土抗剪强度时，试验设备与装置应符合下列规定。

1）试验机上下压板中间应有一块球形铰座。

2）抗剪强度试验采用的双面剪切试验装置如图 6-17 所示，应保证上下刀口垂直相对运动，无左右移动。刀口宽度宜为试件公称高度 H 的 1/10，上刀口外缝间距等于 H，上下刀口错位距离 a 应为 0～1mm。

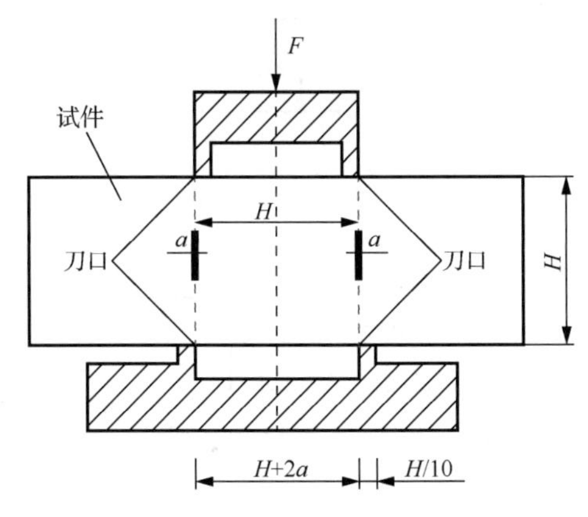

图 6-17　抗剪强度试验装置示意图

对 3D 打印混凝土立方体试件进行劈裂抗拉强度或界面黏结强度试验之前，应对同批浇筑成形的混凝土立方体试件进行劈裂抗拉强度或界面黏结强度测试，测试方法应符合 GB/T 50081—2019 的规定，测试结果记入检测（试验）报告中。

（3）试验步骤

3D 打印混凝土棱柱体试件抗剪强度试验应按下列步骤进行。

1）试件到达试验龄期时，从养护地点取出后检查其尺寸及形状，尺寸公差应满足标准的规定，并尽快进行试验。

2）测试 3D 打印混凝土抗剪强度时，测试面与剪切装置刀口接触，剪切装置的中轴线应与试验机压力作用线重合，调整球形铰座，使接触均衡。

3）根据工程中构件实际受力情况确定测试的方向，测试时沿试件的层间界面或条间界面加载进行抗剪强度试验，试验加载示意图如图 6-18 所示。

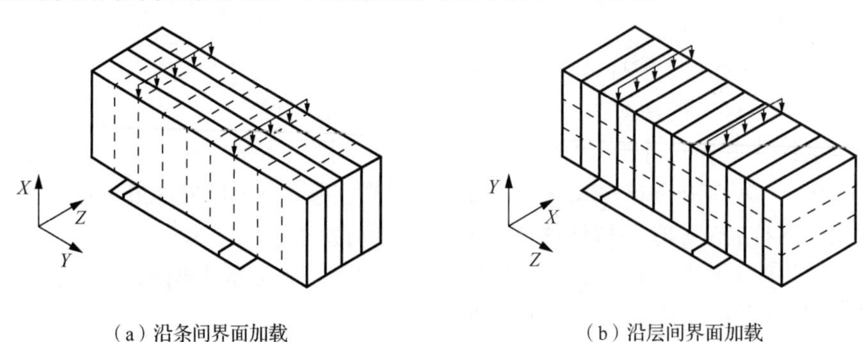

（a）沿条间界面加载　　（b）沿层间界面加载

图 6-18　抗剪强度试验加载示意图

4）对试件连续均匀加荷，加荷速率取 0.06～0.10MPa/s 或 0.06～0.1mm/min。当试件临近破坏、变形速度增快时，应停止调整试验机油门，直至破坏，并记录最大荷载，精确至 0.01MPa。

5）检查试件破坏面，若不在预定面破坏（见图 6-19），则试验无效。

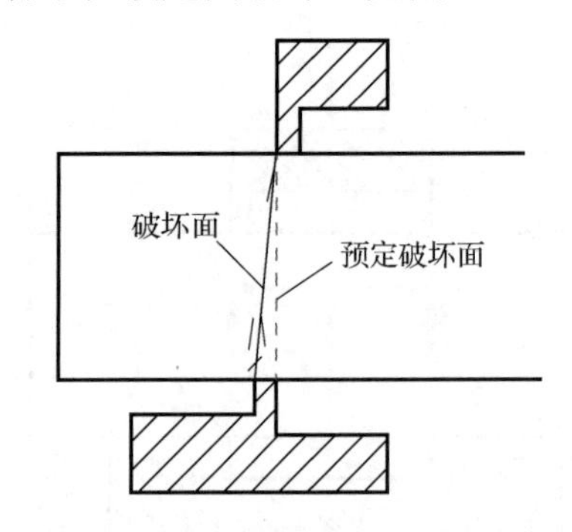

图 6-19　双面剪切试验破坏面示意图

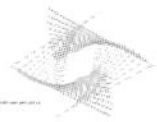

（4）试验结果计算及确定

3D打印混凝土抗剪强度的试验结果计算及确定应按下列方法进行。

1）3D打印混凝土抗剪强度值应按下列公式计算：

$$f_{\mathrm{v}} = \frac{F}{2bh} \tag{6.15}$$

式中，f_{v}——混凝土抗剪强度（MPa），计算结果应精确至0.1MPa；

F——试件破坏荷载（N）；

b——试件截面宽度（mm）；

h——试件截面高度（mm）。

2）3D打印混凝土立方体试件抗剪强度值的确定应符合下列规定。

① 各施荷工况取6个试件测值的算术平均值作为该工况试件的抗剪强度值，应精确至0.1MPa。

② 当测值中的最大值或最小值与平均值的差值超过平均值的15%时，应把最大值及最小值剔除。

③ 检查剩余测值，重复第②步。

④ 当剩余测值个数大于3个，取剩余测值的平均值作为该组试件的抗剪强度值；若剩余测值个数小于3个，则该组试件的试验结果无效。

3）当采用其他横截面尺寸试件进行试验时，应使用尺寸换算系数进行强度值换算，尺寸换算系数宜由试验确定。

6.3.4　3D打印混凝土力学性能影响因素

由于3D打印混凝土是将混凝土作为打印材料，层层堆叠，形成三维结构或构件。因此，3D打印混凝土的力学性能除与水泥强度、水胶比、胶砂比、龄期和试件的尺寸与形状等影响因素有关外，还受混凝土条带搭接宽度、纤维种类、加载方向的影响。

目前，国内外针对3D打印混凝土抗压强度试验所用试件的形状多为立方体，通常将打印后硬化的形状不规则的试件切割成形状规则的试件，待打印模型室温养护24小时之后，将其置于温度为（20±2）℃、相对湿度为95%的环境中养护28天再进行切割、加载。为适应混凝土3D打印设备打印头尺寸，减小混凝土打印层过少产生的层间黏结强度不足对3D打印混凝土试块抗压强度的影响，一般采用尺寸为100mm或150mm的立方体试块进行试验。

1. 搭接宽度对力学性能的影响

3D打印混凝土的搭接宽度是指并列挤出条带之间的重叠部分。搭接宽度太大，会造成相邻挤出段之间堆叠隆起；搭接宽度太小，则会造成相邻挤出段之间产生空隙，不能保证两段之间有效黏结，从而对构件的结构稳定性和力学性能产生影响。搭接宽度（如2mm、5mm和8mm）示意图如图6-20所示。

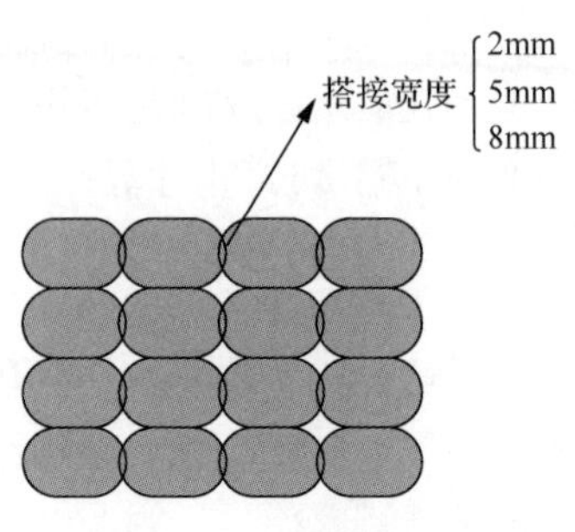

图 6-20 搭接宽度示意图

长沙理工大学完成了一批不同搭接宽度的立方体试块抗压强度测试，并且对同批次材料制作现浇混凝土试块以作为对照组。制作切割得到了 100mm 的立方体，切割后不同搭接宽度的 100mm 立方体典型试块如图 6-21 所示，搭接宽度用 W 表示。从图中可以明显看出，随着条带搭接宽带的增加，试块的表观质量也越来越好。对于 W=2mm 的试块［见图 6-21（b）］，上下层相邻条带之间出现较大空隙，从下到上每层条带之间均产生空隙，但并未连续。对于 W=5mm 的试块［见图 6-21（c）］，可以看出试块的中上部出现部分较为明显的空隙，均位于条带之间。由于搭接的宽度不是很大，层层堆叠下部条带受到上部混凝土材料的重力作用，条带压实效果较好，而位于上部的条带未能受到较好的压实作用，因此出现了空隙。对于 W=8mm 的试块［见图 6-21（d）］，其表面上已经看不出明显的空隙，与振捣密实的现浇试块表观质量相同，说明此时打印效果较好。

（a）现浇

（b）W=2mm

（c）W=5mm

（d）W=8mm

图 6-21 不同搭接宽度的试块与现浇试块

对上述各试块进行抗压实验，加载方向均为 Z 方向，采用自然养护的方式进行养护，龄期为 7 天，测得的搭接宽度分别为 2mm、5mm 和 8mm 的打印试块抗压强度值见表 6-7。同一个加载方向的抗压强度试验结果表明，现浇试块抗压强度平均值为 28.3MPa，其抗压强度平均值分别比现浇试块降低了 12.1MPa、4.5MPa 和 0.7MPa。由此可见，搭接宽度较小时，打印构件抗压强度折减明显，随着搭接宽度的增大，构件抗压强度显著提升。

表 6-7 不同搭接宽度的试块与现浇试块的抗压强度值

搭接宽度	样本 1/MPa	样本 2/MPa	样本 3/MPa	平均/MPa
现浇	28.6	27.5	28.8	28.3
2mm	16.7	15.0	16.9	16.2
5mm	23.6	23.8	23.9	23.8
8mm	25.4	27.7	29.7	27.6

2. 打印头形状与尺寸对力学性能的影响

混凝土 3D 打印机打印头一般有圆形、三角形和方形 3 种形状。在挤出流量一定的情况下，三角形打印头挤出的锯齿状条带通过交错排列增加了空间咬合和连接强度，导致三角形打印头挤出条带间缺陷最少，因此同体积的三角形打印头得到的打印体力学性能要高于圆形和方形打印头，三角形打印头挤出打印成形混凝土试件在力学性能上具有较好优势。但是三角形和正方形打印头对设备要求更高，且较难打印出曲线形结构，因此圆形打印头使用更为普遍。

打印头尺寸不同，在进行 3D 混凝土打印时会导致条带之间缝隙数量也不同。条带缝隙数量越多，孔隙率越大，其抗压强度和抗折强度都会随之降低。长沙理工大学研究团队通过采用不同圆形直径的打印头以及采用不同的打印参数来研究条带缝隙数量对 3D 打印混凝土强度的影响。为了避免打印层高对实验的影响，统一采用 15mm 的打印层高。10mm 直径的打印头采用 50mm/s 的行进速度，转轴挤料速率为 0.8r/s，搭接宽度为 8mm，边长为 100mm 的立方体试块出现 8 条搭接缝，如表 6-8 中编号 Z8-10 的样本；20mm 直径的打印头采用 50mm/s 的行进速度，转轴挤料速率为 1r/s，搭接宽度为 8mm，边长为 100mm 的立方体试块出现 4 条搭接缝，如表 6-8 中编号 Z8-20 的样本；30mm 直径的打印头采用 50mm/s 的行进速度，转轴挤料速率为 1r/s，搭接宽度为 8mm，边长为 100mm 的立方体试块出现 3 条搭接缝，如表 6-8 中编号 Z8-30 的样本。对上述边长为 100mm 的立方体试块进行抗压实验，其中加载方向均为 Z 方向，采用自然养护的方式进行养护，龄期均为 7 天。测得的抗压强度同列于表 6-8 中。

表 6-8 不同打印头直径打印的试块的抗压强度值

编号	样本 1/MPa	样本 2/MPa	样本 3/MPa	平均抗压强度值/MPa
Z8-10	24.8	23.8	24.0	24.2
Z8-20	25.4	27.7	29.7	27.6
Z8-30	29.5	26.9	26.1	27.5

从表 6-8 中数据可知，采用 10mm 直径打印头打印的试块强度最低，平均抗压强度值为 24.2MPa。采用直径为 20mm 和 30mm 的打印头打印的试块，其平均抗压强度值分别为 27.6MPa 和 27.5MPa，其中采用 20mm 打印头打印的试块强度比采用 30mm 打印头打印的试块强度稍高。试块抗压强度值随打印头直径的变化趋势如图 6-22 所示。

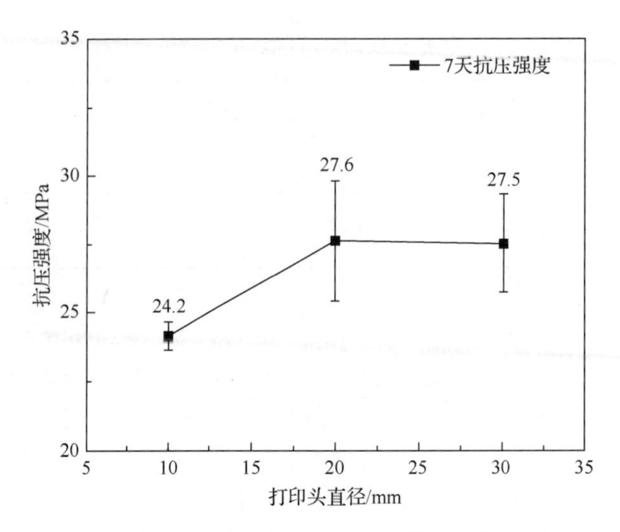

图 6-22　采用不同直径的打印头打印的试块抗压强度值

3. 加载方向对力学性能的影响

3D 打印混凝土因在垂直方向上层层堆积，且无外力振捣作用，导致打印体的力学性能明显异于传统混凝土，其在强度方面具有各向异性且层间黏结面弱的特征，通过对 3D 打印混凝土材料进行力学各向异性测试，可初步表征材料经 3D 打印后得到的试件力学性能[7]。

基于 3D 打印混凝土各向异性的特征，*X*、*Y*、*Z* 三个加载方向如图 6-23 所示，*X* 方向为喷头移动打印的方向，*Y* 方向为垂直于喷头移动方向和材料堆积的方向，*Z* 方向为混凝土条带的堆积方向。

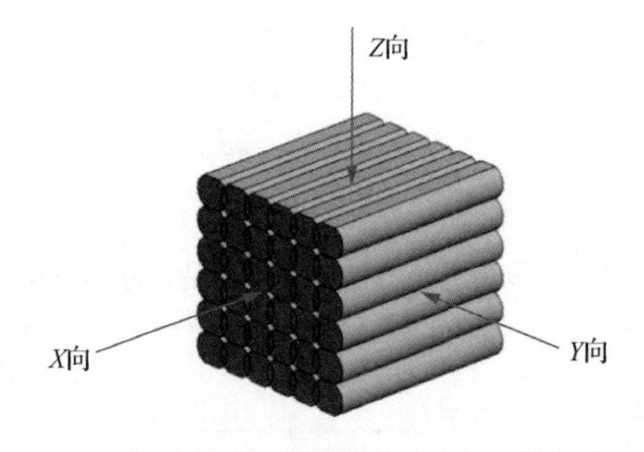

图 6-23　3D 打印混凝土试件抗压强度加载方向示意图

长沙理工大学进行了 3D 打印混凝土三向加载试验，为了避免其他因素对实验结果造成影响，实验采用编号为 X8-20-S、Y8-20-S 和 Z8-20-S 的试块，其中 *X*、*Y* 和 *Z* 分别代表 *X* 向、*Y* 向和 *Z* 向加载，8 代表搭接宽度为 8mm，20 代表打印头直径为 20mm，其余变化参数为打印头行进速度 50mm/s、挤料转轴速率 1r/s，切割成边长为 100mm 的立

方体试块。对照组采用相同尺寸立方体现浇试块，龄期均为 28 天。完成上述工作后，将试块置于压力试验机上，本次实验使用的压力试验机为 200t 级伺服液压万能试验机，并且采用 JM-Test 软件记录好加载过程中不同阶段的应变值。目前，对于 3D 打印混凝土的相关力学性能实验，各国学者采取的依据皆有所不同，故所采用的加载速率也有所不同，甚至有时对于单一组别实验取平均值时选取的试件个数也不一样。对于本次实验，采用位移加载法，加载速率为 0.5mm/min。

本次实验中的 X、Y、Z 三个方向与现浇加载的三个试块的抗压强度值见表 6-9。

表 6-9 X、Y、Z 方向与现浇试块的抗压强度值

编号	样本 1/MPa	样本 2/MPa	样本 3/MPa	平均值/MPa
X8-20-S	46.1	49.7	49.0	48.3
Y8-20-S	42.4	43.7	42.9	43.0
Z8-20-S	35.6	38.9	39.2	37.9
现浇	42.4	44.2	43.7	43.4

通过对比上述不同方向的 3D 打印混凝土试块的抗压强度值与同一配合比下现浇混凝土试块的抗压强度值可知，对于 3D 打印混凝土，Z 方向的抗压强度值最低，X 方向的抗压强度值最高。与现浇混凝土相比，X 方向的抗压强度值高于现浇试块约 5MPa，约为其强度的 111.2%；Y 方向的抗压强度值与现浇混凝土的抗压强度值基本持平，约为其强度的 99.3%；而 Z 方向的抗压强度值低于现浇试块约 5MPa，约为其强度的 87.3%。其可能原因是沿 X 方向加载时，打印的带状物的延伸方向平行于竖向的压力，从而实现类似于短柱的效果，抗压强度值相对较高，且混凝土材料被挤压成形，初始压力使得材料密实，而此次试验中现浇混凝土可能存在振捣不密实的问题。对于 Y 与 Z 方向的 3D 打印混凝土，其带状物垂直于加载方向，由多条条带平行组合而成。打印必然会在层与层之间、条带与条带之间形成缺陷，而同一层之间的缺陷相比层与层之间的缺陷较大，使得沿 Z 方向加载的抗压强度值相对较低。

3D 打印试件的抗压强度具有各向异性，但各方向差异不大。一般而言，喷嘴的压力提高了混凝土的密实度，使得 X 方向形成均匀、密实的短柱承压而提高了承载力，而 Y、Z 方向的抗压强度受层间孔隙率影响较大。此外，通过水浴养护、优化配比设计和打印参数等措施也可以提高抗压强度。

4. 纤维种类与数量对力学性能的影响

纤维增强混凝土中分布着取向不同的纤维，当裂缝在纤维增强混凝土中发展时，横亘在裂缝发展方向上的纤维会阻碍裂缝的发展。此时裂缝或者改变方向，或者被纤维释放一定的应力。阻碍裂缝发展方向的纤维由于自身弹性模量以及其与基体结合效果的不同，会出现拉伸、断裂或者拉伸拔出断裂的现象，消解材料本身受到的应力，提高材料整体的力学性能[8]。

3D 打印混凝土中掺入不同种类、数量的纤维，对其力学性能均有影响。目前，根据所用纤维弹性模量与混凝土基体弹性模量的差别大小，将纤维分成刚性纤维与柔性纤维两大类。如图 6-24 所示，刚性纤维指自身弹性模量远大于混凝土基体弹性模量的纤维，如钢纤维；柔性纤维指自身弹性模量远小于混凝土基体弹性模量的纤维，如聚丙烯（PP）纤维、聚乙烯醇（PVA）纤维等。

（a）钢纤维

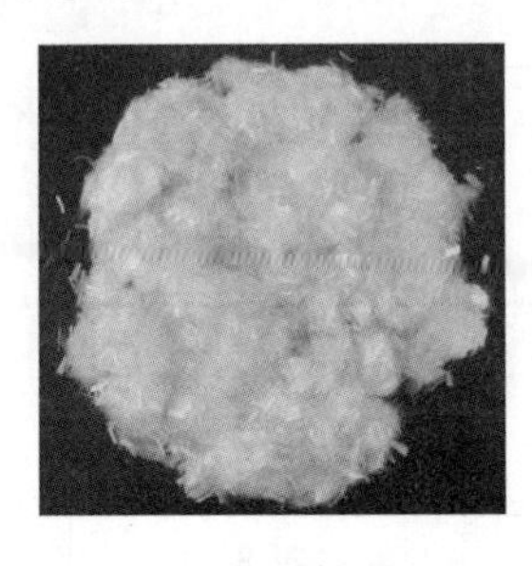
（b）聚丙烯纤维

（c）聚乙烯醇纤维

图 6-24　常用刚性纤维与柔性纤维

在混凝土中掺入钢纤维有助于提高基体的抗压强度、抗折强度、抗冲击强度等，还可以延长材料的使用寿命。由于性能较好，因此该材料常被用于建筑的重要节点。钢纤维的掺入在一定程度上减少了混凝土材料中水泥的用量，但是增加了材料的自重，降低了材料的耐锈蚀性，且在 3D 打印混凝土中加入钢纤维会导致其流动性能和可挤出性能显著下降，所以在一定程度上缩小了材料的使用范围。

PP 纤维弹性模量较低，在应力状态下易发生形变，试件形成微裂缝时，PP 纤维通过自身形变消解试件破坏所需的能量，延缓试件变形破坏速度，进而增强整体材料的抗压强度。在抗压强度测试过程中，裂缝的生成和发展具有较大随机性，在该过程中，PP 纤维横亘在裂缝发展方向上，以形变释放裂缝发展所需的部分能量，延缓试件破坏过程，达到增强材料抗压强度的目的。

PVA 纤维直径小，约（30±10）μm，表面呈亲水性，与混凝土基体结合效果良好，弹性模量高，一般为 30GPa，抗拉强度为 1400MPa。在实际力学性能测试过程中，纤维不易发生变形，容易在试件断裂面直接断裂，而不存在拉伸变形，能延缓试件破坏的过程。有相关研究表明，PVA 纤维对混凝土基体抗裂性能的提升效果要优于 PP 纤维，并且在混凝土劈拉强度、抗冲击强度的提升方面表现优异。但 PVA 纤维对混凝土抗压强度与抗折强度的提高效果并不明显，且在后期有下降的趋势。

6.4　3D 打印混凝土创新建造技术

3D 混凝土打印工艺通过逐层堆叠挤出条状或者带状材料来建造 3D 实体。传统混凝

土建造技术通常需要通过支模板来成形结构构件，造成大量资源浪费和时间成本损耗，3D 打印混凝土建造技术通过打印混凝土建筑或者与其他技术相结合实现建筑成形，可使资源得到充分利用，施工效率能进一步提高。同时，其有别于传统混凝土建造工艺的特点，使得 3D 打印混凝土结构设计有更高的自由度。传统支模复杂、难以实现的构件通过 3D 打印将很容易实现建造[8-12]。

6.4.1 逐层移动起始点的 3D 打印混凝土圆管建造技术

对于逐层打印的混凝土条带，当条带受到周围区段一定的挤出力挤压成形时，其质量较好。因此，每层条带的较薄弱处通常位于其结合处。如果采用默认的切片设置，每层打印路径的起始位置相同，故沿堆积方向，模型产生贯穿的通缝，形成薄弱位置，对受力不利。当每层起始点沿周向逐层等角度移动时，能够较为有效地提高构件可连续打印高度，显著增强其结构建造性能。

蒋友宝等[8]研究了不同起始点位置对 3D 打印混凝土圆管试件建造性能的影响，采用 CABR-3DPRT 型混凝土（砂浆）3 轴龙门架式打印机（采用直径为 20mm 的圆形打印头），设定挤料转轴速率为 1r/s，打印头行进速度为 50mm/s，设定其圆管试件直径为 250mm，通过人工修改代码，将打印起始点沿周向逐层等角度移动，如采用图 6-25 所示的 4 种打印方案，即逐层移动角度 θ 为 0°、180°、120°、90°。每种打印路径方案中左图代表打印得到的圆管试件及每层起始点在高度方向的分布；右图为起始点逐层移动角度示意图。打印建造的圆管试件坍塌即试验终止。

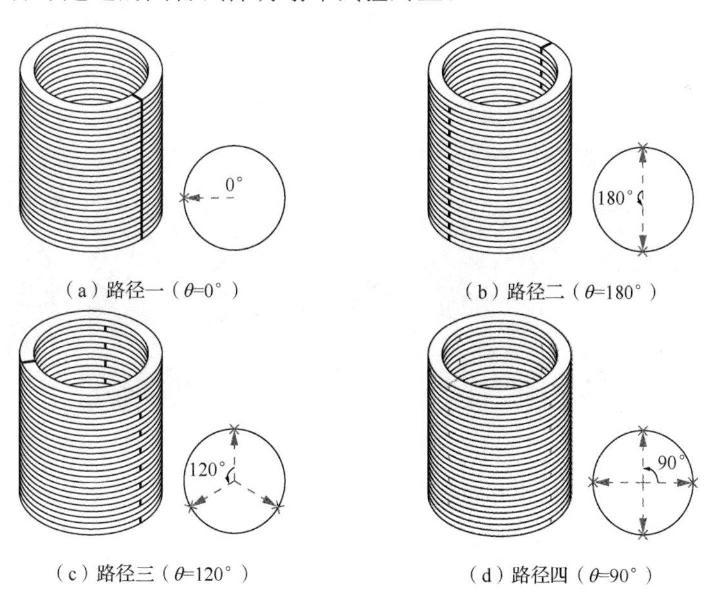

图 6-25 采用不同打印路径方案的圆管模型示意图

起始点逐层等角度移动时，圆管的可连续打印层数影响见表 6-10。

表 6-10 逐层移动角度对可连续打印层数的影响

打印路径	θ/（°）	打印层数/层	每层耗时/s	总耗时/s
路径一	0	16	18	288
路径二	180	21	24	504
路径三	120	24	23	552
路径四	90	23	21	483

可见，打印路径对混凝土圆管构件可连续打印高度影响较大，采用逐层移动起始点方案（路径二～路径四）的环形条带，均能较为有效地提高环形条带模型的可连续打印高度，而且其破坏变形具有相似之处。其中，采用逐层移动角度为 120° 的打印路径方案的环形条带模型的可连续打印层数最高，为 24 层，比采用不移动起始点的打印路径方案（路径一）的环形条带，其高度提高了 50%。但是由于有空走路径，每层打印花费时间均有所延长，在 20～25s 之间。

采用打印路径一的圆管模型打印全过程如图 6-26 所示。打印前期［见图 6-26（a）］，圆管模型堆叠层数少，下层条带承受上部条带荷载较少，挤出的条带形状稳定，未发生较大变形，条带挤出较为均匀；当堆积到第 12 层时［见图 6-26（b）］，发现模型的中下部、靠近每层条带的结合处位置开始出现肉眼可见的径向位移，随着上层条带的继续堆积，在上层条带的偏心作用下，径向位移逐步加大；当打印到第 16 层时［见图 6-26（c）］，模型已经出现十分明显的径向位移，向外膨胀变形，观察发现第 6～8 层条带鼓出较为明显，模型的条带结合处呈现较大变形。刚完成第 16 层打印，准备第 17 层打印时，模型即发生破坏。破坏从变形最大的位置开始，破坏位置上部混凝土条带向内坍塌带动未发生破坏的其他位置的混凝土条带向内连续坍塌，最终破坏形态如图 6-26（d）所示。

（a）打印至第5层

（b）打印至第12层

（c）打印至第16层

（d）圆管试件坍塌

图 6-26 打印路径一的打印全过程

由打印试验可知，对于逐层移动起始点的 3 种打印路径，在打印层数少于 10 层时，打印挤出较为均匀，其中路径三打印效果如图 6-27（a）所示。随着堆积层数的增加，圆管模型的径向位移沿整体较均匀发展，当堆积到约 20 层时，其第 5～9 层条带径向膨胀较为明显，如图 6-27（b）所示。当材料堆积到最终打印层数后，模型并没有立刻发生坍

塌，但此时挤出条带开始无法准确地堆积在已有层之上，停止打印后，模型也难以保持稳定。此时，圆管模型中下部鼓出的条带出现了部分拉开裂纹，如图 6-27（c）中虚线区域所示。此外，圆管模型在层层堆叠的过程中会产生沉降，使得打印头离已完成打印条带的距离增大，尤其在堆叠的最后几层比较明显，导致上层条带的实际打印层高比预设层高要高，加剧了最后时刻模型的不稳定性。

（a）路径三打印至第 8 层

（b）路径二打印至第 18 层

（c）路径二打印至第 21 层

图 6-27 其他打印路径在不同打印阶段的典型特征

采用打印路径一打印的圆管模型，由于结合处开裂失稳，径向位移过大导致模型破坏坍塌。采用逐层移动起始点打印的方法均能较好地利用材料强度，避免打印过程中模型的径向位移在薄弱位置集中增大，能提高模型的可连续打印高度。主要有以下几点原因：首先，每一层打印时间由有效打印时间与无效打印时间组成，其中无效打印时间包括打印头竖向提升和水平空走路径所花费的时间。采用打印路径二，每层花费的时间最长，约 24s；采用打印路径四，每层花费时间最短，约 21s。从打印时间上考虑，采用每层耗时较长的方案，已打印完成的混凝土条带将经历较长的凝结硬化时间，其强度会更高。故理论上，对于文中所提的 4 种打印路径方案，采用打印路径二的方案具有较高的可连续打印高度。但是，另一方面，从起始点逐层移动考虑，采用逐层移动角度较小的打印方案，能更好地将打印结合薄弱位置分散在模型的四周，对模型受力更有利，可连续打印高度会更高。综合来看，在这 4 种路径中，打印路径三因为其合适的打印时间和合理的起始点位置布置，可连续打印层数最多，圆管试件建造性能最优。

6.4.2 基于 3D 打印混凝土模壳的扭曲面柱节段成形技术

1. 扭曲面模壳可连续打印高度

长沙理工大学首先通过建模软件生成不同扭转角的扭曲面模壳的模型，通过模型切片软件生成可导入 3D 打印机的 G 代码。设置好打印参数，将 G 代码文件导入 CABR-3DPRT 型混凝土（砂浆）3 轴龙门架式打印机控制系统，采用直径为 20mm 的圆形打印头，设定挤料转轴速率为 1r/s，打印头行进速度为 50mm/s，打印每层模壳为边长 200mm 的等边三角形，层间扭转角分别为 0°、2°、4° 和 6°。

通过模壳打印试验可知，层间扭转角为 0° 的扭曲面模壳打印方案最终打印到第 55 层坍塌，模壳每层的打印时间为 14s，每层打印头不挤料时的工作时间为 6s，模壳总打印时间为 1100s。通过对其打印试验观察发现，在层层叠加的过程中，由于自重的不断增加，模壳下层受力逐渐加大，会发生一定程度的挤压变形，表现为层高变小、条带宽度增加，当模壳打印到第 9 层时，模壳下层的层高开始变小，如图 6-28（a）所示，此时模壳下层沉降在沿着圆周方向还较为均匀，并未发生侧向偏移。随着模壳的继续打印，当打印到第 23 层时，模壳的中下部层高开始发生变形，且每层层高都有着不均匀沉降的趋势，材料自重并不完全呈现轴压作用，有侧向偏移的趋势，如图 6-28（b）所示。随着模壳打印层数的继续叠加，当打印到第 39 层时，在上层材料自重的作用下，中下层的层高变形较大，此时下层层高已经较小，且每层的层高发生了不均匀沉降，模壳侧向偏移趋势变大，如图 6-28（c）所示。当模壳打印到第 55 层时，模壳并未发生坍塌，但此时侧向偏移趋势较大，当模壳打印到该层一半时，模壳发生侧向坍塌，发生较大变形，模壳产生失稳破坏，最终破坏形态如图 6-28（d）所示。

（a）打印至第9层

（b）打印至第23层

（c）打印至第39层

（d）最终坍塌

图 6-28　层间扭转角为 0° 的扭曲面模壳打印全过程

相比于 0° 扭曲面模壳，层间扭转角为 2° 的扭曲面模壳自打印第二层开始，每一层都会有一些扭转悬空部位，不能完全覆盖下一层材料。当打印到第 20 层时，下层材料受到的自重压力也随之增大，下层层高开始变小，此时模壳下层沉降在沿着圆周方向还较为均匀，并未发生侧向偏移，如图 6-29（a）所示。随着模壳的继续打印，当打印到第 40 层时，因为悬空部位的存在，模壳的中下层层高变形不均匀，发生不均匀沉降，扭曲面模壳开始出现侧向偏移趋势，随着不均匀沉降的逐渐累积，模壳侧向偏移的趋势较为明显，此时模壳内部径向拉应力逐渐增加，中下层材料开始产生条带径向拉开裂纹，如图 6-29（b）所示。随着径向拉开裂纹的不断延伸，整体构件的侧向偏移已较大，模壳打印时，上层材料与下层材料的偏移已经较大，如图 6-29（c）所示椭圆形标识处层间部分出现较大层间偏移，进一步加剧了侧向偏心压力。随着模型继续打印，当打印到

第 51 层时，模壳下层材料拉坏，不足以支撑构件的偏心自重，结构产生失稳，发生坍塌，最终破坏形态如图 6-29（d）所示。

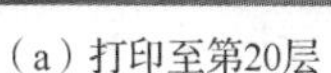
（a）打印至第20层

（b）打印至第40层

（c）打印至第48层

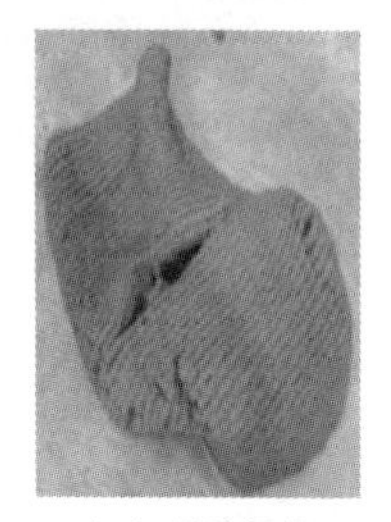
（d）最终坍塌

图 6-29　层间扭转角为 2° 的扭曲面模壳打印全过程

层间扭转角为 4°、6° 的扭曲面模壳实际打印过程与此相似，如图 6-30 和图 6-31 所示。观察打印过程可知：在构件打印前 10 层时，模型形状稳定性较好。随着构件的逐层打印，由于材料自重的影响，加上每层的扭转，造成每层材料的悬空部分较多，相比层间扭转角为 0° 和 2° 的模壳，径向裂纹出现得更早，构件的侧向偏移趋势更大；打印第 10～20 层过程中，随着径向裂纹的不断扩大，中下层材料沉降较为严重，同时随着每层材料的扭转，悬空的材料不断增加，造成悬空部位的材料渐渐不能承受累积的自重压力，悬空部位材料出现较多裂纹，同时构件受压向外膨胀，造成整体构件的沉降更加严重；打印到第 20 层之后，随着沉降的累积，打印的实际层高（即打印头与下一层材料的高度差）高于设定的层高较多，打印条带挤压力不够，打印条带宽度明显降低，层与层之间出现较大偏移；在打印第 28～32 层时，单层悬空材料径向裂纹的扩展，超过了单层层高，造成了单层条带拉断的现象，随着多层材料条带的拉断，整体构件出现破裂缺口，悬空材料不能继续发挥承重功能，整体发生坍塌。

（a）打印至第6层时形状稳定

（b）打印至第14层时出现径向裂纹

（c）打印至第21层时出现层间偏移

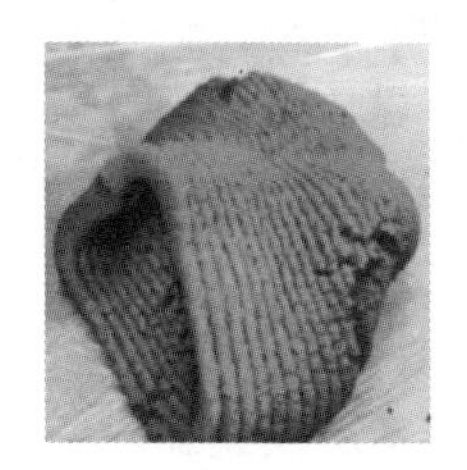
（d）打印至第32层时最终坍塌

图 6-30　层间扭转角为 4° 的扭曲面模壳打印全过程

（a）打印至第7层时形状稳定

（b）打印至第11层时出现径向裂纹

（c）打印至第22层时出现层间偏移

（d）打印至第28层时最终坍塌

图 6-31　层间扭转角为 6° 的扭曲面模壳打印全过程

不同扭转角下，3D 打印混凝土扭曲面模壳的可连续打印高度如图 6-32 所示。

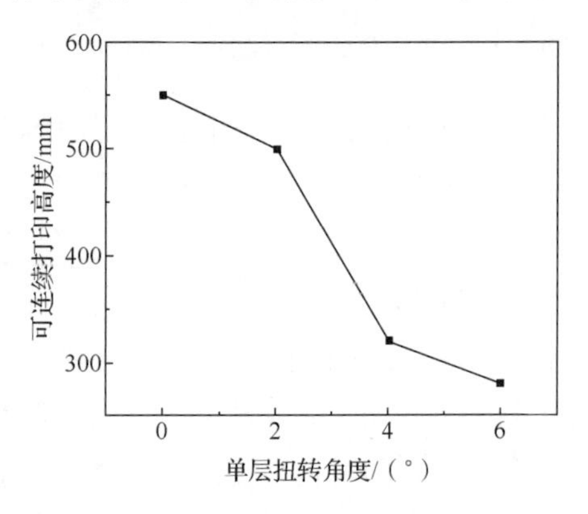

图 6-32　不同扭转角下，3D 打印混凝土扭曲面模壳的可连续打印高度

2. 3D 打印混凝土扭曲面模壳柱节段成形试验与验证

由前文可知，层间扭转角为 6° 的扭曲柱模壳可连续打印的最大高度为 280mm。因此，为保证可一次性连续打印扭曲柱节段，控制该类型扭曲模壳-现浇柱节段的高度为 250mm。

该柱节段由 3D 打印扭曲面模壳、钢筋笼和内部浇注的混凝土柱组成。按确定的材料配合比和打印工艺参数对 3D 打印模壳柱进行试验，步骤如下。

1）从打印头中挤出 3D 打印混凝土后，形成宽 25mm、厚 10mm 的条带。

2）调整路径代码，控制模壳并逐层连续打印（层扭转角分别为 0°、2°、4° 和 6°），将条带层层叠加，并最终形成 3D 打印扭曲柱模壳。

3）将模壳养护 7 天后，在 3D 打印扭曲柱节段内部配置 HRB400 级受力钢筋，并在浇筑 C50 混凝土后养护 7 天。

试验设计并建造了 12 根 3D 打印扭曲柱，扭曲柱试件的编号为 Z1～Z12，其横截面均为边长 200mm 的等边圆角三角形。为降低试验的随机性，对于每一种层扭转角均制作 3 个试件，即试件编号 Z1～Z3、Z4～Z6、Z7～Z9 和 Z10～Z12 对应的层扭转角分别为 0°、2°、4° 和 6°。层扭转角为 6° 时的扭曲柱节段截面及建造成形试件如图 6-33 所示。

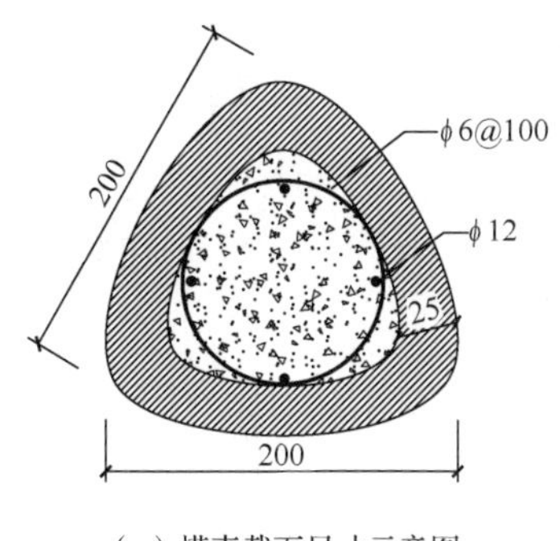

（a）模壳截面尺寸示意图

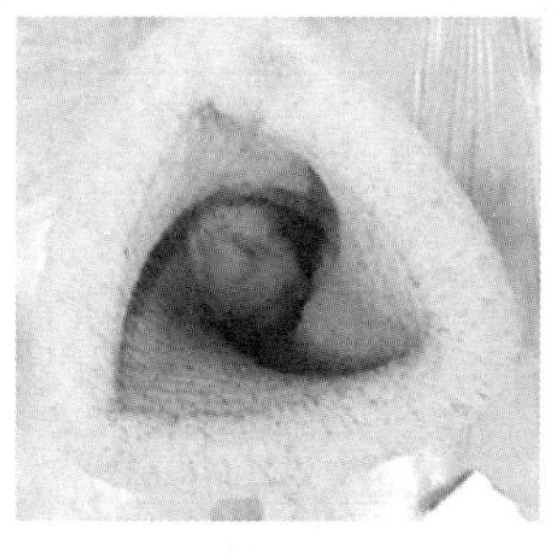

（b）扭曲柱永久模壳

（c）扭曲柱成形试件

图6-33 扭曲柱节段截面与建造成形（尺寸单位：mm）

为验证柱节段成形后的受压性能，使用2000kN伺服液压万能试验机系统进行加载试验。在加载前对试件进行几何对中，即将构件轴线对准作用力的中心线；调整压力试验机承压板与扭曲柱之间的接触部位以消除缝隙，减少试验误差。采用位移加载，加载速率为0.5mm/min，保持该加载速率，直至试件失去承载能力或变形过大便停止加载。各扭曲柱节段加载受力过程相似。随着荷载的增大，试件首先在端部开裂，并产生微裂缝。微裂缝随着荷载的增大而逐步扩展，并最终发展成贯穿整个试件的主裂缝。构件沿着裂缝的发展方向发生模壳脱落，模壳脱落位置的内部混凝土被压碎，最终整体节段被破坏，破坏过程如图6-34所示。

（a）端部出现裂缝

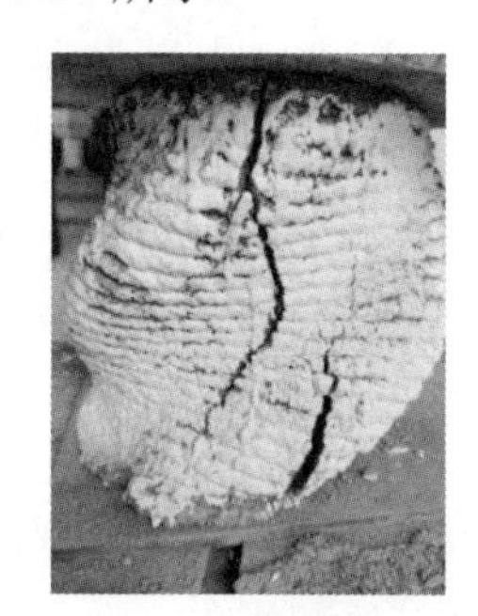

（b）裂缝贯穿

（c）端部模壳脱落

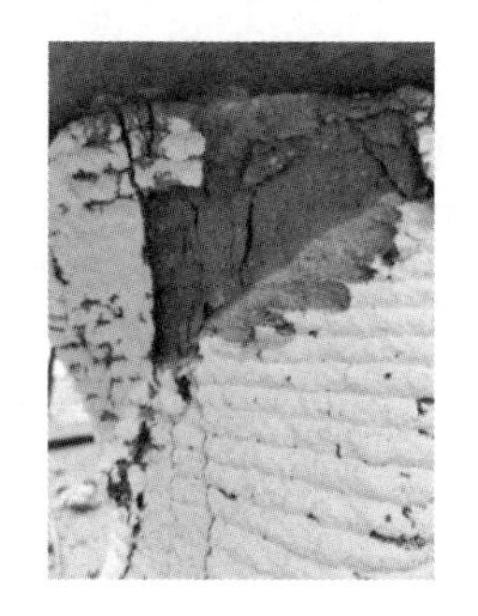

（d）顶部混凝土被压碎

图6-34 扭曲柱节段受压破坏过程

各扭曲柱节段的极限承载力见表6-11。由受压试验结果可知，层扭转角为2°时扭曲柱的平均极限承载力最小，为1120.2kN；层扭转角为6°时扭曲柱的平均极限承载力最大，为1291.6kN。但不同扭转角的扭曲柱极限承载力相对极差N_R/N_u均在5%以内，说明极限承载力的离散性较小，节段构件成形质量较好。

表 6-11　扭曲柱节段的极限承载力[13]

试件编号	层扭转角/（°）	N_u/kN	$\overline{N_u}$/kN	$N_R/\overline{N_u}$ /%
Z1	0	1143.5	1127.4	2.8
Z2		1126.8		
Z3		1111.8		
Z4	2	1086.3	1120.2	5.0
Z5		1143.3		
Z6		1131.0		
Z7	4	1156.2	1142.5	4.5
Z8		1109.6		
Z9		1161.9		
Z10	6	1265.8	1291.6	4.3
Z11		1321.5		
Z12		1287.4		

注：N_u 为极限承载力；$\overline{N}_u$ 为平均极限承载力；N_R 为同一层扭转角对应的三代试件极限承载力极差。

6.4.3　基于 3D 打印混凝土弧形梁模壳的建造技术

1. 3D 打印混凝土弧形梁模壳制备

（1）弧形梁模壳三维建模与路径代码

采用 SolidWorks 软件建立弧形梁永久模壳三维模型，如图 6-35 所示。永久模壳轮廓截取自两个具有黄金分割比的椭圆，考虑到打印机的实际有效打印尺寸，永久模壳设计最大长度限制为 1400mm 以内，如图 6-35（a）所示黑色加粗部分。模壳三维模型如图 6-35（b）所示。

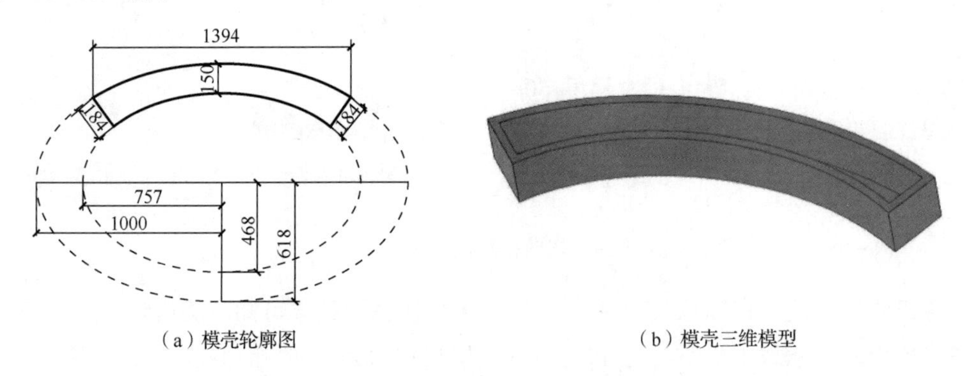

（a）模壳轮廓图　　（b）模壳三维模型

图 6-35　永久模壳三维模型（尺寸单位：mm）

模型建立后，将模型另存为切片文件并导入 Simplify3D 中，在软件的【进程】中根据实际打印条件设置打印参数，如喷头直径、行进速度和打印层高等。由于该模型为永

久模壳，因此内部无须填充，只需要对其外轮廓进行打印，因此在Simplify3D中将模型设置为无填充，封底层数设置为两层，即底部打印两层实心模壳作为弧形梁保护层。模壳打印切片预览图如图6-36所示。完成上述工作后，将切片模型中的相关信息存储为G代码文件。

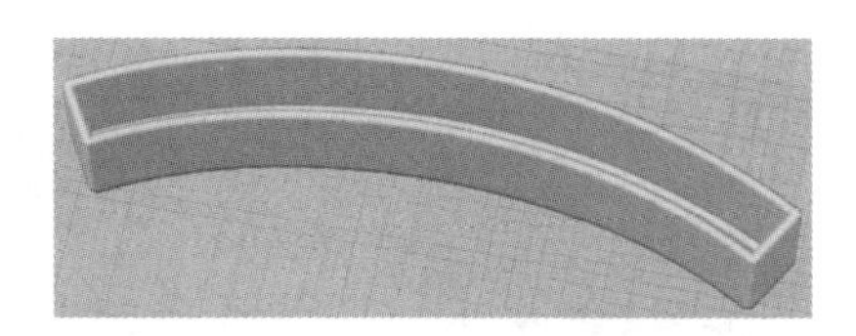

图6-36 模壳打印切片预览图

（2）路径代码仿真和路径优化

通过仿真软件CIMCO对指令进行修改，修改之后的代码路径能实时显示在右侧窗口，进一步验证修改代码的正确性，如图6-37所示。

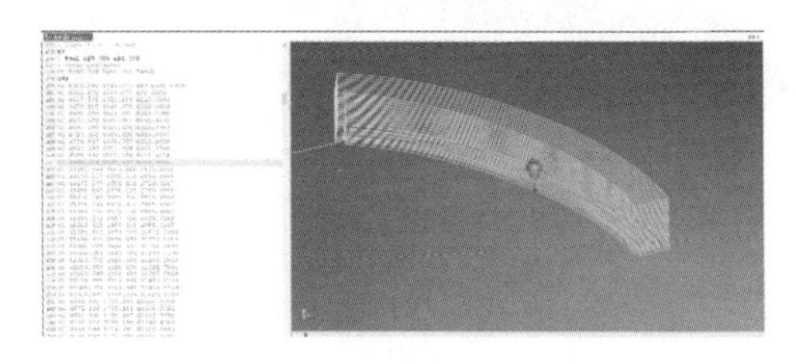

图6-37 打印路径代码仿真

（3）3D打印及可建造性能评价

首先根据打印模壳的尺寸预估所需水泥基材料的理论重量，在模型切片软件中设置条带材料直径为20mm，条带密度为2.5g/cm^3。切片完成后，在打印统计中得到打印条带总长度约为54000mm，总重量为46.2kg，考虑到打印过程中挤料和搅拌过程中存在损耗，将理论重量适当放大到50kg。其次，将上述永久模壳代码修改完成后，打印参数设置为层高10mm，打印头行进速度50mm/s，挤料转轴速率1r/s，打印高度200mm，导入3D打印操作系统中，并根据打印模壳的尺寸大小，在工作平台上确定合适的位置，置为零点，要求原点高度尽可能为零，即打印头的初始高度位置尽可能接触到操作平台，防止零点具有初始高度，即第一层打印层高超过10mm，打印层厚与模型参数不符，可能会导致打印失败。将原点确定好之后，在正式打印之前先进行试打印，在储料筒中放入约一半体积的材料，控制系统选择手动模式，启动挤料系统，使挤料螺杆转动，材料填充满打印管道和打印头，防止在正式打印过程中因为挤料挤出不及时导致模型打印失败。观察条带能否顺利挤出，条带宽度和表面质量是否满足打印要求。

3D打印混凝土模壳可建造性能评价和打印弧形梁模壳构件分别如图6-38和图6-39所示。在3D打印混凝土弧形梁模壳过程中，条带能顺畅连续挤出，条带表面光滑平整，没有出现毛刺和撕裂现象，条带具有较好的一致性和均匀性。模壳没有出现沉降不均匀，发生过大变形导致局部坍塌的现象，下层条带能够很好地承受上层条带重量。混凝土模壳各条带层厚 10mm，打印 20 层，总层高为 200mm，模壳总长为 1384mm，端部长为 185mm，中部宽为 150mm，挤出条带宽度为 25mm，打印实体与三维模型尺寸基本一致，模壳整体打印质量和成形质量较好，满足 3D 打印的要求，可用于制作弧形梁组合构件。

（a）模壳局部打印质量

（b）模壳层高测量

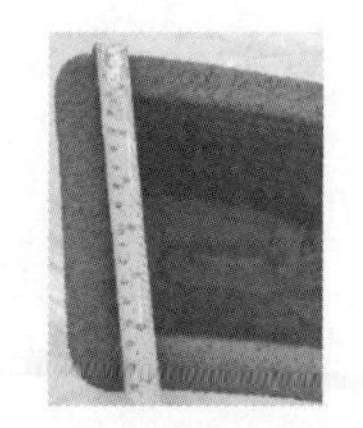

（c）模壳端部长度测量

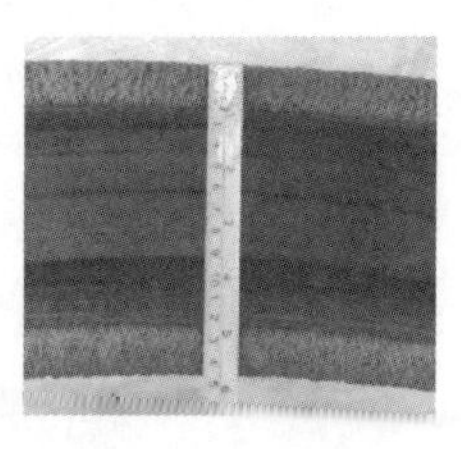

（d）模壳中部长度测量

图 6-38　弧形梁模壳可建造性能评价

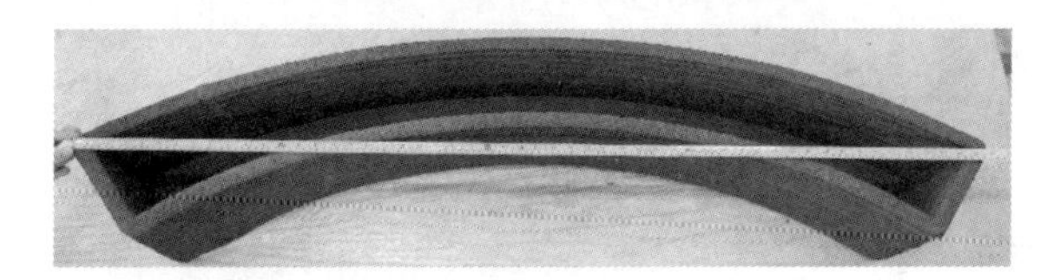

图 6-39　弧形梁模壳打印实体

2. 混凝土弧形梁建造成形

制作两种 3D 打印混凝土模壳弧形梁组合构件、一种现浇弧形梁构件。三种弧形梁的尺寸相同，梁高均为 200mm，梁端部宽为 184mm，梁中部宽为 150mm，梁跨度为 1384mm，计算跨度为 984mm，试验梁保护层宽度为 25mm。弧形梁组合构件尺寸和现浇梁尺寸如图 6-40 所示。

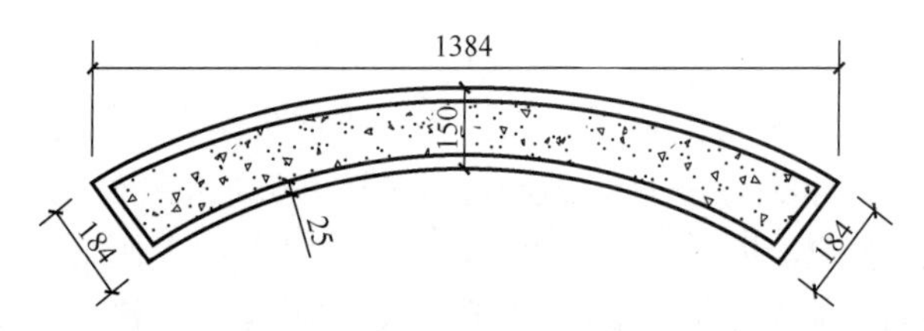

（a）弧形梁组合构件剖面

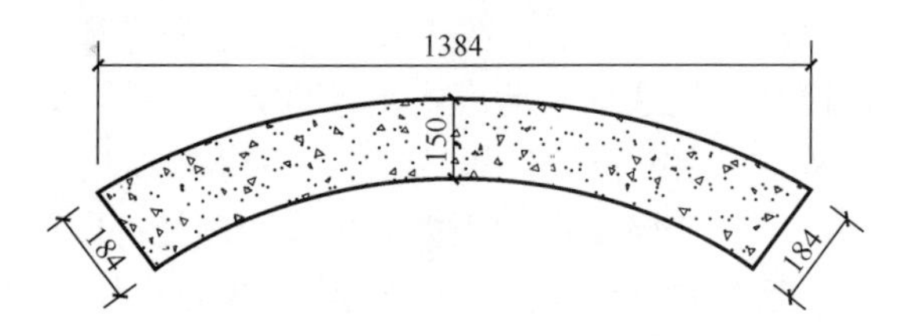

（b）现浇弧形梁剖面

图 6-40　弧形梁剖面示意图（尺寸单位：mm）

三种弧形梁构件编号、成形方法、端部截面尺寸和配筋形式见表 6-12。弧形梁配筋示意图如图 6-41 所示，其中，第二根弧形梁在第 5～15 层布置加固筋，加固筋平面位置如图 6-41（b）黑色线加粗区域。3D 打印模壳沿层间堆叠方向（即加载方向）养护 28 天，立方体抗压强度为 55.4MPa，内部现浇混凝土养护 14 天，强度为 18.6MPa。

表 6-12　试验构件汇总表

构件编号	成形方法	弧形梁尺寸/（mm×mm）		配筋形式		
		端部	跨中	箍筋	纵筋	加固筋
L-1	3D 打印模壳和内部现浇	184×200	150×200	ϕ8@187	2ϕ10	
L-2	3D 打印模壳和内部现浇	184×200	150×200	ϕ8@187	2ϕ10	ϕ10@262
L-3	整体现浇	184×200	150×200	ϕ8@187	2ϕ10	

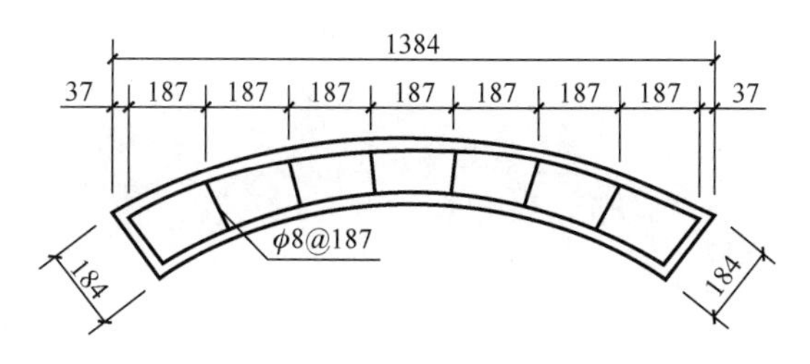

（a）弧形梁箍筋示意图

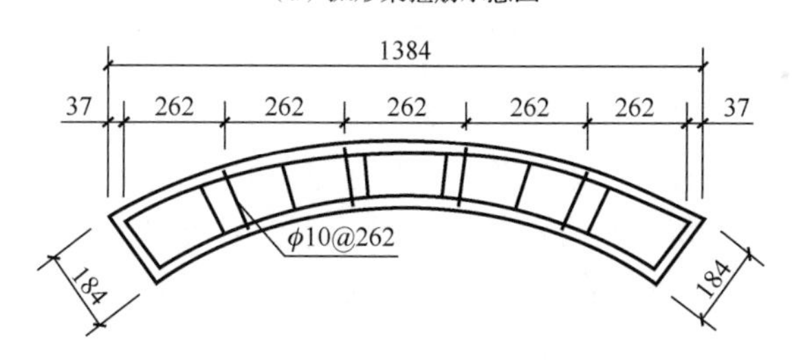

（b）第二根弧形梁组合构件加固筋示意图

图 6-41　弧形梁配筋示意图（尺寸单位：mm）

弧形梁组合构件和现浇弧形梁制作过程分为三个步骤。

1）利用调配好的水泥基材料和确定好的打印参数 3D 打印出弧形模壳。第一根弧形梁永久模壳层高 10mm，打印 20 层，弧形梁混凝土保护层厚度为 25mm，组合构件保护层厚度即为模壳条带宽度。为保证打印质量和构件成形质量，模壳底部两层填充率设置为 100%，即打印两层实心保护层，如图 6-42 所示。

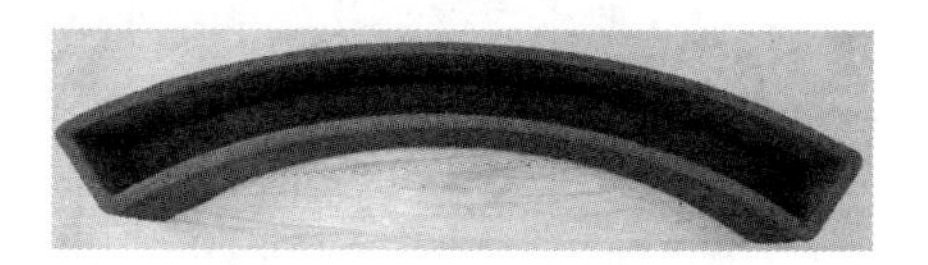

图 6-42　第一根弧形梁模壳

第二根弧形梁3D打印混凝土模壳通过在第5和15层位置预留钢筋孔洞来进一步研究钢筋布置对弧形梁组合构件承载性能的影响。孔洞沿模壳内外侧长度对称均匀布置，为了便于模壳硬化后插入钢筋，采用直径为12mm、摩擦系数较低且不易黏附其他物质的聚四氟乙烯棒［图6-43（a）中白色部件］，放置在模壳指定位置以此来对模壳进行局部开孔，同时将第5和15层模壳路径代码中层高改为15mm，避免模壳和聚四氟乙烯棒位置冲突，模壳总层高为200mm，打印19层。模壳预留孔洞如图6-43（b）所示。

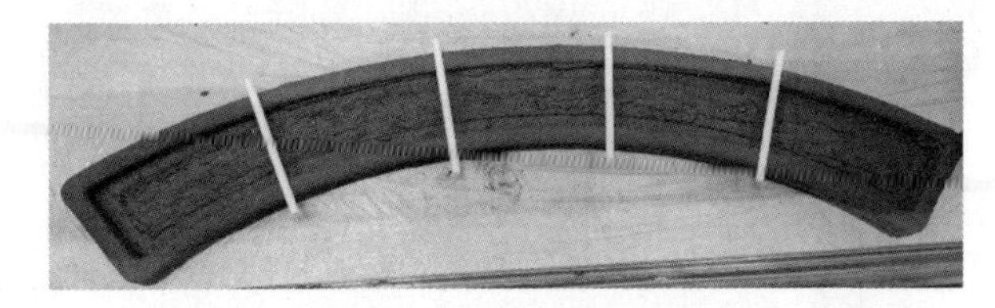

（a）模壳第5层预留孔洞位置

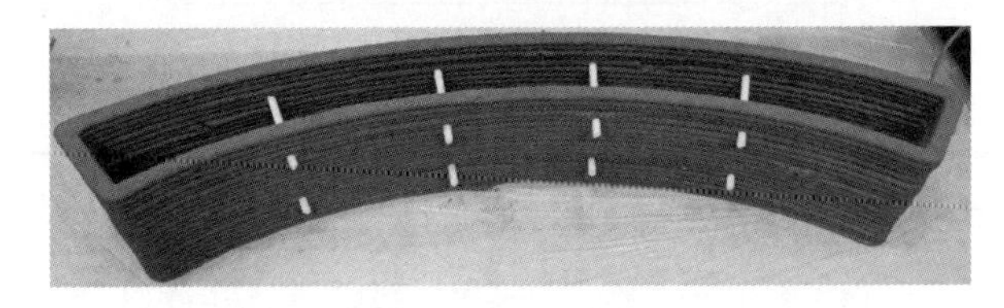

（b）模壳第15层预留孔洞位置

图6-43　第二根弧形梁及其预留孔洞

第三根弧形梁为现浇弧形梁，其模板采用3D打印混凝土成形，模板内部尺寸与弧形梁组合构件尺寸保持一致，内部现浇钢筋混凝土，成形硬化后拆除模壳制作现浇钢筋混凝土弧形梁。因此为了保证尺寸一致性，第三根弧形梁模壳底部同样设置两层10mm的保护层，总高度增大为220mm，模壳内外轮廓同时往外扩大25mm（混凝土挤出条带宽度）。3D打印模壳如图6-44所示。

图6-44　第三根弧形梁模壳

2）模壳打印完成后进行洒水养护28天，并定期观察模壳有无因移动或温度变化造成的局部开裂。根据试验方案和设计要求，将绑扎好的钢筋笼放入模壳内部。其中，L-2弧形梁组合构件模壳硬化后将聚四氟乙烯棒缓慢拔出，并插入加固筋，加固筋固定放置在混凝土模壳上，长度根据试验方案位置确定；为使L-3构件现浇弧形梁的混凝土模板易于拆卸，在模板内部铺上两层塑料薄膜使得现浇混凝土与模壳隔开，并用铁块压住薄

膜，防止浇筑过程中薄膜移位。

3）钢筋笼放入完成后浇筑混凝土。为保证混凝土浇筑质量，在混凝土浇筑过程中不断用振捣棒振捣，浇筑完成后测量其尺寸没有发生变化，且模壳没有出现明显裂缝。浇筑完成后，为保证表面平整度及后期加载的水平度，用刮板等工具对弧形梁上表面进行抹平，并定时洒水养护，如图 6-45 所示。

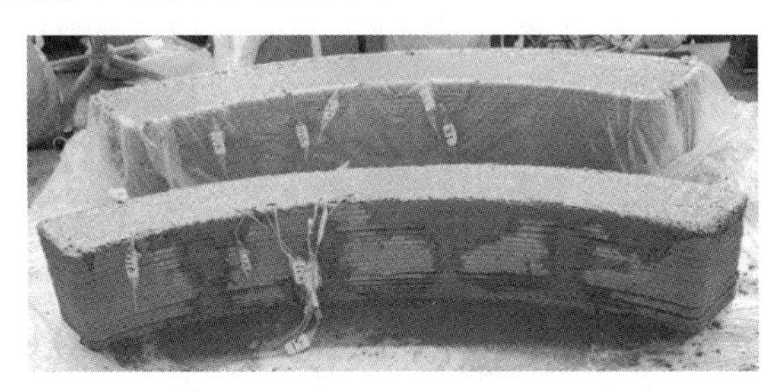

图 6-45　弧形梁浇筑及抹平

3. 3D 打印混凝土模壳弧形梁承载性能试验验证

本试验在长沙理工大学工程结构大厅进行。将梁放置在钢台座上，梁上端采用钢压梁压住，压梁连接地锚并用螺栓拧紧，梁中部通过千斤顶对其施加集中荷载，现场加载装置如图 6-46 所示。由于上部加载装置与弧形梁和反力架之间可能存在间隙，导致在正式加载之后试验结果失真，因此在正式加载前对试验梁采取预加载方式，保证加载装置与弧形梁和反力架接触良好，也对加载装置进一步固定，防止出现位置偏移，同时也确认传感器和位移计正常工作，保证数据收集准确。预加载利用力传感器进行控制，取预估极限荷载 10%，持续 2min 后卸载。卸载后进行正式加载，弧形梁在开裂前缓慢均匀加载。弧形梁开裂后，按预估弧形梁极限荷载的 10%左右进行加载，相邻两次加载时间间隔为 2～3min，在此期间内观察试验梁裂缝发展情况，并做好标记。加载 2min 后记录百分表和力传感器读数。当试验梁达到极限荷载后记录实测值。加载到试验梁完全破坏，记录试验梁破坏时裂缝的分布情况。

图 6-46　试验梁现场加载装置图

三根弧形梁均是首先在梁跨中底部出现裂缝，且由底部往上向内外侧模壳发展。梁开裂后，随着荷载的不断增加，弧形梁内外侧裂缝不断延伸且有往加载点处集中的趋势，但新裂缝产生数量不多。加载后期，弧形梁底部第二层模壳位置处沿模壳条带方向出现横向裂缝，且不断向两侧台座处发展。荷载继续增加，裂缝的宽度不断增加，横向裂缝不断沿条带方向延伸，且模壳内部传出纤维断裂拔出的声音。第二根弧形梁因为加固筋的存在，在加载后期梁外侧混凝土模壳加固筋位置处出现横向裂缝，且横向裂缝发展到最外侧加固筋位置处时迅速向梁底部支座位置处延伸。最终，当荷载达到峰值时，弧形梁模壳上部与现浇混凝土之间开裂，梁内外侧临界裂缝大致呈斜向裂缝破坏。弧形梁典型破坏现象如图 6-47 所示。

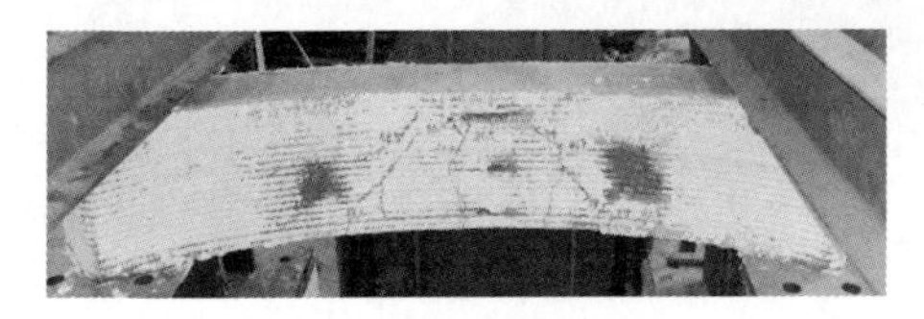

（a）L-1 弧形梁内侧裂缝分布

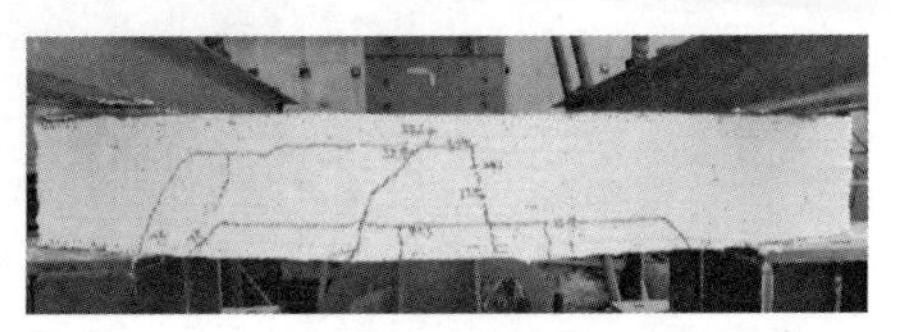

（b）L-2 弧形梁外侧裂缝分布

（c）L-1 弧形梁底部裂缝分布

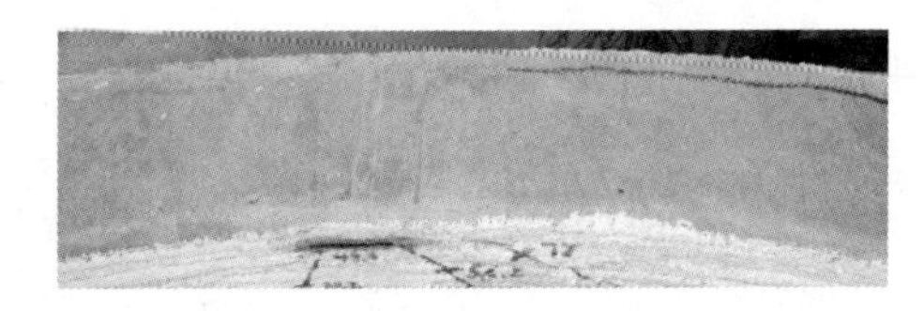

（d）L-2 弧形梁上部裂缝分布

图 6-47　弧形梁典型破坏现象

弧形梁的开裂荷载和极限荷载结果汇总见表 6-13。L-3 整体现浇梁开裂荷载为 21.1kN，L-1 弧形梁组合构件开裂荷载为 23.2kN，L-2 加固筋弧形梁组合构件开裂荷载为 24.8kN。L-1 弧形梁组合构件与 L-3 现浇弧形梁相比，开裂荷载提升了 10%。由于 3D 打印混凝土模壳中使用的水泥基材料中含有大量的聚丙烯纤维，起到一定的连接作用，阻碍了裂缝的发展，且材料中没有大粒径粗骨料，因此弧形梁组合构件在破坏时，仅有较宽的主裂缝出现，并且并未出现弧形梁表面材料突然崩开和模壳大面积脱落的情况，弧形梁组合构件的抗裂性能得到提高。L-1 和 L-2 弧形梁组合构件相比，布置加固筋的 L-2 弧形梁组合构件对开裂荷载提升并不明显，梁下部主要还是由混凝土参与抗拉，因此开裂荷载主要取决于弧形梁下部混凝土的抗拉作用。

表 6-13　弧形梁的开裂荷载和极限荷载

构件编号	成形方式	开裂荷载/kN	极限荷载/kN
L-1	3D 打印模壳和内部现浇	23.2	66.9
L-2	3D 打印模壳和内部现浇 布置加固筋	24.8	73.5
L-3	整体现浇	21.1	53.4

L-1 弧形梁组合构件极限荷载为 66.9kN，L-2 加固筋弧形梁组合构件开裂荷载为 73.5kN，L-3 整体现浇梁开裂荷载为 53.4kN。L-1 弧形梁组合构件与 L-3 现浇弧形梁相比，极限荷载提升了 25.3%。造成这种结果的主要原因是弧形梁在加载过程中，上部混凝土受压，弧形梁组合构件上部受压区混凝土是由模壳和现浇混凝土组成的，模壳通过逐层打印叠加成形，加载方向为抗压强度最大的条带堆叠方向，并且由于养护龄期等原因，此时 3D 打印混凝土模壳的抗压强度要高于内部现浇混凝土的抗压强度，其 3D 打印混凝土材料的轴心抗压强度标准值为现浇混凝土轴心抗压强度标准值的三倍，且 3D 打印混凝土模壳对内部现浇混凝土形成围箍效应，使得 L-1 弧形梁组合构件承载性能提升较为明显。

L-1 和 L-2 弧形梁组合构件相比，L-2 弧形梁极限荷载提升了 9.8%，原因是 L-2 弧形梁组合构件上部除了 3D 打印混凝土模壳和内部现浇混凝土参与受压外，加固筋同样参与了一部分受压。加固筋通过预留孔洞放置在内外侧模壳之间，并通过内部现浇混凝土使模壳、加固筋和内部混凝土形成一个整体，上部荷载一部分通过 3D 打印模壳传递到与之黏结的加固筋上，一部分通过内部混凝土传递到加固筋上，协助混凝土承受压力，进而提高弧形梁组合构件的整体受弯承载力。

本 章 小 结

3D 混凝土建造技术是将建筑的图形设计模型转化为三维的打印路径，利用打印系统，将凝结时间短、强度发展快的混凝土材料，精确分层、布料逐层叠加累积成形，最终实现结构试件的建造技术。相比于传统建造方式，3D 打印建造技术具有设计自由度高、无模板施工、建造效率高、环境污染小等优点，对工程建设智能化发展具有重要作用。本章主要内容如下。

1）3D 打印建造技术的主要成形工艺包括黏结沉降成形工艺 D-Shape、轮廓工艺等。

2）3D 打印混凝土的强度与水泥强度、水胶比、胶砂比、龄期和试件的尺寸与形状等有很大关系。除此之外，由于 3D 打印混凝土逐层堆叠建造的特点，3D 打印混凝土的力学性能会受混凝土条带搭接宽度、纤维种类、加载方向的影响。

3）3D 打印混凝土建造技术能使工程结构设计有很高的自由度，传统支模难以实现的构件通过 3D 打印将很容易建造。例如，3D 打印混凝土扭曲面模壳通过修改代码控制层扭转角的大小来建造不同形态的模壳，内部浇筑混凝土，实现混凝土异形构件的建造，且构件成形质量效果较好。

思 考 题

1．3D 打印混凝土的主要组分是什么？
2．3D 打印混凝土的工作性能有哪些？
3．3D 打印混凝土的抗压强度测试主要步骤有哪些？
4．3D 打印混凝土力学性能的影响因素有哪些？
5．3D 打印混凝土建造性能的影响因素有哪些？

参 考 文 献

[1] 肖绪文，田伟，苗冬梅．3D 打印技术在建筑领域的应用[J]．施工技术，2015（10）：79-83.
[2] 沈晓冬，史玉升，伍尚华，等．3D 打印无机非金属材料[M]．北京：化学工业出版社，2020.
[3] 马国伟，王里．水泥基材料 3D 打印关键技术[M]．北京：中国建材工业出版社，2020.
[4] 中国工程建设标准化协会．混凝土 3D 打印技术规程：T/CECS 786—2020[S]．北京：中国计划出版社，2020.
[5] 孙晓燕，乐凯笛，王海龙，等．挤出形状/尺寸对 3D 打印混凝土力学性能的影响[J]．建筑材料学报，2020，23（6）：1313-1320.
[6] 中国混凝土与水泥制品协会．3D 打印混凝土基本力学性能试验方法[S]．北京：中国建材工业出版社，2022.
[7] LE T T, AUSTIN S A, LIM S, et al. Mix design and fresh properties for high-performance printing concrete[J]. Materials and Structures, 2012, 45(8): 1221-1232.
[8] 蒋友宝，胡佳鑫，周浩，等．起始点逐层等角度移动时 3D 打印混凝土圆环构件可连续打印高度[J]．建筑结构学报，2021：1-9.
[9] 王里，王伯林，白刚，等．3D 打印混凝土各向异性力学性能研究[J]．实验力学，2020，35（2）：243-250.
[10] 肖建庄，柏美岩，唐宇翔，等．中国 3D 打印混凝土技术应用历程与趋势[J]．建筑科学与工程学报，2021，38（5）：1-14.
[11] 蔡建国，张骞，杜彩霞，等．3D 打印混凝土技术的研究现状与发展趋势[J]．工业建筑，2021，51（6）：1-8.
[12] 文俊，蒋友宝，胡佳鑫，等．3D 打印建筑用材料研究、典型应用及趋势展望[J]．混凝土与水泥制品，2020（6）：26-29.
[13] 贺昊轩，蒋友宝，邓云峰，等．3D 打印预制混凝土扭曲面模壳-现浇柱节段成型试验研究[J]．长沙理工大学学报（自然科学版），2022，19（4）：47-54.

第 7 章　3D 打印技术与创新应用案例

本章学习目标

- 熟悉 3D 打印技术成形过程。
- 通过案例了解 3D 打印技术的创新应用。

7.1　3D 打印成形的一般过程

3D 打印是一种新的成形技术，它运用粉末状金属或者塑料、混凝土等可黏合材料，通过多层堆叠技术来构造实体。通俗地说，3D 打印就是在普通二维打印的基础上再加一维，之所以还称之为“打印”，是因为其借鉴了二维打印的技术原理，分层加工的形式和喷墨打印的过程相似，只不过打印的材料是“实物”而不是“墨水”。虽然出现了很多不同的 3D 打印技术，但是，不管最终产品是快速成形件还是功能部件，其成形原理都较为相近。

3D 打印成形过程如下。

1. 建立三维数字化模型

生成数字模型是 3D 打印过程的第一步，目前用于 3D 建模的软件种类较多，包括 SketchUp、Blender 等开源的 3D 建模产品，以及 CAD、3ds Max、Pro/E、Maya 等商业软件。以上建模软件在不同领域各有优势，如 CAD 主要应用于工业设计，利用计算机 CAD 建立 3D 打印模型，将数字模型文件转换为 STL 文件，生成 STL 文件后，将文件导入模型切片软件中进行处理。逆向工程也可以通过 3D 扫描实物生成数字模型。

除了利用 3D 建模软件进行建模外，还可以利用二维图像进行 3D 模型构建。这种建模方法需要提供一组物体不同角度的序列照片，利用计算机辅助工具，即可自动生成物体的 3D 模型。这种方法主要针对已有物体的 3D 建模，操作较为简单，自动化程度很高，成本低，真实感强。

除此之外，还有三维扫描仪，它用来侦测并分析现实世界中物体或环境的形状（几何构造）与外观数据（如颜色、表面反照率等性质）。搜集的数据常被用来进行三维重建计算，在虚拟世界中创建实际物体的数字模型。

2. 选取 3D 打印材料

3D 打印成形工艺有多种技术种类，如 SLS、SLA 和 FDM 等。每种打印技术要求的打印材料都是不一样的：如 SLM 常用的打印材料是金属粉末；SLA 通常用光敏树脂；FDM 采用的材料比较广泛，如 ABS 塑料、PLA 塑料等。

在选取建造材料前应先确定 3D 打印建造产品类型及工艺。3D 打印建造产品主要包括外观验证模型和结构验证模型两种类型，再考虑成本、应用环境、功能要求、几何限制、后处理等因素，以选取合适的建造材料。

3. 三维实物的 3D 打印

设置好 3D 打印机，调整打印参数，校平设备平台，倒入耗材，如果是 ABS 耗材则还需预热设备，全部调试好之后就可以开始打印了。3D 打印建造实物时，打印材料会逐层叠加以构建设计的现实三维物体，打印过程将遵循自动化流程，模型的尺寸大小和打印的速度决定最终成形时间，通常在机器用完材料或软件出现错误时，控制设备会出现警示。

4. 3D 打印后处理过程

3D 打印建造后处理方法因 3D 打印建造技术而异，有多种方法，如金属 3D 打印件表面粗糙、光洁度不足时，可使用手工打磨、喷砂、自适应研磨、激光抛光、化学抛光等方法。对于各种打印工艺的打印件，常见的后处理方法有：砂纸打磨、丙酮抛光、PLA 抛光液、表面喷砂、黏合组装、模型上色等。

1）砂纸打磨——3D 打印出来的物品表面有时会比较粗糙，需要抛光，PLA 和 ABS 材料打印的零构件常使用砂纸打磨。砂纸打磨可以用手工打磨或者使用砂带磨光机等专业设备打磨。砂纸的型号主要以表面颗粒的粗细来区分，常见的有 180 目、400 目至 5000 目等不同型号，标号越低的砂纸颗粒越大，表面越粗糙。砂纸打磨是一种廉价且有效的方法，一直是 3D 打印后期抛光最常用、使用范围最广的技术。

2）丙酮抛光——主要是用丙酮的蒸气熏蒸 3D 模型来完成抛光，主要用于 ABS 材料打印的零构件抛光。丙酮是一种有害化学物质，需在通风良好的环境和佩戴好防毒面具等安全设备时完成操作。

3）PLA 抛光液——加水稀释过的亚克力胶水，主要成分是三氯甲烷或氯化烷等混合溶剂，主要用于 PLA 材料打印的零构件抛光。操作步骤是将抛光液放入操作器皿后，将模型用铁丝或绳索挂着模型底座放入已添加抛光液的器皿中浸泡，浸泡时间不宜太长，8s 左右即可。与丙酮一样，PLA 抛光液也是一种有毒物质，建议慎重选择。

4）表面喷砂——表面喷砂也是常用的后处理工艺，一般用来处理 FDM 工艺和 SLA 工艺打印出来的物件表面层纹，使用喷嘴朝着抛光对象高速喷射介质小珠，从而达到抛光的效果。

5）黏合组装——超大尺寸和多部件或拆件打印的模型常常会需要黏合。完成黏合位置涂抹胶后用橡皮圈固定，促使黏合时更为紧密。如果黏合过程中碰到模型有空隙或接触处毛糙的情况，可以运用密封胶或填料使其变平滑。

6）模型上色——因为除了全彩砂岩的打印技术可以做到彩色3D打印之外，其他的一般只能打印单种颜色。有时需要对打印出来的物件进行上色，如ABS塑料、光敏树脂、尼龙、金属等，不同材料需要使用不一样的颜料。

7.2　3D打印技术在各领域创新应用的案例

7.2.1　3D打印技术在土木工程领域的创新应用

3D打印技术在土木工程领域相比传统施工工艺，除技术本身优点（如施工速度快、人工成本低、不需要模板和节能环保等）外，还能解决施工条件极其恶劣的环境问题和一些复杂建筑结构建造难题。

案例一：古城楼模型

古城楼（见图7-1）是中国古代典型建筑，其建筑历史悠久，兴衰荣辱的千年光阴投射其中，各地的古城楼也记载了当地的历史与文明。

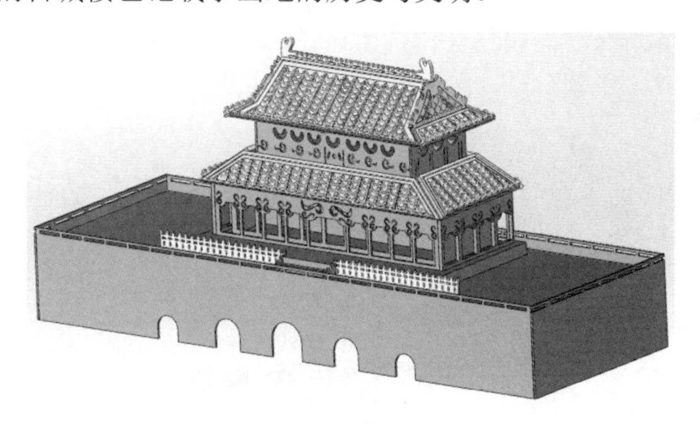

图7-1　古城楼3D打印建模

2022年，长沙理工大学开始了古城楼缩尺模型的打印工作。首先要确定古城楼模型的长、宽、高。同时，按模型构件打印精度要求将打印结构分为上下两部分，分别使用FDM和龙门架式混凝土3D打印机打印。

具体3D打印建造流程如下。

（1）建立古城楼三维数字化模型

先使用SolidWorks软件建立古城楼模型［见图7-2（a）］，上部结构的长×宽×高为500mm×250mm×330mm，对上部结构进行拆解以提高打印精度，通过Bambu Studio软件切片，如图 7-3 所示。

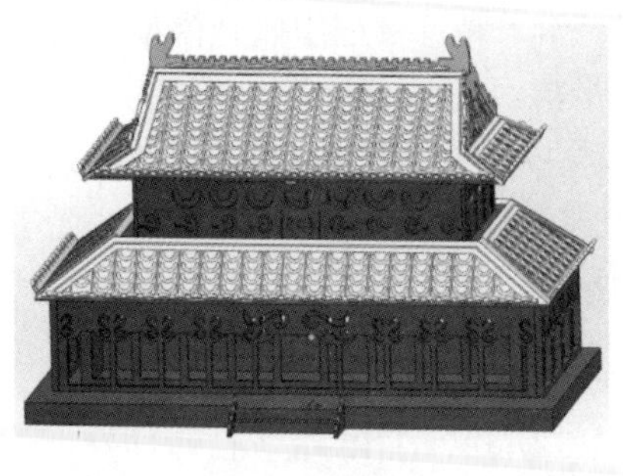
（a）上部结构

（b）下部结构

图 7-2　古城楼上下结构模型

图 7-3　古城楼上结构拆解切片打印路径

将下部结构模型［见图 7-2（b）］文件转换为 STL 文件，下部结构的长×宽×高为 1000mm×350mm×150mm，为调整优化打印路径，将模型内部设计为中空结构以减轻打印模型重量，如图 7-4 所示。

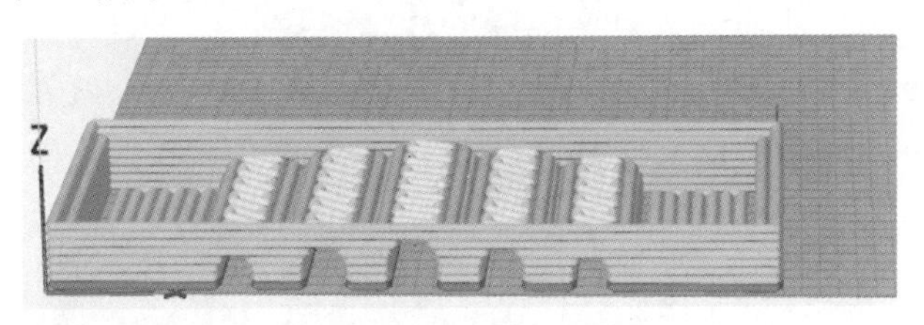

图 7-4　古城楼模型下部结构打印路径

（2）选取古城楼模型打印材料

上部结构材料选择环保性能较高的 PLA，下部结构使用水泥基材料，具体配合比见表 7-1。

表 7-1　古城楼模型下部结构水泥基配合比

硅酸盐水泥	快硬早强水泥	水	细砂	胶粉	聚丙乙烯纤维	纤维素醚	消泡剂	减水剂
0.95	0.05	0.4	1	56	20	6	20	24

（3）古城楼模型实物打印

上部结构使用 FDM 工艺打印拆解后的各个构件，下部结构采用 3D 打印混凝土技术，材料需满足挤出性，防止打印时出料口堵塞，所以打印前对水泥基流动度进行测试［见图 7-5（a）］，并在打印过程中观察挤出材料的细腻度［见图 7-5（b）］。因门洞上部跨越位置容易坍塌，使用 FDM 设备打印门洞模型以支撑门洞上部混凝土堆叠［见图 7-5（c）］，打印结束后测量模型是否符合每层堆叠高度设计要求［见图 7-5（d）］，并进行养护。

（a）流动度测试

（b）观察挤出材料的细腻度

（c）放置门洞模型

（d）层高测量

图 7-5　古城楼模型打印

（4）古城楼模型后期处理

古城楼模型上下部结构打印完后，上部结构使用胶水黏合，下部结构喷漆上色，再拼接上下部结构，黏合台阶、周边护栏等，最后建造的古城楼模型如图 7-6 所示。

图 7-6　3D 打印的古城楼模型

案例二：乡村民居建筑

2021 年 9 月，河北下花园武家庄一处地上一层住宅使用 3D 打印技术建造而成，如图 7-7（a）所示，住宅的长×宽×高为 14m×7.85m×2.4m（拱屋面最高处为 4.3m）。项目总占地面积为 106m^2，采用三维数字化设计，其结构参照当地传统的窑洞形式，内部设置了 3 室 1 厨 1 卫，如图 7-7（b）所示。

屋面和墙体均使用 3D 打印建成的 40mm 厚的桁架式墙板，打印过程如图 7-7（c）所示，机械臂打印头宽度为 40mm，打印材料使用聚丙烯纤维混凝土。根据 3D 打印成形特点，打印时先在现场地面上直接打印拱板和平板，然后再打印墙体至屋面底设计标高，最后将拱板、平板和墙体在预设节点进行连接。

该住宅共使用了 3 套机器臂 3D 打印混凝土移动平台，施工时分别布置在 3 室中央进行结构基础及墙体的打印，同时在室外的机器臂轨道两侧预制打印了筒拱屋顶，待墙面稳固后吊装预制屋顶。打印的墙体中间填充了保温材料，增强了建筑保温效果。

（a）外景

（b）内景

（c）打印过程

图 7-7　武家庄 3D 打印农户住宅[1]

机器臂 3D 打印混凝土移动平台包括可移动机械臂及 3D 打印设备、轨道及可移动可升降平台、拖挂平台等。整套平台只需 2 人在移动平台上操作即可完成房屋的打印建造，极大地简化了混凝土 3D 打印的工艺，减少了打印建造过程中的人力投入。3D 打印混凝土建造技术在完成传统造型的乡村房屋设计建造的同时，还可实现各种优美的不规则曲面形体乡村房屋的建造，助力提升乡村建设水平，为乡村振兴建设提供新的技术支持。

案例三：拱形砌体人行天桥

2021 年，苏黎世联邦理工学院的 BRG（the block research group）研究团队和扎哈·哈迪德建筑事务所的计算与设计小组共同参与了 3D 打印建造拱形砌体人行天桥的研究。Striatus 是一座拱形的无钢筋砌体人行桥，由 3D 打印的混凝土砌块构成，如图 7-8（a）所示。组装过程中不采用黏合剂，“Striatus”的名称（意为带条纹的）反映了其结构和制造过程上的逻辑，混凝土材料被打印成垂直于主要结构力的分层，以创建一种无须加固的、纯压缩的“条状”结构。因为该建筑不需要砂浆，所以块状构件可以被拆除，并在不同的地方重新组装成桥梁，如图 7-8（b）所示。这座 16m×12m 的人行桥结合了传统技术，以及先进的计算机设计、工程和机器人制造技术，可以反复地进行安装、拆卸、重组或更换用途，充分地展示了可持续性的 3R（Reduce，Reuse，Recycle）原则在混凝土结构中的成功应用。

（a）砌块打印

（b）砌块拼装

图 7-8　无加固砌体人行桥打印拼装

案例四：改性塑料曲面板工程

全球最大的改性塑料 3D 打印建筑——南京欢乐谷主题乐园东大门，在 2020 年 11 月 11 日随着园区正式开放一同展示。设计团队与建筑机器人协作，全面颠覆了传统意义上的设计到建造的流程，高效、精准地完成了超尺度、高维几何建造体的改性塑料 3D 打印实施工作。独特的定制化建造体不仅在形象上成为南京欢乐谷的代表性标志，也完美实现了从前广场到主题乐园的空间过渡。

基于计算性几何的多维双曲面在多孔性穿透下得到无限扩展，三维空间的内外折叠增强了空间的连续性，曲面起止的绵延削弱了建筑的边界，入口空间呈现从各个方向接纳游客的欢迎姿态。大门采用整体钢结构骨架造型，除屋面不可见的较为平整部分采用部分玻璃钢（glass fiber reinforced plastics，GRP）材料外，其他彩色外表皮采用 3D 改性塑料外表皮打印的建构体系。

7.2.2 3D 打印技术在机械工程领域的创新应用

在机械工程应用领域，3D 打印技术显著加快了研发机械产品的速度，缩短了机械零部件产品研发时间；机械制造企业降低了自身投入的各项资源，其中包含人力资源、资金成本以及其他相关资源。从增材制造的角度来看，机械工程应用领域涉及的 3D 打印技术体现出全方位的机械制造优势，其中关键在于保障精准度、简化机械制造流程并且全面提升实效性。

案例一：汽车零部件

机械工程中机械零件是 3D 打印的一重大应用领域。机械零件是用于创建整个机械系统的组件，按作用不同，可以分为连接零件、传动零件、支撑零件、润滑零件和弹簧等其他零件。

3D 打印技术在汽车工业零部件的应用有很多的案例，包括汽车齿轮、发动机缸盖、尾气歧管、轮毂、变速箱、转向节、引擎盖板等，如图 7-9 所示。使用 3D 打印技术能极大地缩减零部件制造耗时、减轻零部件的重量、提高零部件的性能，以及降低制造成本。

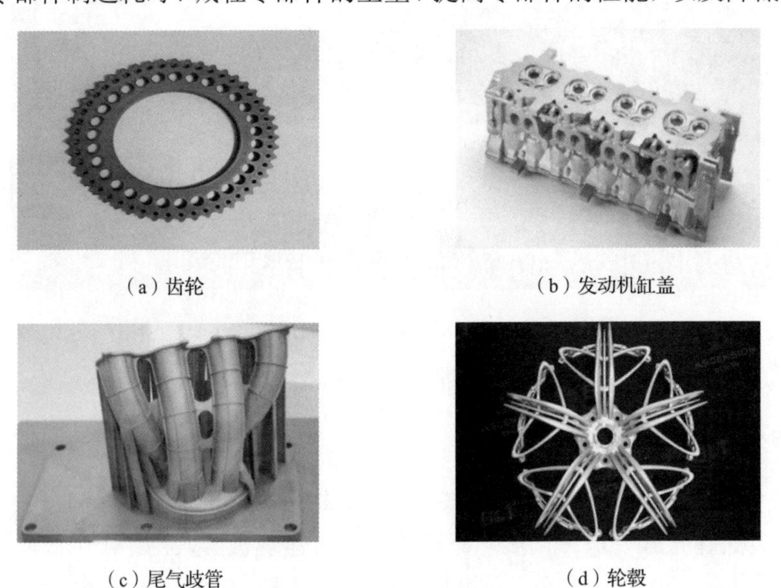

（a）齿轮　（b）发动机缸盖

（c）尾气歧管　（d）轮毂

图 7-9　3D 打印汽车零部件

3D 打印机械零件应用中，氧化铝陶瓷（见图 7-10）是常用的材料之一，它具有强度高、绝缘电阻大、硬度高、耐磨、耐腐蚀及耐高温等一系列优良性能。3D 打印的氧化铝陶瓷烧结产品的抗弯强度可达 300MPa，具有优良的抗磨损性能，耐高温特性也很好。陶瓷精密零件在对耐磨、硬度和耐高温腐蚀有特殊要求的场合有很广泛的应用。

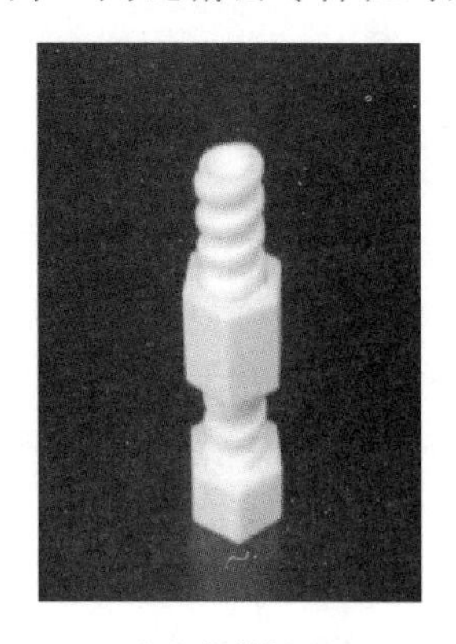

（a）螺栓螺母

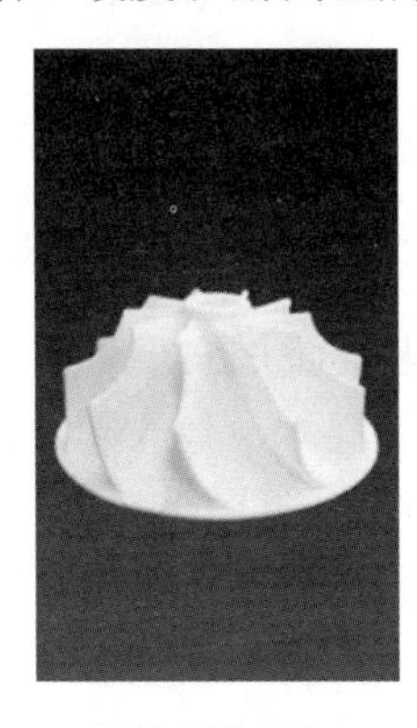

（b）涡轮叶片

（c）气缸阀门

图 7-10　3D 打印氧化铝陶瓷机械零部件

案例二：3D 打印汽车

世界上第一款 3D 打印汽车 Urbee 2 是一款三轮的混合动力汽车，其大多数组装结构及所有零部件都是 3D 打印出来的（见图 7-11），3D 打印的材料选择的是 ABS 塑料，打印精度可以精确到 0.1mm，保证了汽车零件的准确度。传统的汽车制造是生产出各部分然后再组装到一起，3D 打印机能打印出单个的、一体式的汽车车身，再将其他部件填充进去。该汽车需要大约 50 个零部件，而一辆标准设计的汽车需要成百上千的零部件。Urbee 2 的打印材料大部分是塑料，底盘和引擎用的是钢铁。

（a）车身外壳

（b）Urbee 2 外观

图 7-11　3D 打印汽车

7.2.3　3D 打印技术在太空基地等航空航天工程领域的创新应用

随着人类探索太空的脚步不断延伸，航空航天等高性能构件需要在更极端的条件下服役。为了获得更优更强的整体性能、更优更好的行业解决方案，航空航天构件发展向大型化、一体化、复杂化迈进。金属 3D 打印实现了相关材料制件的高性能、高精度、复杂结构等成形要求，成形产品在表面特性、几何特性、机械特性等关键指标均处于行业先进水平，具有“大（成形尺寸大）”、“优（优化设计）”、“特（新材料和特殊结构）”、“精（高精度）”的特点。

案例一：太空基地设想模型

2020 年 11 月 24 日，嫦娥五号月球探测器搭乘长征五号运载火箭发射升空，12 月 17 日携带月球样品返回地球。在这次任务中，我国实现了首次月球无人采样返回，随后一年多的时间里，科学家依据带回来的土壤样本，建立起了精准的月球年代函数模型。

我国计划在 2035 年左右建成月球科研站（见图 7-12），站址预计在月球南极。之所以要选在月球南极地区建站，是因为月球早已被地球潮汐锁定，白天的月表温度高达一百多摄氏度，晚上则会出现将近-200℃的极寒，但在月球南北两极地区由于极昼和极夜的存在，往往会出现连续 180 天的光照期。只有在光照期，月球基地的太阳能装置才能发挥作用，科研站的工作人员才能在月球基地长时间居住，而且月球的南极区域存在很多深度达到几公里的陨石坑，那里常年不见天日，很可能存在月球上为数不多的水资源。长远来看，如果能够在月球南极建立科研站，对整个太空探测都有着里程碑的意义，因为科研站不仅仅是为了科学研究和月球资源利用开发，还可以作为深空探测中转站。

图 7-12　月球科研站设想

因为月球基地的温度控制与能源保障比较困难，并且月球没有大气层，本身又容易吸引陨石，还时不时有四五级的月震，所以月球基地的设计与防护是重点之一。我国已经开展 3D 打印月球基地技术的研究，其中嫦娥五号从月球带回来的月壤就是研究的 3D 打印月球基地材料之一。我国已有高校研究团队成功利用火山岩、砂岩等材料 3D 打印出了各种复杂结构，作为太空基地建设技术探索，这些材料在各个星球上比较常见。当然，在探索材料成分的同时还需研究不同的结构形状、3D 打印的板材，使月球科研站能抵御微型陨石的袭击。

2013 年，欧洲宇航局公布了利用 3D 打印技术建造的首个“人类生命维持基地”模型蓝图，并声称未来机器人完全可使用“月球土壤”建造人类基地。按照设想，建造月

球基地的建筑材料 90%都应该直接从月球上取得，从而减轻从地球上运输的压力。设想先使用无人登月飞行器将设备运至月球，采用两台 3D 打印机器人收集浮土或月球尘土并加固在圆顶之上作为保护壳，从而完成在月球表面的基地建造工作。

目前，由其他工业团队或学术团队提出的几种太空基地方案都涉及 3D 打印技术。比如，德国联邦材料研究与测试研究所（Bundesanstalt für Materialforschung und -prüfung，BAM）提出了一种风化层的方案，简单来说算是一种陶瓷 3D 打印技术，采集月球上的岩石，并将其粉碎成粉末，再通过激光烧结生成各种结构。阿伦大学（Aalen University）则提出一种名为热熔挤出工艺的方案，可以适应不同的重力环境，以岩石为主要材料。Antonella Sgambati（OHB System AG）、Christoph Hofstetter（Lithoz）和 Gyrgy Attila Harakály（Incus）介绍了基于光刻的陶瓷制造工艺（lithography-based ceramic manufacturing，LCM）和新型光刻金属制造工艺（lithography-based metal manufacturing，LMM）。其中，LCM 工艺以月球岩石为原材料，LMM 工艺可以将报废设备的金属作为原材料。

案例二：航空发动机集成件

航空发动机从结构上看，无论是尾部轴承座还是中间压缩机壳（见图 7-13），都属于多部件集成的一体化、大尺寸零件，因此 3D 打印在该领域能够发挥重大作用，同时将几十上百个零件合而为一形成的一体化结构带来的制造效率和供应链结构优化效应非常明显。以发动机中框组件为例，在传统制造过程中，中框组件的 300 个零件需要 50 家供应商提供，然后由至少 60 名工程师先将其组装成 7 个组件，再装配成一个部件，维修点达到 5 处；而通过优化后采用 3D 打印制造，仅需要 1 台设备就可实现整个部件的直接制造，最多需要 8 名工程师便可实现最终部件的处理，维修点也变成了零件本身。

图 7-13　3D 打印航空发动机的中间压缩机壳

3D 打印技术在航空发动机上的应用充分体现了增材制造产品的创新性设计理念，展现了金属 3D 打印在航空航天领域的集成化、轻量化创新性设计及工程应用方面的突出优势。

案例三：中国空间站核心舱“天和号”

2022 年 10 月 31 日，中国空间站［见图 7-14（a）］“梦天”实验舱由长征五号 B 运载火箭发射成功。11 月 3 日中国空间站“梦天”实验舱顺利完成转位，从核心舱前向对接口转移到侧向对接口。随着“梦天”实验舱成功对接和转位，中国空间站“T”字基本构型在轨组装完成。“梦天”实验舱的重要结构件导轨支架采用了 3D 打印的薄壁蒙皮点阵结构。所设计的点阵单元为 BCC 形式，整个导轨支架共 11 块，如图 7-14（b）所示，每个结构块由 BLT-S510 一体成形，即同时打印出内部的点阵结构和外侧的蒙皮结构，单件最大尺寸为 400mm×500mm×400mm，单件打印时间约 150h，打印完成后组装拼接最大部分尺寸可达 2000mm。

（a）中国空间站

（b）3D 打印的导轨支架

图 7-14　3D 打印中国空间站薄壁蒙皮点阵结构导轨支架

7.2.4　3D 打印技术在其他领域的创新应用

3D 打印技术特有的三维智能数字化制造及多元材料适用能力使其在多个领域具有创新空间，如在骨科器械及定制植入物、文物修复和一些应急工程项目中都起着重要作用。

案例一：骨科器械和定制植入物

2015 年国家食品质量监督检验中心批准了中国首个 3D 打印髋关节产品，并在临床规模化应用。3D 打印技术基于自身的数字化优势，能有效满足个性化、精准化医疗，提高效率，得到了专业人士和普通民众的认可。3D 打印制备的医疗器械不仅具备定制性、可制造性和机械性能方面的优势，同时其制备过程快捷，没有额外的储存和运输成本；使用 3D 打印技术的手术时间短、创伤面积小、成功率高，患者痛苦小、恢复快，后遗症较少。

医生利用计算机断层扫描术（CT）、磁共振成像（magnetic resonance imaging，MRI）等影像技术，使用 3D 模拟建立缺失部位的骨骼三维图像，用于 3D 打印的手术前导板，

然后采用分层实体制造技术获得骨骼的原型，辅助传统的机械加工制造可植入人体的骨替代假体，如图7-15所示。

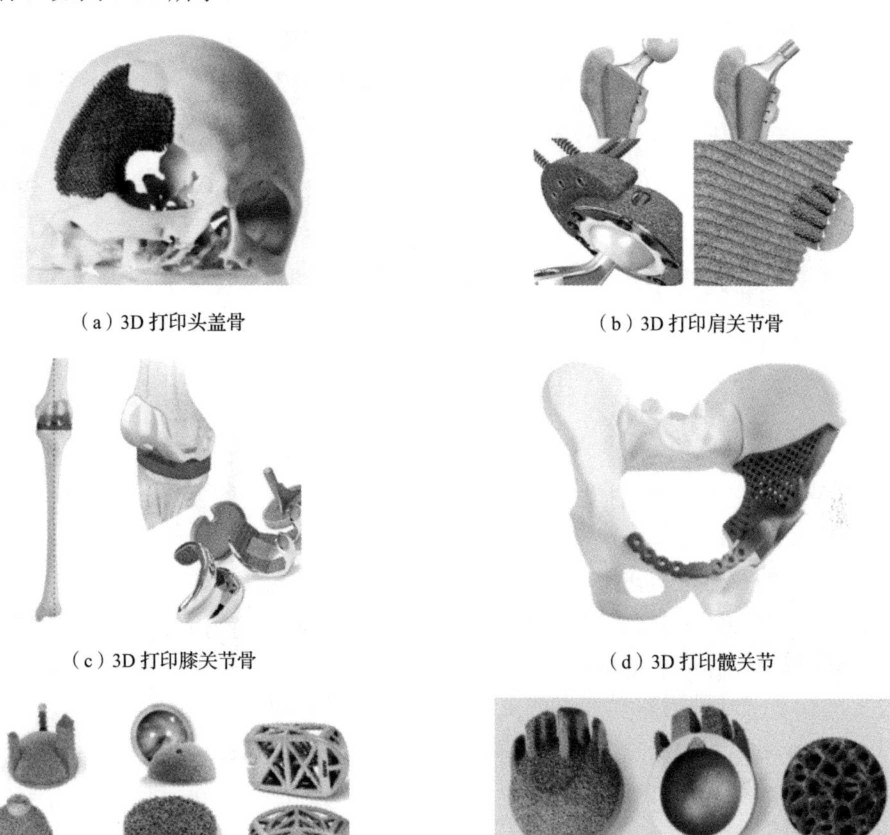

（a）3D打印头盖骨

（b）3D打印肩关节骨

（c）3D打印膝关节骨

（d）3D打印髋关节

（e）3D打印金属微孔植入物

（f）3D打印骨骼植入物

图7-15 3D打印骨骼植入物

3D打印骨科植入物常用电子束熔和激光烧结技术，打印材料一般选择Ti6Al4V、钴铬合金及不锈钢粉末。3D打印在计算机辅助设计下，能快速制造异形的个性化植入物，同时可以制造大小可控的微孔。这些微孔结构在植入体的实体部分可降低金属材料的弹性模量，减少应力遮挡；在植入体的表面可以促进金属与骨之间的骨整合。利用PEEK材料制造仿生人工骨也是很好的选择。

案例二：3D打印用于文物修复

随着时间的推移，在人为因素和自然因素的作用下，很多古文物开始渐渐失去原有的模样，与之相关的信息也一点点消失。为有效防止古文物破损等现象，古文物保护工作人员开始借助计算机数字化信息技术进行文物保护工作。随着三维数字化技术的逐渐成熟，三维数字化技术慢慢成为文物保护中的重要手段。通过现代化技术手段三维扫描技术与 3D 打印技术进行古文物的保护与传承工作，成为文物保护的主要方法之一，如图 7-16 所示。

（a）FDM 技术打印补配件

（b）SLA 技术打印补配件

（c）修复完成的古陶瓷文物

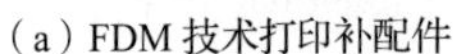

图 7-16　利用 3D 打印技术修复的古陶瓷文物[2]

利用 3D 打印技术修复文物，可以做到在不直接接触文物器物的前提下，通过高科技技术手段，如三维立体扫描、数据采集、建模、打印等，将复制件及残缺部分打印、复制成形。此类翻模方式不仅节省材料，提高材料利用率，可快速精准成形，更重要的是大大避免了翻模时直接接触文物而对文物本体造成二次伤害。

以陶器复制为例，复制一件文物通常需要 3 个步骤。

1）3D 扫描文物，获取准确、高精度的三维数据。

2）进行三维软件的建模，也就是三维数据的高效处理。

3）3D 打印成形，也就是三维数据的输出。

3D 打印技术的优势在于，它可以无限制地复制，首先使用三维扫描技术获得复制文物的三维模型，再使用 3D 打印获得复制品，然后在复制品的基础上翻模复制，实现批量化制作。因为，依据三维扫描获得的文物三维数字模型，使用数控加工手段，可以复制出文物的真实形貌或制作文物衍生品，用于代替文物真品进行实物展示，使人们能够欣赏文物造型的同时，减少和避免对文物真品的损伤。另外，在文物信息传承方面，最直接且重要的手段是将文物信息储存下来。传统的文字、书面记载等信息记录的方式，多因保存不当、纸质变质或自然灾害等多种因素造成丢失、残缺等。只有将实体文物的数据信息永久保存下来，才算某种意义上的永久存在。三维数字化技术可将文物的信息以数字化的形式进行永久保存，永续利用。

虽然复原的文物、古建筑并不能完全替代被损坏的文物、古建筑，但不可否认的是，3D 打印复原技术将成为考古、文物鉴赏等领域不可缺少的重要技术支撑。随着 3D 打印技术的成熟，可结合计算机技术实现文物及考古现场的数字模型的建立和信息化存储，进而对数字模型进行管理和应用，3D 打印技术在文物修复领域将具有更加广阔的研究和应用前景。

案例三：疫情防控工程

在有效预防流行病毒传播的过程中，3D 打印被证明在作为紧急响应工具的应用中能起到重要作用。如 3D 打印机具有打印医用防护面罩的功能，可以为防疫工作者提供保护，使其免受飞沫困扰，另还可打印咽拭子采样工具、呼吸阀等，有助于满足防疫工作需求。

2020 年，南京江北新区的公共卫生防控方舱（见图 7-17）由 3D 打印建造技术和装配式技术建设而成，从接到任务到房间设计、打印和安装防控方舱用了 11 天，生产和安装只用了 1.5 天。方舱由 12 个构件拼装而成，打印时在墙体内嵌入了钢结构保证稳定性，墙体厚度为 25～30cm，提高了方舱的保温性能，舒适性也大大提高。同样的空间需求，不算内部的集成设备的话，方舱的建造成本比采购集装箱还便宜。由于自重超过 20t，这种建筑也非常稳固，无须进行地基建设，抗风能力也很强。舱内顶部集成了水电设施，同时 3D 打印公共卫生防控方舱里搭载了智能设备和大数据平台，可以形成一张网络助力防疫防控。

（a）3D 打印防控方舱

（b）公共卫生防控方舱

图 7-17　公共卫生防控方舱[3]

本 章 小 结

首先，本章介绍了 3D 打印技术成形过程，主要步骤为建立三维数字化模型、选取 3D 打印材料、三维实物的 3D 打印和 3D 打印后处理过程。

然后，通过古城楼模型打印、农村建筑打印及桥梁打印等案例介绍了 3D 打印技术在土木工程领域的应用，较传统工艺更具有创新和突破（如施工速度更快、人工成本更低、不需要模板和节能环保），并能解决施工条件极其恶劣的环境问题和一些复杂建筑结构建造难题。

接着，通过 3D 打印汽车零部件和汽车的案例介绍了 3D 打印技术在机械工程领域的主要应用。3D 打印技术的创新主要体现在加快了研发机械产品的速度，缩短了机械零部件产品研发时间；保障零部件和机械制造精准度和简化机械制造流程，降低了机械制造企业投入成本，全面提升了实效性。

最后，介绍了 3D 打印技术在多个领域的应用和创新，如太空基地等航空航天工程、骨科器械和定制植入物、文物修复等案例均展现了 3D 打印技术的各项优势。

思 考 题

1．3D 打印成形技术有几步？具体步骤内容是什么？
2．3D 打印技术常用工程领域有哪些？
3．3D 打印技术用于土木工程领域与传统工艺的最大区别是什么？
4．3D 打印技术用于文物修复的优势是什么？
5．结合案例思考未来 3D 打印技术的应用和发展方向。

参 考 文 献

[1] 徐卫国．从数字建筑设计到智能建造实践[J]．建筑技术，2022，53（10）：1418-1420．
[2] 曹锋，毛小龙．3D 打印技术在古陶瓷修复配补过程中的应用研究[J]．中国陶瓷工业，2021，28（4）：36-40．
[3] 王香港，王申，贾鲁涛，等．3D 打印混凝土技术在新冠肺炎防疫方舱中的应用[J]．混凝土与水泥制品，2020，288（4）：1-4．

附　　录

附表 1　通用硅酸盐水泥的组分要求

（单位：%）

品种	代号	组分（质量分数）				
		熟料+石膏	粒化高炉矿渣	火山灰质混合材料	粉煤灰	石灰石
硅酸盐水泥	P·I	100	—	—	—	—
	P·II	≥95	≤5	—	—	—
		≥95	—	—	—	≤5
普通硅酸盐水泥	P·O	≥80 且<95	>5 且≤20[a]			—
矿渣硅酸盐水泥	P·S·A	≥50 且<80	>20 且≤50[b]	—	—	—
	P·S·B	≥30 且<50	>50 且≤70[b]	—	—	—
火山灰质硅酸盐水泥	P·P	≥60 且<80	—	>20 且≤40[c]	—	—
粉煤灰硅酸盐水泥	P·F	≥60 且<80	—	—	>20 且≤40[d]	—
复合硅酸盐水泥	P·C	≥50 且<80	>20 且≤50[e]			

a 本组分材料为符合 GB 175—2007 第 5.2.3 条的活性混合材料，其中允许用不超过水泥质量 8%且符合 GB 175—2007 第 5.2.4 条的非活性混合材料或不超过水泥质量 5%且符合 GB 175—2007 第 5.2.5 条的窑灰代替。

b 本组分材料为符合 GB/T 203 或 GB/T 18046 的活性混合材料，其中允许用不超过水泥质量 8%且符合 GB 175—2007 第 5.2.3 条的活性混合材料或符合 GB 175—2007 第 5.2.4 条的非活性混合材料或符合 GB 175—2007 第 5.2.5 条的窑灰中的任一种材料代替。

c 本组分材料为符合 GB/T 2847 的活性混合材料。

d 本组分材料为符合 GB/T 1596 的活性混合材料。

e 本组分材料由两种（含）以上符合 GB 175—2007 第 5.2.3 条的活性混合材料或符合 GB 175—2007 第 5.2.4 条的非活性混合材料组成。其中允许用不超过水泥质量 8%且符合 GB 175—2007 第 5.2.5 条的窑灰代替。掺矿渣时混合材料掺量不得与矿渣硅酸盐水泥重复。

附表 2　通用硅酸盐水泥的化学成分要求

（单位：%）

品种	代号	不溶物（质量分数）	烧失量（质量分数）	三氧化硫（质量分数）	氧化镁（质量分数）	氯离子（质量分数）
硅酸盐水泥	P·I	≤0.75	≤3.0	≤3.5	≤5.0[a]	≤0.06[c]
	P·II	≤1.50	≤3.5			
普通硅酸盐水泥	P·O	—	≤5.0			
矿渣硅酸盐水泥	P·S·A	—	—	≤4.0	≤6.0[b]	
	P·S·B	—	—		—	
火山灰质硅酸盐水泥	P·P	—	—	≤3.5	≤6.0[b]	
粉煤灰硅酸盐水泥	P·F	—	—			
复合硅酸盐水泥	P·C	—	—			

a 如果水泥压蒸试验合格，则水泥中氧化镁的含量（质量分数）允许放宽至 6.0%。

b 当水泥中氧化镁的含量（质量分数）大于 6.0%时，需进行水泥压蒸安定性试验并合格。

c 当有更低要求时，该指标由买卖双方协商确定。

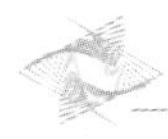

附表 3　通用硅酸盐水泥的强度

（单位：MPa）

品种	强度等级	抗压强度		抗折强度	
		3d	28d	3d	28d
硅酸盐水泥	42.5	≥17.0	≥42.5	≥3.5	≥6.5
	42.5R	≥22.0		≥4.0	
	52.5	≥23.0	≥52.5	≥4.0	≥7.0
	52.5R	≥27.0		≥5.0	
	62.5	≥28.0	≥62.5	≥5.0	≥8.0
	62.5R	≥32.0		≥5.5	
普通硅酸盐水泥	42.5	≥17.0	≥42.5	≥3.5	≥6.5
	42.5R	≥22.0		≥4.0	
	52.5	≥23.0	≥52.5	≥4.0	≥7.0
	52.5R	≥27.0		≥5.0	
矿渣硅酸盐水泥 火山灰质硅酸盐水泥 粉煤灰硅酸盐水泥 复合硅酸盐水泥	32.5	≥10.0	≥32.5	≥2.5	≥5.5
	32.5R	≥15.0		≥3.5	
	42.5	≥15.0	≥42.5	≥3.5	≥6.5
	42.5R	≥19.0		≥4.0	
	52.5	≥21.0	≥52.5	≥4.0	≥7.0
	52.5R	≥23.0		≥4.5	

附表 4　快硬硫铝酸盐水泥强度

（单位：MPa）

强度等级	抗压强度			抗折强度		
	1d	3d	28d	1d	3d	28d
42.5	30.0	42.5	45.0	6.0	6.5	7.0
52.5	40.0	52.5	55.0	6.5	7.0	7.5
62.5	50.0	62.5	65.0	7.0	7.5	8.0
72.5	55.0	72.5	75.0	7.5	8.0	8.5

附表 5　硫铝酸盐水泥的物理性能、碱度和碱含量

项目			指标
			快硬硫铝酸盐水泥
比表面积/（m^2/kg）		≥	350
凝结时间[a]/min	初凝	≤	25
	终凝	≥	180
碱度 pH 值		≤	—
28d 自由膨胀率/%			—
自由膨胀率/%	7d	≤	—
	28d	≤	—
水泥中的碱含量（Na_2O+0.658×K_2O）/%		<	—
28d 自应力增进率/（MPa/d）		≤	—

a 用户要求时，可以变动。